城市品评

——以西安为例看异化的城市记忆

祁嘉华　梁爽　著

中国建筑工业出版社

图书在版编目（CIP）数据

城市品评——以西安为例看异化的城市记忆／祁嘉华，
梁爽著.—北京：中国建筑工业出版社，2012.5
　ISBN 978-7-112-14241-5

　Ⅰ.①城…　Ⅱ.①祁…②梁…　Ⅲ.①文化名城－保
护－研究－西安市　Ⅳ.①TU984.241.1

　中国版本图书馆CIP数据核字（2012）第076777号

在我国现代化进程中，受到影响最大的是那些历史悠久的城市。在外来文化的冲击下，这些城市很多不是在延续历史文脉，而是同样走着时尚的路子，陷入了形式主义、忽视生态、没有特色的怪圈。中国的历史城市从来没有像现在这样受到"前所未有的重视"，也从来没有像现在这样受到"前所未有的冲击"。中国历史文化名城保护，已经到了"最危急的时刻"。

全书内容包括再建唐城的选择、唐代建筑走笔、唐代的文化属性、雁塔广场工程、芙蓉园遗址工程、曲江遗址工程、唐西市工程、大明宫遗址工程等。

本书可供广大建筑师、城市规划师、风景园林师、城市管理人员以及高等院校建筑学、城市规划学、风景园林学等师生员工学习参考。

* * *

责任编辑：吴宇江
责任设计：董建平
责任校对：陈晶晶　赵　颖

城市品评——以西安为例看异化的城市记忆
祁嘉华　梁　爽　著
*
中国建筑工业出版社出版、发行（北京西郊百万庄）
各地新华书店、建筑书店经销
北京京点设计公司制版
北京方嘉彩色印刷有限责任公司印刷
*
开本：787×1092毫米　1/16　印张：16　字数：406千字
2012年8月第一版　2012年8月第一次印刷
定价：88.00元
ISBN 978-7-112-14241-5
　　　（22314）

前 言

对建筑界来说,新千年是伴随着一场场"地震"开始的。先是围绕奥运场馆建设展开的激烈争论,再是由国家大剧院的选址是否合适引发的联名上书,直到今天,关于央视大楼的造型问题还在民间存在着各种说法,褒贬不一。应该说,这是建筑界整个行业走向社会,接受社会检验的结果,也是社会关注建筑界,试图从民意的角度影响建筑领域的表现。比较行业封闭的时代,这是社会进步到一定程度上的必然结果,有助于建筑界从房屋建设者向文化建设者的转型。

《城市品评——以西安为例看异化的城市记忆》就是在这样的背景上酝酿而成的。

在我国现代化进程中,受到影响最大的是那些历史悠久的城市。在外来文化的冲击下,这些城市很多不是在延续历史文脉,而是同样走着时尚的路子,陷入了形式主义、忽视生态、没有特色的怪圈。这是建筑学者的洞察。中国的历史城市从来没有像现在这样受到"前所未有的重视",也从来没有像现在这样受到"前所未有的冲击"。这是文物官员的总结。中国历史文化名城保护,已经到了"最危急的时刻"。这是民俗学家的惊呼。这些声音绝不是空穴来风,而是有着鲜明的所指。为了保护历史名城,国家从20世纪80年代初就开展了全国性的"历史文化名城"评选活动,到2011年,入选的城市已达117座之多,数量喜人。但是,到目前为止,有资格进入"世界遗产名录"的只有远离大城市的丽江和平遥。由于年代久远,历史上处于华夏文化中心位置的城市集体空缺尚有情可原,作为农业文明巅峰时期的汉唐都城同样榜上无名,甚至于年代不算太久远,像北京那样一直属于传统文化重镇的城市仍然达不到标准就不能不发人深省了。最新统计的结果显示,我国目前查明的不可移动文物有70余万处,但是国土面积只有我国1/17的法国,20世纪70年代的国家统计数字就已达到了200万之多。更严重的是,在全世界都在千方百计保护历史城市,并且总结了大量行之有效经验,尤其是反面教训的今天,欧美一些国家历史性城市受保护的范围已经能够达到80%以上,而我们的历史性城市却经受着旧城改造和旅游开发的双重夹击,传统不再,古风渐失。

以空间形态存在的文化遗存正在经历着一场前所未有的"异化"。然而,要想对这种现象进行认定和评价并不是件容易的事。

首先是人们对古建遗址的价值认定已今非昔比。尽管当年大拆古城墙那样的事件已经不太会发生,但是,人们也不太可能以梁思成那样的精神来对待古建遗址,没有"拆掉了一座城,就像挖去我一块肉"的感觉了——不是因为麻木,而是因为在观念日渐多元、利益追逐成共识的今天,人们对古建遗址的态度也发生了根本性变化:以前的古建遗址是祖先的象征,加上"国家重点文物保护单位"的命名,自然会有几分神圣。现在的古建遗址是一种资源，加之国家并没有对遗址周边环境方面保护的明文规定，更没有针对古建遗址工程文化质量方面的验收标准，百姓大多也没有从整体上观赏鉴赏古建遗址的觉悟。于是，以遗址保护名义的征地、引资、再建方面的优惠政策，一次投资长期收益的诱惑自然会唤起人们的种种冲动，从一个个"没有"中寻找着商机。于是，从"祖先的象征"到"待开发的资源"，"神圣"仿佛只有转化成为"利益"的时候才具有意义。

其次是管理体制上的滞后。按照现行的管理方式，古建遗址属于文物，古建遗址的周边环境显然不是文物。文物由文物部门管理，自有一套保护的标准；环境由城建部门管理，也有一套发展的措施。前者的目的是千方百计地留住旧的，后者的目的是紧跟时代不断创新。于是，只要古建遗址本身还在，文物部门就无话可说，周边的土地则可以按照市场需要来安排，由城建部门根据城市发展需要去设计开发。经过这样的运作，比文物所在地大几十倍乃至上百倍的大面积开发，不仅使文物周边的环境发生了质变，原本处于"主角"地位的文物也相形见绌，反倒成了现代城市中的一种点缀性摆设。文物部门确实能从中看出"卸磨杀驴"的味道，但是仍然无话可说，因为文物确实还在；城建部门由此得到了业绩，因为城市的现代化面貌确实有所提升，况且在土地的一买一卖中还给当地带来可观的收益；当然，那些能够找到这种几乎零风险项目的开发商们也无不欢欣鼓舞。在这一过程中，可能只有一些文化学者最为不安，因为，他们对古建遗址有着另一番价值认定，能够看出被置换成资本以后的古建遗址，实际上已经从无价变成了有价。然而，在现行的管理体制中，文化学者游离于文物、城建和开发商之外，充其量只能在一些座谈会上作为外请专家出现一下，说说一家之言罢了。古建遗址如何开发，周边环境如何规划，是经济标准还是文化标准等等实践性的问题，各有各的归口，各有各的做法，文化学者反倒成了"外行"被束之高阁了。

再次是研究水平的滞后。平心而论，文化学者被束之高阁是有其必然性的。他们的意见一般都比较宏观，带有明显的理论色彩，而文物保护、城市建设、文化创意等等环节要做成一件事，需要的是具体措施和方案。一个理论，一个实践，两者之间存在的不合拍是显而易见的，专业上的隔膜确实需要双方的磨合，不好论出长短。在学科壁垒森严的年代，理论和实践各行其道是必然的。在多学科交叉已成大势的今天，从事理论研究的文化学者向实践靠拢，了解文物保护、城市建设、文化创意等等方面的基本规律和做法是必要的。因为只有这样才可能为从事文物保护、城市建设、文化创意等等领域提出具体可行的意见来。其实，要达到这样的状态，对文化学者来说也不是一件容易的事，除了要将已有的理论知识与实践相结合，还要培养关注科技前沿，了解传统技艺，通晓建筑设计等专业方面的知识和能力，提升自身的综合素质。只有这样，文化学者才可能克服理论与实践脱节的问题，提出的意见才会更加具有针对性，为古建遗址高规格保护作出贡献。

应当说，《城市品评——以西安为例看异化的城市记忆》不仅对这种状况提出了质疑，还试图为这种状况的改变建言献策。本书以在唐遗址上建设的五大工程为对象，在现场勘查的基础上，运用历史学、建筑学、规划学、设计学、生态学、美学、文艺学和符号学等多学科知识，结合国际社会对历史文化遗产保护的通行做法，对浩大的遗址工程群进行了多角度分析，从理论到实际，从学理到技术，既体现了多学科研究的理论水准，也有从具体工程中发现各种问题的鲜活案例，使遗址上各种建筑工程的文化异化现象得到了揭示，并在下列问题上有所建树。

还原历史。历史是过去发生的事情，尤其是那些举足轻重的历史，往往能成为一个民族的骄傲，具有不容曲解的神圣性。尽管有人提出过"历史就是一个任人打扮的小女孩"的戏说，只不过具有反讽的意义。使历史的真实性得到保存，不管在什么时候，都是学者们的基本共识。在我们看来，古建遗址是以空间形式存在的历史，所承载的信息同样具有一定的严肃性——不管是古建遗址本身，还是在遗址上建设的各种工程。为了让公众对唐代建筑有一个比较准确的了解，我们在阅读大量史料的基础上，对唐时长安城内的宫殿、庙宇、园林和市场的建设进行了引证分析，将慈恩寺、芙蓉园、曲江遗址、西市和大明宫放在中国文化的大背景上来认定，分析出其中所承载的儒释道等文化精神，基本上还原了这些古迹遗址的历史风貌。尤其重要的是，为了找到唐代进行各种创造活动的美学依据，我们还结合当时的政治、经济以及最能反映社会心理的艺术创作情况，将"诗意"确定为唐代社会的审美风尚。这些，对公众准确地认识唐代历史，把握唐人从事建造活动的基本特点提供了参照；对公众通过建筑所达到的实际水平来理解唐代所以有中国古代社会巅峰之美誉提供着依据；对目前将唐代建筑简单地认定为"以大为美"、"奢华为尚"的种种误读，也具有拨乱反正的意义。

还原工艺。当下建筑的质量肯定要比唐代的好，这几乎是毫无争议的结论。不过，业内的人士都知道，从长安城内主要建筑最后被拆除异地再用的史实看，这些建筑的基本寿命至少都在百年以上；而当下的建筑寿命，城市的是30年，农村的只有15年。造成这种情况的原因十分复杂，其中最为重要的是材料和工艺上的差异——传统建筑的材料和工艺是可以循环使用的，具有可持续性；当下的建筑材料和工艺多为一次性的，寿命自然很短。这是中国传统建筑智慧的集中表现，也是传统建筑文化博大精深的集中表现，理应继承并发扬光大。在古建遗址维修和周边新建的空间中体现这些智慧，不仅有益于延长古建遗址的寿命，也是对传统建筑智慧的一种弘扬。然而，五大遗址上修建的广场和公园并没有这么做。这里有工期的问题，有成本的问题，更重要的是，参加这些工程设计和施工的人员，到底对传统建筑工艺持什么态度，有多少了解？为了让公众对唐代使用的建筑工艺有一个大概了解，我们在查阅古籍和实地勘查的基础上，对唐时可能使用的建筑工艺和材料进行了研究，将慈恩寺、芙蓉园、曲江遗址、西市和大明宫等地的建筑情况作了大致的追溯，不仅从出土的三彩琉璃瓦、彩色石栏和富于色彩的建筑名称上，勾勒出了当时皇家建筑的绚烂多姿；还从遗址上发现的窑厂以及使用废弃建筑材料铺设地基的做法上，发现了唐人就地取材、废物利用的可循环意识；更重要的是，从长安城市的规划布局、使用色彩、天际线设计以及道路分布等等方面，证明了当年的城市建设者对祖先建筑智慧的谙熟和遵从，从而使这座帝都无处不体现着中国建筑特有的文化气息。这些，不仅有助于公众准确地认识唐代建筑的实际情况，领会其中所达到的高超工艺，也有助于引导公众对中国传统建筑智慧的了解，提升人们对传统建筑实际水平的认识。当然，这些内容也在提示人们，面对历史性建筑，不能仅仅着眼于投资多少、由谁设计，漂亮与否等等形式，还应当发现和甄别其中的文化信息，注意内在质量。

还原文化。古建遗址的价值主要不在创造物质利益而在于精神传承。本着这一原则，国际社会在20世纪70年代便制定了公约，将历史性、艺术性和科学性作为古建遗址的基本属性，明确古建遗址的所在国家拥有"保护、保存、展出和传给后代"的责任。2002年我国新修订的《文物保护法》也提出了"保护为主，抢救第一，合理利用，加强管理"的方针，强调的仍然是古建遗址的精神属性。但是，这些公约和法规在处于不同社会发展阶段的人们眼里，仍然可以作出不同的解读。在那些欠发达地区，最有市场的解读是"经济搭台，文化唱戏"——既保留文化的斯文，又不掩饰贪婪，将文化进行商业化处理。西安的五大遗址工程显然就是按照这种思路展开的。从现在的情况看，"保护"是局部而小范围的，开发是全方位大面积的；"保存"主要是用钢构架和加厚玻璃完成的，是典型的现代意义的封存；当遗址变成公园或广场以后，"展示"也被游览和叫卖取代；经过这样的改造，古建遗址的经济味道浓了，现代味道重了，"传给后代"的也不再是真实的原版了。能够将这种开发为主，利益第一的做法揭示出来，仅有勇气是不够的，还需要拥有扎实的历史知识和对传统建筑工艺的熟悉，当然，更重要的是要有前承历史、后对子孙的责任意识和境界。文化的繁荣和发展是有质量标准的，对古建遗址而言，因为具有历史、艺术和科学价值才在一代又一代的保护中走到了今天。在现代文明中，任何利用这些价值致富发家的做法，不仅仅是目光短浅，更是一种自我否定。因为，改变古迹遗址的性质和面貌，也是在改变历史的性质和面貌，同样会给后人留下虚假的东西。不仅会让国际社会诧异，也会引来子孙后代的不解。

"异化"曾经被经济学家用来形容原始资本积累时期将人变成了"非人"，也曾经被美学家用来形容后工业时代美向"非美"的转化。这样看来，"异化"是个动词，带有由正向负转化的意味。其实，在中国文化的语境中，美与丑、善与恶都不会截然有别，一成不变，而是一种相反相成、相互转换的存在。这里就有一个"度"的问题。超过了"度"，美的可以蜕变成丑，善的也可以演化成恶。于是，越是在社会生活中举足轻重的事物，人们在实施过程中就越会注意其中的分寸，不敢越雷池一步。像人类祖先面对图腾，基督徒面对十字架，大和民族面对天皇等等都与这种情况相类似。美学将这种可以引发人们敬畏感的审美对象称之为"崇高"，社会学则将能在人们心中引起崇高感的东西称之为"神圣"。今天的国人确实已经跨越了图腾崇拜的年代，不少人对基督等宗教信仰也不屑一顾，更敢于对神仙皇帝表现蔑视。同时，也确实从这种跨越中感到了进步，从这种不屑一顾中感到了骄傲，从这种蔑视中感到了解放。但是，与此同时，我们更感觉到了精神无所皈依之后的空虚以及欲望膨胀的可怕。

"田园将芜，胡不归。"陶渊明的呼唤是具有现实性的。在某种程度上说，古建遗址就是华夏民族的家园，对这样的地方进行维护和再建是应该有所顾忌，有所畏惧的。不然，我们这个民族还能到哪里去寻找神圣，得到皈依精神的家园呢？

祁嘉华

2012年2月

目 录

上 篇

中　篇

下 篇

世纪之交，中国社会发生了翻天覆地的变化，包括人们的衣食住行，还包括我们的城市面貌和社会心理。以鸟巢、水立方、央视新大楼为代表的北京奥运建筑，以中国馆为代表的上海世博建筑，还有以长安塔为代表的西安世园会建筑，无一不折射出转型时期人们的审美心理和价值追求。在这样的社会背景下，文化产业的浪潮也由弱到强，呈风起云涌之势。古城西安也顺时而动，开始制定并逐步实施着"皇城复兴计划"。

与国内其他的历史名城不同，西安的有名不仅仅是古老，还在于这里曾经出现过中国农业社会的巅峰时代，创造了许多前无古人、后无来者的辉煌文明。这样的经历让西安人骄傲——哪怕已经过去了千年之遥；这样的经历也让西安人不安——帝都子民的经历与现实反差难以让人心安理得。于是，跨世纪前后中国社会的一次次变革，也在这座城市里产生着反响，形成了波澜壮阔的建设大潮。与北京的高速扩张、上海的国际化不同，西安的城市化建设更加看重自己的历史，试图在唐代遗址上创造出一个同样令人瞩目的天地。西安不缺历史，再造唐城的口号绝不是空穴来风；西安不缺实力，大批的仿唐建筑同样创出了深圳速度。但是，再造出来的遗址广场和公园到底保持了多少历史的真实？一个个冠以唐文化的遗址工程项目到底体现了多少唐代文化精神？只有当事人的回答显然是不行的。

城市品评

——以西安为例看异化的城市记忆

第一章　再建唐城的选择

当21世纪的曙光在古老的钟楼金顶上熠熠生辉时，古城西安也掀开了自己崭新的一页。西部大开发的号角，入世后的机遇与挑战，经济增长引发的躁动……在这样一个洋溢着激情和亢奋的时期，西安选择了一种更为怀旧的方式来寻求突破——利用城内众多的唐代遗址进行开发性建设，将古建遗址与旅游市场相结合，在改变当地空间环境的同时，也将尘封的历史变成了一种资源。让历史与现实对接，让古迹为今人造富。这样一个看似悖论的命题，在西安却找到了存在的理由和发展的逻辑。从最初的大雁塔北广场，到几年后的大明宫遗址公园，先后有五处唐遗址旧貌换新颜，在给21世纪的西安披上"唐装"的同时，也拉动着当地的经济——引来了众多游客的消费，还派生出了一系列为旅游服务的行业。当然，最大的获利点还不在这里，而是如雨后春笋般出现在遗址周边的地产项目。在以经济论英雄的社会阶段，西安的做法确实立竿见影，但是却仍然延续着粗放型经济时期由地产拉动经济的路子。对这种发展思路不同专业会作出不同的评价，我们的关注点则主要集中在了文化层面，关注这种发展对传统文化的影响。在古建遗址上搞经济开发，是将祖宗留下来的东西变成了资本，存在着改变古建遗址性质的风险是肯定的。具体情况如何是后面的内容，这里先对产生这种做法的背景情况略加追溯。

第一节　社会背景

历史是足以让西安人骄傲的。然而，市场经济的务实性也让西安人不安。地处西部的位置，欠发达的现状，到底不如经济腾飞、人口膨胀、高楼林立来得光鲜，来得实在。尤其是看着其他省份一个个经济特区在短短的时间里迅速崛起，成为带动区域经济发展的"龙头城市"财大而气粗的时候，隐隐的失落让人难以名状，也引发着人们寻找突破口的冲动。

一、世纪之交的机会

心理学有一条"期望定律"：当人们对某件事情非常向往的时候，便会转化出一种强大的动力，促使人们努力去寻找机会，付诸行动。于是，所期望的事物更可能成为现实。这是1966年美国心理学家罗森塔尔得出的结论。世纪之交，中国历史就是在期待中拉开序幕的。在国人的记忆中，不管是近代经受的内忧外患，还是20世纪50～70年代一次次席卷全国的"运动"，导致的最终结果都是贫穷。当人们领悟到贫穷就要受罪，落后就要挨打的道理后，对"民族复兴"的期待就成为了压倒一切的梦想和目标。在经历了经济改革、对外开放，得到实惠以后的国人更加期待着下一个世纪的精彩，将一个个更有气势的蓝图转化为现实。

1. 西部大开发的机遇

正式提出"西部大开发"战略思想是在 20 世纪的最后一年。中国的西部范围辽阔，地域广大，总面积占到全国的 71.4%，具体包括陕西、甘肃、青海、新疆、宁夏、重庆、四川、贵州、云南、西藏、内蒙古、广西在内的 12 个省、自治区和直辖市。西部地区资源丰富，疆域辽阔，少数民族众多，战略位置极其重要。但由于自然、历史、地域等原因，西部的经济一直落后，与东部地区形成鲜明的对比。因此，西部的发展情况如何，对整个国民经济有着举足轻重的影响，意义十分重大。

首先，要实现中华民族的真正复兴，没有西部地区是不行的。西部是中华文明的起源地，历史上炎黄二帝活动的主要地区就在西部，代表华夏文化精髓的不少遗迹也存留在西部。尤其是西安，更是由于历史底蕴厚重而被誉为东方的"罗马"。所以，中华文明的复兴不能没有西部地区，正如西方文明不能缺失"罗马"一样。

其次，要实现中国经济的持续增长，没有西部地区是不行的。要想真正实现国民经济的全面发展，必须解决区域经济发展不平衡问题。改革开放以后，中国的经济开始依赖国际市场，亚洲金融危机之后，培育国内市场的重要性被提到了日程。而要想提高国内市场的消费能力，首要环节是让西部摆脱贫困，增大市场需求。另外，西部地区有着得天独厚的地域优势，水利、风能、太阳能、石油、天然气、有色金属等资源存储量十分丰厚，能够为全国的经济发展提供能源保证。同时，相对于东部沿海城市的人口密集、土地紧张状况，地广人稀的西部可以提供广阔的发展空间和平台，能够实现地区开发和社会就业保障的"双赢"。所以，从经济发展的角度讲，中国需要西部成为拉动经济增长的新动力。[1]

最后，要保证中国的社会安定与团结，没有西部地区是不行的。中国的民族人口分布呈现出"大杂居、小聚居"的特点 [2]，而西部地区就是少数民族的重要聚居地。中国共有 56 个民族，除汉族外，其中 44 个民族都分布在西部，因此西部大开发对维护民族团结有着重要意义。而且西部地区与俄罗斯、印度、越南、缅甸等 14 个国家接壤，占全国领土边境线的 91%，更加凸显了非凡的战略意义。因此，构建和谐与稳定的社会环境，需要西部的支撑。

其实，早在 20 世纪 90 年代初，邓小平就提出了"两个大局"的战略思想："沿海地区要加快对外开放，使这个拥有两亿人口的广大地带较快地先发展起来，从而带动内地更好的发展，这是一个事关大局的问题。内地要顾全这个大局。反过来，发展到一定的时候，又要求沿海拿出更多力量来帮助内地发展，这也是个大局。那时沿海也要服从这个大局。"[3]21 世纪初实施的西部大开发战略，可以说是对"两个大局"思想的进一步实践。

2. 加入世界贸易组织的影响

改革开放之后，中国的经济保持着快速增长的势头。然而，在很长一段时间内，中国的市场经济地位始终得不到国际社会的认可，成为经济接轨国际的一个巨大阻碍，也

[1] 曾培炎. 西部开发决策回顾 [M]. 北京：中共党史出版社，2010。

[2] 田雪原. 中国民族人口 [M]. 北京：中国人口出版社，2005。

[3] 邓小平. 邓小平文选（第三卷）[M]. 北京：人民出版社，1993。

严重制约了中国经济的进一步发展。从 1986 年开始，中国就踏上了漫长的谈判旅程，时任国家总理的朱镕基，就形容谈判时间之长足以让"黑发人变成了白发人"。2001 年 11 月世界贸易组织（WTO）第四次部长级会议终于通过了中国加入世贸组织的法律文件——标志着中国最终叩开了世贸组织的大门。

世界贸易组织（The World Trade Organization）是当代最重要的国际经济组织之一，被称为"经济联合国"，[1] 负责监督成员经济体之间各种贸易协议得到执行的一个国际组织，总部位于瑞士日内瓦，前身是 1948 年国际关税贸易总协定（GATT）的秘书处。世贸组织是多边贸易体制的法律基础和组织基础，在当代国际贸易市场中充当着管理者、监督者和纠纷裁判者的角色。截至 2011 年 12 月 20 日，世界贸易组织已经达到了 157 个成员，涵盖了世界上的大多数国家和地区。

加入世贸组织后，中国的市场经济发生了巨大变化，对中国的经济发展产生了深远影响。其一，强化了危机意识，加大了改革力度。入世后的前 5 年，中国逐步兑现承诺，逐步"倒逼"自身进行经济体制改革。竞争的压力促使中国企业加快经济结构和产品结构的调整，加速了改制、重组、联合、兼并的进程。2005 年，中国关税的总水平从刚入世的 15.3% 下降到 9.9%，完全履行了作为世贸成员国的义务。其二，健全法制建设，优化市场环境。加入世贸组织后，中国对法律法规的立、改、废工作几乎从未间断，如废止了《汽车产业发展政策》，修改了《知识产权海关保护条例》、《出版管理条例》、《音像制品管理条例》等。在知识产权保护方面，中国主要的知识产权立法，比如《专利法》、《商标法》、《著作权法》及实施细则，都已进行了修改，同时提高全民的知识产权保护意识，不断加大知识产权保护的执法力度。这样做使一些依靠仿制生存的企业难以为继，同时也为真正掌握核心科技，具有创新力的企业带来发展契机，赢得了市场。其三，最惠国待遇，实现中国和世界的"双赢"。入世十年，中国已经成为世界第二大经济体，货物出口占全球贸易比重的 10%，居世界第一。在 2008 年席卷全球的经济危机中，中国经济的稳定发展为世界经济的迅速恢复发挥了难以估量的作用。

3. 国际会议的举行

在现代社会，举办国际性会议（如奥林匹克运动会、世界博览会、世界园艺博览会等），对一座城市而言无异于一次最高级别的检验，同时也会为这座城市带来各种荣誉和机遇。历数世界上一些知名城市，无一不得益于国际会议的成功举办。例如美国的圣路易斯（1904 年）、洛杉矶（1932 年、1984 年）、亚特兰大（1996 年）三座城市的迅速发展，都得益于成功举办的奥运会；还有日本的东京（1964 年），韩国的首尔（1988 年）都是借助举办奥运会作为现代经济迅猛发展的契机。英国的伦敦、法国的巴黎、美国的纽约则是因为多次举办世博会而屡屡成为国际社会的焦点。历史上，世界园艺博览会的举办地大都是经济比较发达的欧洲国家和美国，亚洲国家只有日本先后在大阪（1970 年、1990 年）、冲绳（1975 年）、筑波（1985 年）举办过 4 届，韩国在大田（1993 年）举办过 1 届。因此，申办国际盛会的竞争，实际上是一场涉及国家综合国力、经济潜力、科技实力、文化魅力的竞争，也被看作是国家形象和民族地位的竞争。

---

[1]　李双元. 世贸组织（WTO）的法律制度——兼论中国"入世"后的应对措施 [M]. 北京：中国方正出版社，2003。

世纪之交，举办国际性盛会的桂冠终于花落中国。昆明（1999 年）、沈阳（2006 年）、西安（2011 年）相继举办了世界园艺博览会，为我国的经济、文化、旅游和城市环境的发展产生了重要影响。2008 年，北京成功举办了第 29 届奥运会，成为中国在提升国际地位方面所矗立起的又一座里程碑，被视为中华民族复兴历程中又一盛事。同时，奥运会的举办也对中国的经济增长、城市管理、交通改善和国民素质的提升都发挥了积极作用。2010 年，上海因为成功举办了世博会而再次吸引了全球的关注。世博会素来有世界经济、科技、文化的"奥林匹克"盛会之美誉。上海市成功举办世博会，起到了消费促发展、发展促改革、改革促创新、创新促交流的经济社会发展的良性循环。

国际盛会相继聚首中国，为中国的城市带来了前所未有的荣誉，也引导中国走向了一个更加充满活力和包容开放的时期。

根据国际惯例，衡量一个国家的经济总量首先看的是 GDP 指标；评价一个国家的富裕程度，看的是人均 GDP。世纪之交，中国社会发生了一系列的变化，国家 GDP 也出现了历史性的突破。2002 年，中国 GDP 首次突破 10 万亿元，达 102398 亿元；2003 年，中国 GDP 为 117390.2 亿元，比上年增长 9.5%。此后，中国每年的 GDP 增长速度都保持在 8% 左右，这一水平远远高于世界经济的平均增速，也高于发达国家和其他发展中国家的增速，成为世界上经济发展最快的国家之一。在世界经济普遍低迷的时期，中国表现出了强有力的增长势头。

按国际经验，人均 GDP 从 1000 美元到 2000 美元，再从 2000 美元到 3000 美元，一般需要 10 ~ 15 年时间，如德国实现前一个阶段用了 9 年，后一个阶段用了 6 年；日本则分别用了 7 年和 4 年。2003 年中国人均 GDP 首次突破 1000 美元，到 2006 年就已经越过 2000 美元关口，2008 年人均 GDP 上升至 3000 美元——也就意味着，中国的人均 GDP 从 1000 美元升至 3000 美元只用了短短 5 年的时间[1]。社会学认为，当一个国家或地区的人均 GDP 超过 3000 美元的时候，其工业化、城镇化的进程将加速，随着产业结构、消费类型、生活方式等一系列变化，社会公众的心理需求也将发生重大转变。

二、转型期的社会文化

转型，这是一个看似简单的词语，但却蕴涵着丰富的含义。从词义上看，转型的主体处于一种介于二者之间的状态——原有的成分逐渐淡化，却没有完全消失；新生的成分逐渐增多，但也没有完全普及。就在二者此消彼长的过程中，各种元素都会崭露头角，也就决定了转型时期社会文化的复杂与多元。所不同的是，中国社会的转型，不仅具有一般性，而且还具备了一些特殊性。

研究社会文化，角度不同得出的结果也不同。从理论入手，分析人们在政治、经济、教育等方面的动态，得出的成果尽管精到，却抽象而艰涩，终归属于"阳春白雪"，难免被"束之高阁"。从现实生活入手，分析人们在衣食住行中的变化与发展，可以得出更加具有现实针对性的结果，对人们的日常生活起指导作用。尤其是建筑，技术的密集以及产业多元的特点，更能多角度地反映一定时期社会的物质和精神变化情况，折射出

---

[1]　Barry Naughton.The Chinese Economy:Transitions And Growth[M].Cambridge,MA:The MIJ Press,2007.

一个地区在某一特定时期的文化走向。所以，我们不妨通过分析世纪之交中国出现的几座地标式建筑，来分析其中折射出来的社会文化的变化情况。21世纪的第一个十年，几乎每一次国际盛会都会为主办城市留下一些新的地标式建筑，形成了以鸟巢、水立方为代表的奥运场馆，以中国馆为代表的世博会建筑，以长安塔为代表的世园会建筑，既给所在城市增加了新景观的同时，也显示了所在城市新的文化精神。

首先，建筑中所显现出来的经济自信。历数北京、上海和西安的地标性建筑，最大的共同点就是都有超大规模的占地面积，同时建筑造价都非同小可。比如"鸟巢"占地面积为25.8万 m²，通体采用超过4.2万t的Q460钢材焊接而成，工程造价34亿元人民币；"水立方"占地面积7.95万 m²，建筑材料主要采用国际领先的新型膜材料ETFE膜（乙烯-四氟乙烯共聚物），号称世界最大的膜结构工程，工程总投资近10亿元[1]；世博会"中国馆"总建筑面积约为16.01万 m²，采用2.3万t Q345B和Q345GJC高强度钢材焊接而成，工程总造价约20亿元；"长安塔"算是建筑面积最小的却也达到了1.3万 m²，高99m，工程总造价为1.1亿元人民币。建造这些庞然大物绝非一般的经济实力所能承担，也绝非一般的魄力和心劲所能接受，更与中国历史上财不外露的经济观念，中庸适度的审美习惯，含蓄内敛的民族性格形成反差。说到底，是经济腾飞带来的一种显露心理，与中国的社会现状形成了某种契合——以巨大的体量，超量的投资，先进的技术，来集中展现所在地区的经济实力，告诉世界中国的巨变和崛起，以形成一种示众效应。因此，这些新地标绝不是一般的功能性场馆，同时还肩负着展现经济实力和建筑水平的重任。

其次，建筑中传统文化的失落。中国传统建筑大多是就地取材，比如土、木、石、竹、藤条等自然材料。建筑物一旦废弃，这些材料就可以回归自然，不给环境增加任何负担。回望这几大新地标性建筑，全是清一色的钢结构，所使用的材料也在玻璃、合金、膜材料中徘徊，无一不是现代工业的产物。从建筑设计风格来看，中国传统建筑中向来忌讳使用单色，只有在陵寝才能略见一二，但凡是重要的建筑比如宫殿、园林一定是绚丽多彩的，至今我们仍然能够在一些古建筑的彩绘和古遗址出土的彩色建筑构件中感受其艺术感染力。可是，鸟巢、水立方、中国馆和长安塔通体都只呈现出一种颜色，属于"单色建筑"。在没有灯光照射的环境中，建筑本体的单调是十分明显的。这样的设计符合现代建筑师密斯·凡·德·罗"少即是多"的美学风格，但与中国传统建筑的讲究无缘。这些建在中国大地上的地标建筑没有承载多少当地的文化基因，却成为当代社会时尚的集中表现，多少反映出设计者对本民族建筑文化的不自信。

第三，建筑中显现出的民族意识觉醒。这些新地标建筑并不是同时建造的，而是成型于不同的时间段。随着时间推移，传统建筑元素在这些建筑上也呈现出前后的不同，并且有逐渐增多的趋势。最早的"鸟巢"、"水立方"和央视大楼，不管是造型还是材料，都曾经被当地百姓提出过质疑；到了世博会时期，通体鲜艳的"中国馆"在造型和色彩上显然不是西方文化的再现，在众多的异国建筑中分外醒目，体现出较高的民族认知度；到了世园会时期，"长安塔"所体现出的中国元素就更加浓郁了，其中建筑数据上的许多数字讲究，展现出更多的中国传统文化含量。很明显，通过建筑造型、色彩和数据元

---

[1]　梁爽，祁嘉华. 后现代建筑在中国——以鸟巢、水立方、新央视大楼为例[J]. 华中建筑，2010（7）。

素的变化，反映出这一时期设计师的民族意识在不断增强。

自信是战胜自卑之后的结果，也是社会转型时期矛盾焦灼的结果，体现出一定的历史必然。让我们感到欣慰的是，在中西文化最为集中也最为焦灼的建筑领域，各种文化因子的冲突与融合中，我们最终还是看到了民族文化的崛起。这也预示着，中国在经历了经济浪潮的洗礼之后，并没有彻底地背离传统，而是在不断地学习和总结中汲取着经验和教训，在建筑领域酝酿着文化的巨变。

三、古都的选择

世纪之交，西安的城市化建设既和其他城市一样，受到经济飞速发展的推动，作为西部城市，也得到了西部大开发的政策支持。城市化进入到了高速发展时期。传统的纺织、电子和军工产业逐渐被高新产业、对外加工和商贸旅游所取代，显示出了强劲的发展势头。加入 WTO 之后，西安从吸引外资，到利用外资，再到加强进出口贸易，经济迅速发展。这些，都在西安市经济统计年鉴中有所体现（表1-1）。

西安市1998～2002年外资、外贸和国际旅游基本情况统计　　　　　　　　表1-1

指标	1998	1999	2000	2001	2002
一、利用外资签订协议项目（个）	112	98	135	129	144
利用外资签订协议金额（万美元）	40034	40390	54123	60736	70692
实际利用外资额（万美元）	22286	13801	15633	17687	20281
年末已建成投产企业数（个）	600	754	808	795	—
二、进出口总额（万美元）	31999	172919	173696	169914	186966
进口总额	7759	78424	67634	81966	74487
出口总额	24240	94495	106062	87948	112479
进出口差额	16481	16071	38428	5982	37992
三、国际旅游人数总计（人）	474470	549251	650385	672015	741313
外国人	379324	454666	546544	587547	658775
港澳台同胞	95146	94585	103841	84468	82538
旅游外汇收入总额（万元）	160244	186282	224100	240700	260000
商品性收入	48073	59610	77000	84004	104520
劳务性收入	112171	126672	147000	156712	155480
旅游者在西安人均停留天数（天）	2.58	2.50	2.50	2.40	2.20
旅游者在西安人均消费（元）	3393.84	3362.39	3444.50	3582.01	3507.29

来源：摘自《西安统计年鉴2003》。

通过这些数据我们不难发现，世纪之交，西安在吸引外资、进出口贸易、旅游产业方面都有着不俗的表现。可是细究起来也能发现一些问题。

其一，西安的旅游业主要依靠劳务性收入，商品性收入占旅游总收入比重较低。这说明西安的旅游资源没有得到充分挖掘，开发利用的层级较低。旅游收入仍然是靠景点门票等传统收益项目维持，旅游纪念品缺乏特色和创意，景区周边的商业活动缺乏新意。另外我们还会发现，西安的出口额每年都在增长，说明本土产品拥有不错的国际市场需求。如果能够借助旅游景点来发展商业，提升本土产品的销售额，既可以充分利用地域优势，降低商业成本，又可以通过特色产品来推动景区对游客的吸引力，实现推动经济增长和宣扬地域文化的双重效益。

其二，旅游收入的增长主要依赖于旅游者人数的增加，旅游者的数量在增加，但是停留天数和人均消费额并没有明显提升。这说明西安旅游景区的配套设施尚未形成规模，旅游服务项目还不够丰富。再参照西安在 2000 年前后签订的外资金额和实际使用情况来看，西安具有良好的吸引外资环境，但却没有实现资金的有效利用。如果能够将外资引入旅游配套设施的建设，一定会获得更好的收益，同时还可以提升城市的基本设施建设水平，对城市形象的塑造也大有益处。

其三，旅游者在西安的停留时间偏少，仅为两天左右。说明西安的旅游资源虽然丰富，但几个旅游热点距离分散，难以形成规模性的特色旅游区。西安的旅游景点以历史人文为主，缺少和游客之间的互动，显得过于说教，而观赏性不足，这样难以符合现代人多元化的文化消费需求。所以，西安接下来需要做的不仅仅是吸引游客，更需要设计出能够留住游客的新项目，打造出符合当地特点的文化特色产品。

北京是首都，是政治、文化中心，拥有着无可比拟的地缘优势。位于长江入海口三角洲地带的上海是经济重镇，自古就是中国进行海外交流的窗口，具有得天独厚的经济优势。西安的优势则在于深厚的文化底蕴。十三朝古都的历史经历，使西安具有丰厚的人文资源。在这方面，世界上少有城市能够与其比肩。思路决定出路。针对当地实际，西安制定了"重振汉唐雄风"的发展目标，以大力发展人文特色旅游来推动城市发展，促进经济增长。[1]2011年 4 月至 10 月，西安成功举办了世界园艺博览会，更是为旅游、轻工、建筑工程等带来了巨大商机。如今的西安已经焕发出越来越多的现代气息，城市面貌发生了根本性变化，加之优越的人文和自然旅游条件，西安的知名度和影响力日益提高。

种种迹象表明，新的发展机遇已经来临。如何凭借现有资源来培养城市发展新动力，如何借助社会力量来塑造古城的新形象，如何发挥地缘优势，依托"关中—天水经济区"的政策优势来寻求城市发展的新突破……这一系列的问题，考验着决策者的心智，也考验着设计规划者的想象能力。

第二节　遗址工程的启动

唐遗址工程是西安城市化建设的重要组成部分。随着城市化进程的加快，城市面貌

---

[1] 《陕西省国民经济和社会发展第十二个五年规划纲要》。

的千篇一律几乎成了普遍性问题，个性的丧失，在削减着城市文化精神的同时，也使人们失去了对传统家园的记忆和归属感。有学者将这样以功能为主的城市化称之为一种"建设性破坏"，给城市的文化带来了不可估量的损失[1]。古城西安也面临着同样的问题。提出"重振汉唐雄风"的城市建设理念，其目的就是要保住这座城市的文化根脉，使西安这座城市以独特的面貌呈现在世人面前，给人们留下更多的缅怀。然而，历史上无数次的建设改造使西安城市面貌已经发生了根本性改变，侥幸存留下来的大雁塔、曲江、大明宫等唐遗址，周边环境也遭到严重破坏，有的已经完全被民房、农田和道路所覆盖，变得面目全非。面对这种情况，要恢复西安的古城面貌，再现唐都风采，显然是一件既具有新意，又具有挑战性的事情。

1993 年，西安市南郊出现了一个省级旅游度假区——西安曲江旅游度假区。自1996 年启动建设，先后投入资金 30 亿元用于道路改造、管线铺设、绿化美化等基础设施建设，基本完成了 10km² 区域的市政配套，为下一步的整体性建设打好了基础。"2003年 7 月，经西安市政府批准，西安曲江旅游度假区正式更名为曲江新区，同时设有曲江新区发展有限公司。曲江新区重点发展以下产业：旅游景区和游乐设施建设、旅游交通、旅游产品开发、餐饮、购物、文化体育、康复保健、房地产开发等。"[2] 显然，曲江新区的建立，从一开始就明确了以开发为主的商业性质，所不同的是，开发的对象是所在地区的古建遗址，使其从文物古迹向旅游资源转变，形成以旅游为主导的产业项目，在西安形成一个新的经济增长点。此后，一系列冠以唐文化的遗址工程相继拉开了帷幕。

一、大雁塔广场

大雁塔是古城西安的地标性建筑，也是极为稀少的唐代建筑遗存之一，虽然经过后世的多次维修，但唐代佛塔的基本风貌依稀可见。在很长时间里，这一地区古老的村落鳞次栉比，粮田相接，田园成片，地上和地下的文物资源也十分丰富。20 世纪末，大雁塔周边仍然是村民的生活和生产用地。保存较为完好的古遗址仅剩下大雁塔所在慈恩寺的西塔院及一些佛堂。周边的曲江、芙蓉园等遗址均被村落和粮田所覆盖。可能是因为唐代建筑的原型尚在，新世纪的唐遗址工程就将这里作为了起点。

大雁塔广场工程以举世闻名的佛教圣地慈恩寺为中心，占地近 1000 亩，投资 5 个亿，主体工程包括南广场、北广场、雁塔东苑和雁塔西苑。整体设计以大雁塔为中心，以慈恩寺为依托。由于是佛教圣地，凸显佛文化自然也应该成为这处景点的主题。

2001 年初，大雁塔南广场最先建成开放。南广场建于大慈恩寺正门前，应该是这座千年古刹的正脸，占地约 32.6 亩。广场上的景观主体是玄奘雕塑，四周有园林花坛、花岗石铺地和水面过桥等设施。2003 年 12 月 31 日，大雁塔北广场建成并对外开放。北广场的主景区是位于广场中轴线上的水景喷泉。喷泉南北长 350m，东西最宽处 110m，整体上呈 T 字形，共分为百米瀑布、叠水景观及最北端的音乐喷泉三个区域，可分区独立表演或整体表演。为了增加喷泉的色彩效果，水池中安装有地面灯、LED 光带及岸上电脑灯

---

[1] 冯骥才 . 思想者独行 [M]. 石家庄：花山文艺出版社，2005。

[2] 锁言涛 . 西安曲江模式：一座城市的文化穿越 [M]. 北京：中共中央党校出版社，2011。

等多种光源。音乐采用高保真远射程专业音响系统，其功率足以使声音远播到几公里之外。在计算机的调控下，喷泉能够将声、光、水、色有机交融，形成规模宏大、流光溢彩的效果。整个北广场东西宽 480m，南北长 350m，占地 252 亩，工程建筑面积约 11 万 m²。

大雁塔北广场两侧还配有东苑和西苑——两处以展现陕西地域文化为主的公益性园林。东苑主要展示陕西戏曲文化，通过戏曲脸谱彩绘雕塑、地方戏曲片段人物雕像、陕籍戏剧家人物群雕等，展现"大秦腔"的独有魅力。西苑突出陕西地域民俗文化特色，用活灵活现的雕塑作品艺术地再现了关中八大怪、陕北剪纸、陕南马勺脸谱等具有代表性的陕西民俗风情。

大雁塔南广场两侧的园林（南苑）突出园林特色，叠石理水、修整树木、石板布道，亭台廊榭等隐约其间。

2009 年末，"唐不夜城"建成并部分对公众开放，标志着大雁塔南广场的延伸。"不夜城"的名字为后人所起，是一条南北走向的仿古长街，与原来的大雁塔南广场仅一街之隔，是大雁塔广场工程的延伸，满足游客的餐饮、购物和娱乐需求。"唐不夜城"南北长 1500m，东西宽 480m，总占地面积 967 亩，总建筑面积 65 万 m²。街中心设置街心花园，其间有纵贯南北的中央雕塑群，分布着唐代帝王、历史人物、英雄故事等造像。

大雁塔广场工程确实显现出非凡的气势——广场、花园、仿古街，再加上喷泉、雕塑、霓虹灯等现代设施的装扮，景观效果明显，上千亩的土地犹如花团锦簇一般，使这一地区的面貌一新。

二、唐芙蓉园

历史上的芙蓉园是久负盛名的皇家御苑，最早修建于隋文帝开皇三年（583 年），后来李唐王朝的统治者们延续使用，并予以扩建，成为著名的皇家别苑。今天的芙蓉园就修建在唐代芙蓉园遗址以北，占地面积扩大到 1000 亩，其中水面 300 亩，总投资 13 亿元，是按照唐时大型皇家园林的目标设计的文化主题公园。

为了达到这一目的，芙蓉园工程中建筑设计的含量是比较重的。园中亭台楼阁，雕梁画栋，古代的建筑形式一应俱全，包括紫云楼、彩霞亭这样一些典籍中有所记载的建筑，也有凤鸣九天剧院、御宴宫、唐市、芳林苑、仕女馆、陆羽茶社、杏园、唐诗峡、桃花坞、茱萸台等众多新增景点，总建筑面积近 10 万 m²。全园景观分为 12 个文化主题区域，从帝王、诗歌、民间、饮食、女性、茶饮、宗教、科技、外交、科举、歌舞、少儿游乐方面，内容已经远远超出了皇家文化的范围。

据介绍，园内仿古建筑在建筑规模上位列全国第一，园区内仿古建筑和园林景观的设计建设，意在继承和发展我国古典建筑、古典园林的优秀传统。建筑材料尽管采用了不少金属、玻璃、混凝土等现代材料，造型上却尽量融合中国传统的土木结构，既保存了古代建筑的基本风貌，又可以避免传统建筑不易保存等缺陷。

此外，芙蓉园内开展了丰富多彩的主题文化活动，如御苑迎宾、胡姬歌舞、唐代仕女服饰秀等，帮助游客充分领略唐代文化的丰富多彩。既有神圣恢弘的皇家文化展示，也不乏市井胡肆的民间文化表演，已经远远超出了皇家园林原有的范围。为了吸引游客，芙蓉园还以现代高新技术作媒介，在芙蓉池内修建了一个巨幅的水幕电影系统，总长度约 120m，高约为 20m，通过对光线进行折射和反射构成影像展示。水幕电影以激光表演作辅助，配合以音乐、焰火、水雷、喷泉等多种艺术元素，集声、光、水、火、电为一体，充分营造欢乐的效果。

三、曲江遗址公园

历史上的曲江是唐长安城东南角的一处大型公共园林。由于古迹集中，自然风光秀丽，紧邻都市，因而成为长安城百姓的游玩场所。曲江水从南山逶迤而来，与芙蓉园相通。随着李唐王朝的覆灭，曲江池盛况不再。后来由于连年战争和年久失修，曲江遗址受到严重破坏。千百年来，这里演化出了大大小小几十个村落和大片的农田。2007 年，在这片土地上开始修建遗址公园，恢复当年的曲江胜景。2008 年，遗址公园建成并免费向公众开放，成为西安市最大的游乐公园。公园的占地面积达 1500 余亩，水面面积 700 余亩。据介绍，项目的基本定位是：文物古迹的保护性开发、城市的功能配套和区域生态环境建设。恢复后的遗址公园中再造了汉武泉、曲江亭、黄渠桥等历史文化景观，栽种了各种树木花草等植被，力图再现历史上曲江地区"青林重复，绿水弥漫"的景象，构建一个集生态环境重建、观光娱乐休闲、现代商务会展等多功能为一体的市民休闲区。

曲江池遗址公园水面辽阔，可为久居都市的人们提供一个接触自然、感受自然、享受自然的新场所。四季绿意，三季花开；朝看彩霞，夜赏明月；夏品荷香，冬观净雪。滨水小路，曲径通幽；地势起伏，峰回路转；湖中有岛，岛上有景。环绕湖边，有数以百计的拴马桩、上马石和柱础，斑驳的雕花显露着历史的印记，为遗址公园增添了一份别样的景致，也使人不由得想起当地曾经有过的那些古村落。西岸布景，东岸留白，共计设置了大大小小二十余座园林式建筑，与自然景致相映成趣。亭、台、廊、榭、阁、轩、楼，各有姿态，古色古香，可供游人游走休憩，也可供垂钓者观鱼赏花。其中，阅江楼是曲江池边最高大的建筑，地上四层，地下一层，将观景楼和酒楼的功能合二为一，既可凭眺曲江之景，也能够体验到登楼饮酒的情趣。与曲江遗址公园毗邻的，南有秦二世遗址公园，东有寒窑遗址公园，北有唐城墙遗址公园，形成了连片成群的遗址公园区。

四、唐西市

唐西市遗址位于西安城的西南。历史上，这里是长安城平日里最繁华的地方，有着近 220 种不同的行业，商铺最多时达 4 万余家。近代以后，这里修建了大量的民房和道路，成为当时西安市一处普通的居民区。为了避免城市化建设的破坏，1996 年唐西市遗址被列为国家重点文物保护单位。在大雁塔、芙蓉园和曲江遗址项目完成后，"唐西市"遗址工程项目也被正式提上议程。

"唐西市"遗址工程是以商业为主线，以丝路风情和民俗文化为特色的一个综合性商业地产项目。项目占地约 500 亩，总建筑面积约 100 万 m^2，总投资 35 亿元人民币，据说是全国唯一一个在古遗址上重建的大型商贸与旅游项目。新修建的唐西市主体分为步行街、商业区、休闲娱乐区、宾馆办公区等五大功能区域。据介绍，建成之后的西市将成为集旅游、考古、购物、娱乐、休闲、住宿、餐饮为一体的多功能消费场所，使市民和游客在购物娱乐的同时，感受到唐代的集市气息。

新建成的唐西市仍旧按照历史上的九宫格布局，如同一个大规模的仿古集市，目前主要是售卖金玉古玩和民俗特产。除了再现历史上的一些建筑和景观，如佛堂、戏楼、放生池等，市场内外还重新建造了大量现代人喜欢的东西。如新建了一座财神殿，黄铜装饰，金碧辉煌，显示财运亨通；新建了大型超市，为周边的市民提供购物场所。当然，更重要的是周边崛起的地产项目。

博物馆是唐西市内的核心建筑，于2010年4月7日正式对外开放，是集历史、艺术、民俗、收藏于一体的综合性博物馆。据介绍，这里是目前国内唯一反映唐商业文化、丝路文化和西市历史文化的主题博物馆，也是唯一在唐代长安城西市原址上再建的原真性保存"西市遗址"的博物馆。建筑面积3.2万m^2，展出面积8000m^2，遗址保护面积2500m^2。馆内有唐代"十字街"、"道路车辙"、"石板桥"、"房基"、"水井"、"排水沟"等多处遗址，馆藏文物2万余件。馆内具有完备的陈列展览体系，更有集展览、演示、销售于一体的百工体验项目。

五、大明宫遗址公园

大明宫是唐王朝的办公和居住场所，理应是长安城中最辉煌的地方。初建于唐太宗贞观八年（634年），后经历代皇帝修建，大明宫中融合了唐代不同历史阶段的建筑风格，堪称唐代建筑艺术的集大成者。但是，大明宫也是最多灾多难的地方。仅唐代就遭受了六次毁灭性的破坏，后来一直处于被废弃的状态，除了千余年前留下的几处建筑基础，绝大部分已被房屋和道路覆盖。为了留下这处历史痕迹，1961年被国务院确定为重点文物保护单位，是国际古遗址理事会确定的具有世界意义的重要遗址。

2007年7月17日，在香港—西安投资推介会上，香港中国海外发展有限公司宣布将斥资200亿元参与遗址公园建设和周边地区改造。2008年1月24日，由西安市文物局、西安曲江大明宫遗址区保护改造办公室共同举办的"西安·唐大明宫遗址保护展示示范园区暨国家遗址公园概念设计国际竞赛方案评审会"在西安隆重召开。经过层层筛选，有八家设计机构的设计方案通过初选，进入本次评审会，这八家参赛单位均为世界顶尖级设计机构，代表了世界古遗址建筑的主要流派。会议落幕后，大明宫国家遗址公园的正式规划方案也浮出了水面。

经过一年多的建设，2010年10月1日，大明宫国家遗址公园如期开园，其中2/3园区对游客免费开放。公园是按原遗址3.2km^2规划建设，既是保护区，也是现代城市生态文化公园。

大明宫地处长安城北部禁苑中的龙首塬上，平面略呈梯形。整体格局坐北朝南，前朝后寝；南部是宫殿区，自南向北由含元殿、宣政殿和紫宸殿为中轴；北部为园林区，中心有太液池，四周建有各类园林建筑。目前已探明的殿台楼阁等遗址有40余处。大明宫国家遗址公园延续唐代的历史格局，由南向北沿丹凤门—含元殿—宣政殿—紫宸殿—玄武门—重玄门为中轴线，分为殿前区、宫殿区、宫苑区三大区域。丹凤门至含元殿以南地段是"殿前区"，设有游客接待服务中心、丹凤门遗址博物馆、大明宫考古中心等展示项目。含元殿至紫宸殿是"宫殿区"，是公园中的收费区域。重点展示现代考古过程与成就，以及文化遗产保护理念、方法、技术、材料与成果，是古迹遗址保护与展示的重点示范区。重点保护文物包括：含元殿、宣政殿、紫宸殿、望仙台、麟德殿、清思殿、含光殿、昭庆门、含耀门、光顺门、延英门、崇文门、左右银台门等遗址。其中，含元殿、宣政殿、紫宸殿三大殿遗址区是考古研究的重点区域，是展示唐大明宫宏伟宫殿建筑群的一个主要场所。紫宸殿以北的地段为"宫苑区"，这里以太液池为重点，试图规划出山水相伴、绿树成荫、花草掩映，呈现皇家园林的效果。

据介绍，为了保护原貌，整个工程对大明宫遗址没有进行复建，只是通过史料推想，在一些重要遗址部位用钢结构造型，再在造型上面吊挂板材，做成一个容器式的模型扣在遗址上，如丹凤门以及周边的城墙造型，就连大明宫的宫墙也不建造实体墙，而是用树、竹子、石块等组成抽象的墙体，让游客能够大体感受其原貌，也算是一种保护性的展示方式。

大明宫国家遗址公园以遗址保护、改造和展示为目的，是集文化、旅游、商贸、居住、休闲多功能为一体的城市新区，以改善人民生活水平、提升城市品质为宗旨，探索古遗址带动城市发展的新模式。无论是投资金额，还是占地面积，大明宫遗址工程都达到了空前的规模与程度。从目前的情况看，历史与现代、经济与文化、文物保护与现代城市建设……一系列的碰撞与融合在这里集中，注定了该工程产生的社会影响也是不同凡响的。

五大唐遗址工程改变了所在地区的面貌，也在遥相呼应中形成了规模，悄然地为古都西安制作了一件"唐装"。与人们选择服装要有所讲究一样，为城市制作服装也不能随意而为，也要在考虑实用、耐久和得体等一般功能的同时，还要尽量考虑审美习惯、民俗传统和科学程度等精神因素，尤其对历史性建筑而言，精神的因素可能比功能的因素更重要。那么，五大遗址工程中体现出来的精神因素如何，就不仅有数量多少的问题，还会有真实性的问题，并且从总体上构成了这些工程的文化质量。

从现在的情况看，实施五大遗址工程的经济目的是明确的，将历史文化置换成资本的意图也是明确的。一些学者甚至已经开始进行总结，将这种做法称之为"模式"："纵观西安文化旅游业，已经发展形成三种典型模式：一、以文化为内核提升现有旅游业，带动商业及城市服务业发展；二、依托历史文化资源，运用现代科技手段，创造当代人文旅游产品；三、借助重大文化题材，实现旅游项目集群化发展。"[1] 根据这种观点，只要是能够"带动商业及城市服务业"，"创造当代人文旅游产品"，"实现旅游项目集群化发展"的做法，都可以称之为"模式"，当然更值得推广。对这种"刀下见菜"，近乎"有奶便是娘"的评价取向我们确实不敢苟同。不要说一个城市，就连一个正常的家庭也不会将能否挣钱作为唯一的评价标准，鼓励家庭成员去不择手段，何况古建遗址是祖先的遗存，如何对待，不仅仅是技术问题，还体现着当代人对待历史的态度，涉及对后人的责任，是一个十分严肃的大问题，绝不能用给当下社会提供了多少就业岗位，创造了多少利润的商业标准来衡量。更重要的是，从实际情况看，五大遗址工程是否真实地恢复了西安的古城风貌？是否为中华民族找回失落的城市记忆提供了场所？是否凝聚并提升了城市特色和城市格调？也绝不是仅靠经济指标就能够回答的。

---

[1]　祁述裕，窦维平.文化建设案例集（第二辑）[M].北京：中国社会科学出版社,2010.

如何保护以及依照什么标准来保护古建遗址，国际社会早已有所明确，并在世界各国都有成功的范例。在国际化已经成为时尚的今天，我们不妨也在古建遗址保护上来一次接轨，尝试以国际通行的标准来衡量一下自己。

第三节　世界文化遗产

生物学将生物遗传的基本单位称为"基因"。基因存在于细胞的染色体上，以特有的排列组合方式将生物的某些属性代代相传。因此，同一种类的不同生物体无疑具有相同或相类似的基因密码。正是由于基因的存在，才保证了大自然中物种的丰富多样，并在相生相克的关系中实现生态平衡。对人类而言，文化也具有"基因"的属性，是构成不同社会、不同种族、不同宗教信仰的重要因素。在文化的语境中，建筑也具有对不同文化基因传承的功能，进而形成不同的造法、样式和风格。要搞清楚一种建筑现象，仅着眼于表面是远远不够的，还应当透过外在形式，探究其中的精神内涵，尤其是通过时间维度的研究，发现不同时代的文化基因在建筑上留下的痕迹。从这个角度看，保护古建遗址绝不能停留在物理层面，更应重视精神上的传承，使蕴藏在遗址中的文化基因得以延续和保存。投资和占地是工程的外在形式，再现唐文化是工程要达到的目标，都属于五大遗址工程得以完成的最基本条件，要真正揭示五大遗址工程的质量情况，不涉及这些工程体现出来的文化内容显然是不行的。那么，依照什么样的标准来衡量的问题就显得十分重要。我们以为，在日益开放的今天，联合国教科文组织公布的历史文化遗产保护公约，无疑应该是我们认定这些历史性建筑工程质量情况时必须参照的。

一、"世界文化遗产"的标准

工业文明在给人类社会带来财富的同时，各种负面效应也接踵而至：人口急速增长，城市迅速扩张，环境日益恶劣……在威胁着人类生存的同时，也极大地威胁着世界自然与文化遗产的安危。在和平环境中，尤其是处在急于解决温饱的社会阶段，贪得无厌与现代文明相结合构成的假象，无节制的开发与无规则的现实之间留下的漏洞，使得人们可以找到许多冠冕堂皇的理由将索取之手伸向自然与文化遗产。这种以和平方式造成的破坏，其力度一点也不比战争和自然灾害小。如何在工业文明的背景下，制定出具有世界意义的保护规则就显得尤其重要。1972 年 11 月 16 日，联合国教科文组织大会第十七届会议在法国巴黎通过了《保护世界文化和自然遗产公约》，这是一部世界性公约，在专业领域具有类似于"宪法"的性质和意义。1976 年，世界遗产委员会成立并建立了《世界遗产名录》，收录了大量"世界人类遗产"作为遗产保护方面的优秀案例，更形象地诠释了《保护世界文化和自然遗产公约》中所规定的条款。"世界遗产"概念的提出具有重大意义，揭示了古建遗址所具有的人类学价值。同时，古建遗址的保护和修复也不再是地区或国家的行为，而是要自觉接受国际宪章的约束和检验，促使人们改变狭隘的文物观念，将本国所拥有的自然与文化遗产，从囊中之物转变为人类共同的财富。

从 1933 年颁布的《雅典宪章》，到 1964 年公布的《威尼斯宪章》，再到 1972 年通过的《保护世界文化和自然遗产公约》，都明确将保护古建遗址的美学和历史价值列为重点内容。

《公约》中的第一条就明确地将"历史、艺术或科学角度看具有突出的普遍价值"作为古建遗址中的文化属性,[1]同时也是国际组织对古建遗址保护情况进行评估的重要指标。据此,凡列入《世界遗产名录》的项目,必须符合下列一项或几项标准方可获得批准:

"1. 代表一种独特的艺术成就,一种创造性的天才杰作;

2. 能在一定时期内或世界某一文化区域内,对建筑艺术、纪念物艺术、城镇规划或景观设计方面的发展产生过大影响;

3. 能为一种已消逝的文明或文化传统提供一种独特的至少是特殊的见证;

4. 可作为一种建筑或建筑群或景观的杰出范例,展示出人类历史上一个(或几个)重要阶段;

5. 可作为传统的人类居住地或使用地的杰出范例,代表一种(或几种)文化,尤其在不可逆转之变化的影响下变得易于损坏;

6. 与具特殊普遍意义的事件或现行传统或思想或信仰或文学艺术作品有直接或实质的联系。"[2]

这里涉及艺术性、影响力、典型性、历史性、地域性和思想性,是评审世界遗产的标准,当然也是各国在维护当地遗产时应当依据的标准。值得注意的是,六条中没有涉及经济方面,更没有"地区经济的带动能力"、"周边环境的新商机"、"地产升值"等内容。比较起来不难看出,国际社会更加看重的是古迹遗址的社会价值,而不是其中的经济价值。自 2007 年 11 月起,全球已经有 185 个国家和地区签署了世界遗产公约。在对世界各地申报"文化遗产"项目的评审中,历史性、艺术性和科学性也是专家们依照的基本标准。截至 2008 年,全世界共有世界遗产 878 处,其中文化遗产 679 处,自然遗产 174 处,世界文化与自然双重遗产 25 处,分布在 145 个国家。至 2011 年 6 月 24 日,中国已有 41 处世界遗产,其中文化遗产 29 项(文化景观 3 项),自然遗产 8 项,文化和自然双重遗产 4 项。值得注意的是,这些达到国际水准的文化遗产,艺术性、影响力、典型性、历史性、地域性和思想性仍然是共同具有的价值,拥有这些遗产的所在国家,千方百计做的也是尽可能地延续这些遗产的艺术性、影响力、典型性、历史性、地域性和思想性,而对于那些可能造成负面影响的经济开发则毫无涉及!由此看来,在国际社会中,经济开发和古建遗址保护之间并不是一回事,不能相提并论。当然,这样的认识水平也是在总结了教训之后才达到的。比如 20 世纪 70 年代,巴黎市中心就出现了一栋 200 多米的高楼。为此市民强烈反对,对政府提出抗议。巴黎市政府接受批评,从此不再允许在旧城中兴盖高楼。这座高楼也就成了一个反面物证对后人起警示作用。维也纳也曾出现过一座高楼,市民就把政府告到了国际组织,世界遗产中心委托理事会开了一个维也纳会议,在这个会议上,形成了一个维也纳备忘录,要求各国政府保护好城市的历史环境。

对比方显差距。要将古城西安再造成"唐城",仅有愿望是不够的。重要的是建造"唐城"的目的是什么。平心而论,历史上只有一个长安城,如果真是将这座城市曾经拥有

---

[1]　张松.城市文化遗产保护国际宪章与国内法规选编 [M].上海:同济大学出版社,2007。

[2]　宋涛.世界文化与自然遗产 [M].沈阳:辽海出版社,2009。

的历史性、艺术性和科学性准确地挖掘出来并加以再现，不仅是对华夏文明作出的重大贡献，对世界文明也具有不可估量的价值。按照这样的立意，五大遗址工程在设计规划、资金来源、管理模式、宣传推介等等环节上都应当尽量与国际接轨，在工程的艺术性、影响力、典型性、历史性、地域性和思想性上下工夫，使每一处工程都按照文化精品来打造，而不是市场运作的产物。

细细浏览《世界遗产名录》，和西安同样悠久的城市不乏其例，其中有意大利的罗马，有日本的京都，有山西的平遥……这些古城无一不在完好地保留古建遗址上下工夫。于是，岩石裸露并残缺不全的斗兽场，造型精美却明显有拜金倾向的金阁寺，一派沧桑的古城墙、镇国寺、双林寺，不但没有影响这些遗址的价值，反而因为真实地再现了历史气息而令人肃然起敬，也使所在城市的文化品位得到了提升，成为世界认识欧洲文化，了解东方文化，找寻华夏文化的"石头史书"。

二、名城遗址面对面

1. 对话罗马

凡是对西方建筑感兴趣的人，对罗马古城一定不会陌生，而这座城市的真正魅力，正是城中众多的古建遗址——每一座古建遗址都可以将人们带到《世界古代史》中的某个章节或段落，是历史的活教材。建成于公元前80年的竞技场在全世界享有极高的知名度，也是罗马古城中最吸引外国游客的地方。它将古罗马建筑的代表性元素——拱券结构的功能与美学效果发挥到极致。在西方建筑史上，罗马建筑继承了希腊建筑的风格，并在此基础上又做了许多创新和发展，拱券结构就是一个典型代表——不同于希腊的和谐典雅，而是将上半部弧形的直径缩短，整体高度增加，在视觉上趋于狭长，给人以紧迫和上进的力量感。一系列的拱券和安插巧妙的椭圆形石材构件使整座建筑受力均匀，结构上极为坚固，几千年的磨砺竟然依旧完好。从设计上看来，斗兽场的许多造法令人赞叹（图1-1）。比如，整个斗兽场从平面上看略呈椭圆形，属于不对称结构，这样可以引发出动荡不安的视觉效果；建筑立面流畅且极富动感，既有助于提升音响效果，也便于充分采光；建筑色彩不作装饰，石头材料本色裸露，制造了野外战场的环境，为格斗表演提供着背景；角斗士从何处出入，在哪里休息，猛兽关在哪里，死伤者从何处抬出，都有清晰的分布，说明当时的建筑师已经有了流线设计意识；还有宽敞的阶梯和走廊，以及标着数字的80个拱门，这种细节设计可以方便观众迅速入座……凡此种种，即使是现代也需要设计师们的多次试验和测算，而在罗马，两千多年前的斗

图1-1 古罗马斗兽场遗址

兽场上就已经得到了完美体现，不能不让人们对当时建筑的设计和制造水平刮目相看。

没有精神引导的武力，无论多么强大，最终都只会沦为野蛮的暴力。所幸的是，罗马城在崇尚英雄主义的同时，也是世界民主体制的发源地——孕育出了人类文明史上的第一个民主共和国，并在国家法律方面作出了巨大贡献。时至今日"罗马法系"的范式仍在世界上许多国家沿用。"战争"与"和平"被共同记录在罗马古城，并在这里的古建筑上交相辉映。万神殿（Pantheon），兴建于公元前27年，被米开朗琪罗赞叹为"天使的设计"。万神殿的意思是指供奉罗马全部的神。由于公元608年它被献给教会作为圣母的祭堂，所以也是罗马帝国时代建筑中保存最为完好的。圆形穹顶是该建筑的精彩之处。穹顶的基座从总高的1/2地方建起，穹顶的弧形曲线向下延伸，和建筑主体形成完整的球体再与地面相接。建筑的总高为43.3m，穹顶直径也是43.3m，整体结构浑然一体，比例尺度更接近古典美学的黄金分割，表现出古代建筑师对建筑结构的熟练驾驭和精准计算的能力。穹顶顶端有一个直径达8.9m的圆形天窗，透过天窗的阳光随着时间的变化在教堂内壁上移动，营造出一种庄严、神秘的宗教气氛，视觉上给人以号召感和凝聚力。建筑的正立面有16根圆柱，采用罗马混合式柱头，由古希腊的爱奥尼和科林斯式柱头变异而来。建筑门厅的顶部造型是巨大的希腊式等腰三角形，为圆形的主体建筑补充了一个视觉上的重心，增添了建筑的平衡感。后来，万神殿穹厅和柱廊的设计成为经典，备受建筑设计界的推崇，影响十分深远，许多国家将这种设计应用在市政厅、图书馆或博物馆等重要的建筑上，甚至在美国白宫的正立面上，我们也能寻找到类似的建筑元素。

其实，罗马古城并非十全十美。"客观地看，罗马帝国后期的建筑虽然取得了非凡的成就，但是在城市规划方面，受地势影响，城市的总体布局较为凌乱，没有形成完整的系统，至少说明古罗马人在建城选址方面是有欠缺的。"[1]但是，罗马人是聪明的，在一次又一次的修复中，材料、工艺和基本造法都基本保持原状，尤其对拱券结构和穹顶造型这两个代表性的建造元素更是倍加呵护，没有丝毫的改变。在当地人心目中，这是罗马建筑的精华，也是欧洲建筑的起点，当然也是罗马人的骄傲，必须如实地加以保护。也就是说，完好地保存这两种建筑形式，等于真实地再现了古人的建造智慧和所达到的水平，再现了罗马建筑在欧洲建筑史中的领先地位。对话罗马，那些古建遗址所以能让人在身临其境中抚今追昔，在浮想联翩中产生穿越时空的错觉，其奥妙可能正在于真实地再现了历史。

2. 对话京都

京都也是世界历史文化名城。明治维新前这里曾是日本的首都。这样的经历使得京都城内存有许多古建遗址，市区内仅寺院和神社就有1877个，平均每一个街区就有一座佛寺。公元7～8世纪，日本向中国派出了大量的留学生，学习中国的佛教、茶道、建筑、文学和礼法等。这些留学生来到中国后，迅速融合到社会的各个阶层。他们刻苦努力，学有所成，将中国的传统文化带回了日本，对日本社会产生了深远影响。京都城就是在这样的背景下建造的，也确实和唐代的长安城有许多相似之处——约20km²的面

[1]　王博.北京：一座失去建筑哲学的城市[M].沈阳：辽宁科学技术出版社，2009。

积，整体为矩形，街道纵横，形如棋盘。更重要的是，这座古城至今还保持了许多古建遗址，尤其是金阁寺，很能代表日本在文物保护方面的水平。

金阁寺建成于 1397 年，位于京都市北区，是一座在当地很有影响力的寺院。金阁寺的正式名称是鹿苑寺，因为主建筑舍利殿外面包有金箔，又名金阁寺（图 1-2）。金阁寺是一座三面环水的木结构楼阁式建筑。第一层称"法水院"，是日本平安时代贵族建筑的寝宫样式，四周明柱，三面围合，通风防潮，便于采光。室内利用木质隔断营造出丰富的空间，突破了日本建筑层间低矮的局限。第二层为镰仓时期的"潮音洞"，是一种武士建筑风格，廊柱样式，四面围合，简明而开朗。临水一角设半开放式观景平台，建筑内部供奉着观音。第三层的中国风格更浓，当地人称之为"究竟顶"，就是中国古建筑中常见的四角攒尖

图 1-2　金阁寺

顶，当中的宝顶是一只金色的"凤凰"，檐下的斗栱、额枋一应俱全。第三层的建筑立面采用四面封闭式围合，室内供奉着三尊弥勒佛。整体上看，金阁寺建造手法富于变化，却又浑然一体，显现出和谐的韵律之美。除第一层暴露原木本色外，第二层和第三层的外立面以及宝顶全部裹以金箔，将室町时代的拜金倾向巧妙地融入了建筑。金阁寺前的镜湖池水面辽阔，与一般日式庭园不同，这里的水池中没有饲养锦鲤等观赏鱼类，暗含着佛教的四大皆空。

金阁寺与中国文化的关系还表现在凤凰形状的宝顶上。凤凰是中国文化中的吉祥之鸟。东汉许慎在《说文解字》中写道："凤，神鸟也。"[1] 在汉代，出于对鸟的图腾崇拜，曾一度盛行以凤鸟作为建筑的脊饰，一直影响到唐代。凤凰造型出现在金阁寺上，再次印证了与中国文化的渊源关系。更重要的是，金阁寺的建造还体现着中国的五行文化：凤凰即朱雀，象征着"火"，再配以楼阁的"金"，底层的"木"，镜湖池的"水"，旁边小岛的"土"——使金阁成为一座典型的五行兼具的建筑。如此厚重的文化内涵，使金阁寺在日本享有很高的美誉度，是公认的国宝级建筑。这里也是公众接受教育的地方。向信众传授教义自不必说，寺院内精心营造的建筑环境，美轮美奂的园林布景，巧夺天工的工艺制作，举手投足的礼仪规范，严格区分的服饰礼仪，丰富多样的民俗活动……这些带有浓郁地方特色的东西，既是金阁寺的环境，也是金阁寺的活力，与建筑主体一起构筑了这里的文化格调。

对话京都，或许会让西安感到几分不安。与昔日的长安城比较，无论是城市规模、建设水平、繁华程度以及文化影响力，京都是后来者，无法望其项背。可是千年之后的

---

[1]　（汉）许慎撰．（清）徐铉注．说文解字 [M]．北京：中华书局，2009。

今天，京都却是让世人刮目相看的。在现代化程度很高的日本，这座城市竟然没有被高楼大厦淹没，被宽街大道切割，被各式霓虹灯涂抹，被喇叭和叫卖声污染，而是仍然保持着端庄的姿态：典雅庄重中带有儒者的谦逊，宁静沉稳中流露出老者的风范，一派学究大儒的气质。在这里，确实看不到多少现代的东西，却仍然能够让人怦然心动——让世人有一种找到"故乡"的感觉，自然也以文化圣地的姿态影响着世界。世界遗产委员会对这座城市的评价也恰如其分："古京都仿效古代中国首都（即唐长安城）形式，建于公元794年，从建立起直到19世纪中叶一直是日本的帝国首都。作为日本文化中心，它具有一千年的历史。它跨越了日本木式建筑、精致的宗教建筑和日本花园艺术的发展时期，同时还影响了世界园艺艺术的发展。"

　　3. 对话平遥

　　平遥古城位于山西省中部，始建于西周时期（公元前827年～前782年），距今已有2700多年的历史。明代洪武三年（1370年）扩建后，时至今日仍较为完好地保留着历史风貌。1997年12月3日，世界遗产委员会21届大会决定将平遥以古代城墙、官衙、街市、民居、寺庙作为整体，以城市的名义列入《世界遗产名录》，并给予了这样的评价："平遥古城是中国境内保存最为完整的一座古代县城，是中国汉民族城市在明清时期的杰出范例，在中国历史的发展中，为人们展示了一幅非同寻常的文化、社会、经济及宗教发展的完整画卷。"显然，平遥古建遗址保护的成功之处，也是在文化根脉上。

　　鸟瞰平遥古城，形似巨龟。相传这是根据"山水朝阳，龟前戏水"古风设计的结果，是取"吉祥长寿"之意建造的一座"龟城"。城市的规划布局采用仿生手法，模拟传说中的"神龟"形象——城池南门为"龟头"，门外两眼水井象征龟的双目，东西四座城门象征"龟足"，北城门的"龟尾"是全城的最低处——城内所有积水经此流出，以仿生法设计出城市的排水系统。城墙之外就是护城河，既是军事防御体系，又可以调节城市的小气候。这样的城市规划不仅符合平遥古城内的地势情况，还反映着中国传统文化中图腾信仰。在古人眼中，乌龟属于长生之物。将城池修得状似龟形，暗示着设计者希望古城坚如磐石、永世长存的美好寓意。平遥古城的城墙总周长6162.68 m，高约12m，墙基底宽10 m，墙顶宽3～6 m，上砌女儿墙，垛堞高2m。墙身素土夯实，外包青砖（图1-3）。城墙四周共开有6个城门，分别附有瓮城。现存4座角楼和72座敌楼。其中南门城墙于2004年倒塌，除此以外的其余大部分保存完好，是中国现存规模较大、历史较早、保存较完整的古城墙之一。古老的城墙把面积约2.25km^{2}的县城分隔为两个风格迥异的世界：城墙以内的街道、铺面、市楼均保留明清形制，称老城；城墙以外修建现代建筑，称新城。城墙外100～600m的绿化区是古城和新城的衔接区，被称为"环城地

图1-3　平遥古城

带",总面积达到 400 多公顷[1],以此作为两种不同文化的过渡,体现对传统的尊重与保护。

城墙是平遥代表性的古建遗址,此外还有镇国寺和双林寺。其实,平遥的古老不是由几个景点构成的,而是随处可见,街道、商铺、票号、县衙、古民居和城隍庙,构成古色古香的大环境。平遥古城内保存了大大小小近 400 处院落,这些古宅院的建筑造型、布局和装饰都显示出古代晋商的价值取向。全城由纵横交错的四大街、八小街、七十二条蚰蜒巷构成。沿街商铺林立却丝毫没有凌乱之感,店铺和住宅的空间划分有序,既为经商者提供了便利,同时也维护了住民生活的私密性。这样的布局显示了设计者的务实精神。平遥古城还是平实而内敛的。这里没有张扬独立的单体建筑,也没有扎眼的色彩来夺人眼球。即使是一些走南闯北、家财万贯的晋商,家院的建造并不显山露水,与普通人家的样式没什么差异,就连建筑立面上装饰的砖雕、木雕、石雕,内容都以祈福、教子为主,不事炫耀,反映出浓浓的"儒商"做派。这里的每一条街道,每一间商铺,每一所民宅,倘若单独来看,或许会觉得平淡无奇,可一旦回归到古城这个大环境中,立刻会别有一番韵味,体现出设计者当年在规划这座城池时,在建筑的比例大小、高低错落上都有所考虑,将中华民族古老的"大局为重"的价值取向和中庸含蓄的民族性格表现得淋漓尽致。

平遥城中的不少古建遗址是处在使用之中的,维修保护工作几乎随时都会发生,而且无处不在。从现在的情况看,大到城墙,小到屋宇,平遥所用的一砖一瓦、一木一料都是原样取材、原样制作的结果,没有偷梁换柱,更看不到拿今人的设计替换古人的做法。于是,不仅中国建筑中许多古老的讲究得到了很好的保留,中国建筑所特有的做派和美学风格也得到了很好的延续。古城独具的文化精神当然也得到了系统、全面、细致的保护。凡此种种,告诉了我们一个简单却又深刻的道理——古建遗址的修复必须尊重历史,只有根据历史的真实进行设计施工,才可能将古建遗址固有的文化气质保存下来。

对话平遥,西安会感到几分尴尬。这座城市的历史地位显然无法与西安比较,更不具备"十三朝古都"的盛誉,不管从哪个方面看都难与西安相提并论,但是,平遥却进入了"世界文化遗产"的行列。这说明平遥的保护措施和效果都达到了世界认可的水平。平遥是真实而质朴的,与当今城市的浮华喧闹形成了巨大反差,与千城一面的雷同现象大相径庭。让人觉得,平遥才是真正的古城——这里所有的古建遗址都保存着原有的古风,而且经得起历史学、艺术学和建筑学的推敲。世界遗产委员会将平遥称之为中国汉民族城市的杰出范例,为人们展示了一幅非同寻常的文化、社会、经济及宗教发展的历史画卷,看来是比较符合这座城市实际情况的。

三、比较与思考

与一般性城市比较,历史文化名城的显著标志是古建遗址集中。以往,人们往往通过古建遗址数量的多少来给一座城市的保护水平进行认定。随着城市化进程加快,城市环境的改变对古建遗址的影响越来越大,人们开始从数量保有向质量保有转移,从看重古建遗址本身向周边环境转移,更加看重整体性保护。于是,比较已经成为"世界文化

[1] 马玥,阮仪三.保护平遥 留存历史[J].中国建设信息,2008(11)。

遗产"的城市对待古建遗址的一些做法，有
助于我们在差距中发现问题。

现在的罗马城酷似一座巨型的露天历史
博物馆。帝国时期的元老院、凯旋门、纪功柱、
万神殿和大竞技场尽管已经成为废墟，但仍
然是世界闻名的古迹。充满历史沧桑感的残
垣断壁、庄重浑厚的拱券、精致华丽的罗马
式柱头以及路口广场处点缀的景观喷泉在这
里几乎随处可见。那些文艺复兴时期的教堂
将建筑、雕塑和绘画三位一体地结合在一起，
令来到这里的人们流连忘返（图 1-4）。

那么，罗马人是如何保护这些古建遗址
的呢？1964 年罗马政府确立了以保护为主
的城市规划方案，老城内大部分地区被划定
为"历史中心区"。星罗棋布的古遗址被确
定为"考古中心"，是文物保护的重中之重。
只有政府部门才特许在市区内办公，活动范

图 1-4　文艺复兴时期的古建筑

围也受到严格的限制。居民区建设对古建遗址环境的影响最大，所以一律迁至郊区。在
市区工作而在郊区居住，成了罗马人生活的基本格局。1993 年，为了避免城市化对古建
遗址的影响，罗马政府进行了再度规划并将城市的保护工作进行了细化。城市及周边的
13 万 hm² 地域被划分为三个部分：①中心区域，占全部用地的 60%，主要分布在老城及
周边地区，只能用于农业、旅游业和供市民进行体育运动，禁止任何工业活动；②生活
区域，占全部用地的 6% ~ 10%，包括新城及其周围建成区，主要是用于改善居住、旅游、
娱乐、交通等，以提高人们的生活质量；③发展区域，占全部用地的 30% 左右，是主要
从事建设开发的区域。罗马市政府规划局局长马赛隆尼先生总结说："罗马城的规划战略
有三个方面：第一，做出全面规划，注重环境保护。第二，完善铁路系统，改善交通质量。
第三，改造现有城市地区，进行调整和恢复。"[1] 最后，他特别强调："罗马城市规划不是
发展，而是复兴和更新。"[2]

再看京都城的古建遗址保护。京都也在对古建筑进行修复，不过，一砖一瓦、一木
一石都是原物置换，绝不允许水泥浇筑、钢结构造型来制造现代的玄虚，就连建筑装饰
用的金箔，也是真材实料。虽然京都的市区内不乏现代化建筑，但是市中心大多数的店
铺和住宅，仍旧是低矮的两层楼木屋，与古都风格相匹配（图 1-5）。在市区内，6m 以
上的建筑物都被认为会破坏区域景观，遭到市民的强烈反对。所以，这里没有高层建筑
也没有高架桥[3]。虽然京都的城市人口已经超过 146 万，由于没有高大型建筑，城市中到
处绿意盎然，与古建遗址相伴的是自然风光，悠久的历史品位自然也熠熠生辉。不难看出，

[1]　尔晒.罗马古城在现代化规划中是如何得到保护的——访罗马市政府规划局局长 [J]. 全球科技经济瞭望，1998（6）。
[2]　尔晒.罗马古城在现代化规划中是如何得到保护的——访罗马市政府规划局局长 [J]. 全球科技经济瞭望，1998（6）。
[3]　何加宜，吴伟.超越时空熠熠生辉的京都景观建设 [J]. 城市管理与科技，2010（2）。

图 1-5　京都古建筑旁的街道

京都人对待身边的古建遗址，仿佛是对待自己的祖先，小心翼翼，悉心照顾，唯恐有所怠慢，显示出高度的历史责任意识。

京都也在发展工业，但不是现代工业，而是当地的传统手工艺生产，如漆器、扇子、雨伞、佛像、纺织品、和服、陶瓷等，其中"西阵织"、"京友禅"等纺织和成衣品牌畅销世界各地。京都也在发展商业，但是不能喧宾夺主，商业区的选址和规模都受到严格控制，在一些著名的古建遗址周边绝不会出现灯红酒绿和高音喇叭，以保持这些地方的文化氛围。

应当承认，这些国家在历史上同样经历过战争，同样也经历过城市化改造，但是，不管是恢复性建设还是城市发展，古建遗址都具有神圣不可侵犯的地位，任何时候、任何情况下，城市建设都要为古建遗址保护让路，而不是让古建遗址为城市发展让路，更不会利用古建遗址来带动城市发展。我国城市化进程正在进入快速发展时期。根据联合国人居署发布的《2008～2009年世界城市状况》年度报告，中国城市化速度超过世界两倍[1]。在欧美国家，城市化进程中一般都是保护措施先行，然后才是大规模修建，使得旧城区古建遗址保护的范围可以达到80%乃至100%，而以速度见长的城市化扩张却带有惊人的破坏力。"在城市大型工程中毁坏地下文物，在旧城改造中破坏历史文化街区，在整修历史遗址中破坏历史原貌，造成对历史文物及文化遗址的破坏甚至毁灭。"[2]这也

[1]　翟烜.中国城市化速度超世界两倍[N].京华时报，2008-10-31。

[2]　杨剑龙.论中国城市化进程中的文化遗产保护[J].中国名城，2010（10）。

就不难理解，为什么像北京、西安这样的古城，只能是中国的古城，而无法以整座城市进入"世界文化遗产"，成为世界的古城了。

　　建筑文化学者吴庆洲先生在《建筑哲理、意匠与文化》一书中，针对城市化进程中出现的形式主义、特色危机、生态变异等问题，强调文化建设的重要，并对文化作出了这样的解释："文化是人为了满足自己的欲望和需要而创造出来的：针对自然界，创造了物质文化；针对社会，创造了制度文化；针对人自身，创造了精神文化。"[1] 对历史性城市来说，文化蕴涵的深浅，保护状况的好坏，不是宣传出来的，而是通过古建遗址的实际状况表现出来的。也就是说，既然是历史性城市，那么，城市中存留的古建遗址是否能以物质的形式反映传统建造水平，体现历史上人们的生活方式和社会关系，揭示人们古已有之的各种信仰和习俗，都会构成一座城市的文化格调，升华为城市的基本魅力。这样看来，作为历史性城市的基本细胞，古迹遗址的情况如何，在很大程度上决定着城市的文化内涵和格调。罗马所以古老，是由万神殿、斗兽场、浴场等废墟决定的；京都所以别致，与金阁寺和大大小小的寺庙神社为代表的传统建筑有直接关系。建筑的历史性决定了这些城市的历史性。其实，我国在这方面也有成功的案例。下面就以平遥古城为例，看看是怎样通过古建遗址保护，来维护老城区传统风貌的。

　　首先，修旧如旧，保护古建遗址的物质文化层。物质文化层注重建筑功能性，主要目的是满足人们的生理需求，使人们的生活更加便利舒适。古建遗址中的建筑实体、街区规划、基础设施等，都是用来满足居民基本生活需求的。修旧如旧，就是要在古建遗址的维护中严格遵循传统，将古人的建造思想和智慧尽可能真实地保留下来。平遥古城的建筑全部采用传统的土木结构和庭院式造型。从实用上看，这样的建筑屋顶和墙壁相对厚实，利于保温，适应北方冬季寒冷的气候特征；从工艺上看，这样的建筑保留了古建筑的营造讲究，垒砌的整齐，木作的精细，装饰的精到，很能体现传统建筑的格调；从造型上看，这样的建筑整齐规范，很能体现中国历史上天圆地方的宇宙观念……在维护中修旧如旧，古建遗址原有的品质才不会改变，所承载的物质文化层才可能得到真实的体现。

　　其次，传统格局，保护古建遗址的社会文化层。这个层面体现的主要是社会规范和秩序，既包括有形的，如法律条文、规章制度等；也包括无形的，如人与人之间的伦理秩序及道德规范。传统文化中十分重视伦理规范，古建遗址中就巧妙地将这种规范和秩序融入其中。中国素有礼仪之邦的称号，建筑中包含有许多的礼仪讲究，以规范社会秩序，区别贵贱等级，使人们的生活各得其所，井然有序。古城墙是平遥的标志性建筑，在古代是国家的象征，带有一定的神圣性。今天，城墙仍然是这里的制高点，其他建筑一律不得高于城墙，实际地将城墙原有的社会地位保留了下来。城内布局主次分明，文庙、武庙、县衙、清虚观等建筑群分布在南大街两侧，构成中轴线。东西大街、衙门街、城隍庙街则构成"干"字形商业街。大片民居青砖灰瓦分布街道两侧，与古城墙、古街道、古寺庙和古店铺相映生辉。平遥城内有400余座宅院，不仅宅院的位置和面积与主人的身份地位有关，院内建筑的主次，也通过高低、大小有着明显区分，不能越雷池一步。

---

[1]　吴庆洲. 建筑哲理、意匠与文化 [M]. 北京：中国建筑工业出版社，2005。

经过多次维修，这些古老的传统仍然比较完整地保持着，显示着当年这里曾经有过社会秩序和规范。

第三，新旧分离，保护古建遗址的精神文化层。对一座城市而言，精神文化层既是有形的，也是无形的：可以通过建筑色彩、建筑体量和城市天际线等有形的方式表现；也可以通过生活节奏、活动方式和声音来源等等无形的方式来表现。平遥采用新老城分离的做法，就是对古迹遗址特有的精神文化层的保护。比较新建筑，老建筑在材质、体量、色彩、工艺上肯定要有自身的讲究，这样才可能古色古香，具有历史的真实感。平遥古城所以能保持古朴的风貌，没有新旧混搭、高低错落的混乱感，与这里的建筑能保持原有的材质、体量、色彩和工艺有直接的关系。这种看似普通的做法，反映出的却是保护者与国际接轨的文物意识。因为，不管是欧洲的罗马、威尼斯，还是亚洲的京都、奈良，发达国家的古建遗址都是与现代建筑严格区分开来的，使这里的古建遗址免受高层建筑的威压，宽街大道的排挤，霓虹灯光的涂抹和商贩叫卖声的污染，保持住原有的精神气质。

世界文化遗产城市的成功经验告诉我们，文化氛围不是一个空洞的符号，而是由一处处古建遗址来体现，有其具体的内容和形式。物质文化是城市的血肉，构成了城市的基本样态；社会文化是城市的脉搏，形成了城市生活的基本节奏；精神文化是城市的灵魂，决定着城市的基本气质。三者彼此交织，相互作用，缺一不可。罗马、京都和平遥古城在遗产保护上所以成功，绝不是抓住一点，不及其余，而是从点到面，综合治理，这样才可能将一座古城的文化品质完整地保存下来，如实地传承下去。在开放的社会环境下，只有民族的才是特色的，才可能获得世界的瞩目。在一定程度上说，保持古建遗址的历史性、艺术性和科学性，就是保持民族文化基因的纯正性。这是一个民族强大与否的标志，也是一个民族获得世界承认与尊重的必要条件！

通过以上分析可以看出，保护古建遗址的文化特色比保护古建遗址本身更重要，也更具有挑战性——后者是形式上的保护，只要尚且完好，受到什么待遇，被怎样处置并不重要；前者则是实质性的保护，有关历史真实和社会责任，甚至于周边的环境氛围如何都要有所讲究。后者不过是将古建遗址当成了工具，只有在用得着的时候，才能做到维护和保养，受到真正的重视；前者则是将古建遗址视为祖上的遗产，只能珍藏，不可使用，敬重中从来不敢有所贪婪和奢望。后者几乎什么人都可以做到，不管是商人判断货色好坏还是匠人眼里的照猫画虎，都是凭借形式来决断的；前者只有具备一定文化修养的人才能做到，因为只有这样的人才可能懂得尊重历史就是尊重自己，才可能具有通过残垣断壁发现祖先营造智慧的专业水准，才可能达到使自己的设计或施工对得起子孙后代的大境界。

在习惯于用经济指标来衡量一切的社会阶段，不管是西部大开发，还是加入世贸组织，国人的振奋最终都转化为了对经济发展的渴望。奥运场馆的一个个大手笔，更是将经济的重要性作了空间上的诠释。在这样的氛围中，西安选择了"重振汉唐雄风"的发展思路，试图通过一系列的唐遗址工程来重塑城市形象，追赶北京和上海，进而达到提升地区经济水平的目的是完全可以理解的。但是，从根本上说，古建遗址修复属于文化工程，城市发展属于城市建设，一文一理，一古一新，一个立足长远，一个立竿见影，两者属于不同的领域，有着不同的评价体系，应该说，将两者混合在一起，是一次世界上还没有先例的大胆尝试。在尝尽了粗放式发展带来的苦头，质量意识开始觉醒的今天，回望一个个迅速建成的遗址工程，避开商业炒作的喧闹，媒体宣传的众口一词，抹去这些工程身上的政绩色彩、经济收益、环境变化等等附带物，还原其文化的本质属性，冷静地考察这些工程在多大程度上再现了唐文化的精髓，对西安这座古城成为"世界文化遗产"产生着怎样的影响，最终作出比较客观全面的评价，不仅是必要的，而且也是迫切的。

那么，让我们走进历史，先去领略一下唐代长安城的风采。

第二章　唐代建筑走笔

　　建筑是人类文化的最大载体，唐代建筑见证着当时社会的发展水平，也是那个时代工程技法和审美观念的最好结晶，在中国历史上具有里程碑的意义。从时间维度上讲，唐代建筑承上启下，一方面继承着中国自秦汉魏晋以来的建筑经验，另一方面，唐代出现的对于木构件的定型化，为宋人总结《营造法式》奠定了基础，唐代的城市格局、宫殿建造、园林景观、商贸集市也为宋元明清的建造活动提供了思路。从空间维度上讲，由于国力昌盛，经济繁荣，对外交流频繁，唐代建筑在吸收了大量异域文化元素的同时，也深深地影响了东亚、东南亚等周边国家的建筑风格。因此，再造唐城不仅考验着西安人的历史态度，也考验着西安人接受前人经验的能力和智慧。本章以唐代历史为背景，将西安遗留下来的建筑现象按照城市、宫殿、园林、集市逐一进行勾勒，尽量真实地再现唐城的历史面貌，为揭示唐代建筑的文化精神作好铺垫。

第一节　城　市

一、历史的演变

　　中国人建造城池的历史可以上溯到 6000 年前的仰韶文化中期。在陕西高陵县的杨官寨遗址（属于庙底沟时期和半坡时期），2008 年发现了一处面积达 24.5 万 m² 的原始聚落，一条长达 1945m 的壕沟将聚落环抱起来。考古专家大胆推测，这个相当于 40 个标准足球场大小的聚落，也许是中国最早的城市，是正在形成阶段的城市模式[1]。这一时期的人们往往先修建一个类似于城墙的巨大壕沟，将整个聚落围拢起来。聚落里的房门都冲着中心的广场，围绕广场成为一个向心式的布局，成众星拱月之势。可见，早在远古时代，人类就已经开始有目的地规划和建造自己的家园了。不过，这里的主体建筑不是房子，而是起保护作用的壕沟，反映出生存和安全的主题。

　　商周时期的分封制，对中国古代城市建设起到了至关重要的作用。得到分封的诸侯们可以按爵位等级建造城池，兴修土木，但是规模不能超越天子。此时的城池情况已经成为国家的象征性符号：大小兴衰，代表着诸侯的地位等级和国势强弱；城池的易主，意味着国家性质的改变。"城"与"国"的意义几乎是一样的。因此，诸侯拥有多少城池，不仅意味着实力情况，也显示着地位高低、财富多少、国家强弱。这一时期的城市带有明显的政治和经济上的意义。

　　战国时期，一些诸侯的经济和军事水平迅速提升，实力已经远远超越了天子。周朝的宗法制度、条令礼制逐渐被削弱，各诸侯国开始按自己的需要扩建城池，城市规模和

[1]　探秘"中国最早的城市"[N].三秦都市报，2009-6-12。

分布密度大大提高。连年的混战,城市的功能也在发生着变化。《吴越春秋》中提到的"筑城以卫君,造郭以守民"就是典型的总结,显示出军事防御性已经成为城池的重要功能。城墙开始加高增厚以提升坚固性,环壕、吊桥、马面、瓮城、箭楼等防御性设施也开始逐步完善。

秦统一全国后,取消诸侯分封制,实行中央集权的郡县制。至此,城市成为中央、府、县的权力机构所在地,不仅是区域内的政治中心,更是经济中心和文化中心,承担着越来越多的社会功能。

秦以后,都城一直是皇权的象征,受到历朝历代统治者的高度重视。从选址到营建,一般都是由最高统治者直接委派专人负责。由于责任重大,此人不仅学问造诣极深,还要精通工匠技艺,当然更重要的还是要属于亲信大臣才行。如隋大兴城和洛阳的总规划师宇文恺(555～612年),就出身于武将功臣世家,自幼博览群书,精熟历代典章制度和多种工艺技能;元大都的总规划师为太保刘秉忠(1216～1274年),早年曾出家为僧,后还俗辅佐忽必烈三十余年,博学多才,天文、地理、律历、术数无不精通[1]。这样的用人思路,一方面极大地提升了都城建造的水平,另一方面也促使着城市建设在形制上趋于稳定。

经过这样的发展,中国古代城市主要形成了两种形制:一种如《周礼·考工记》中所述:"匠人营国,方九里,旁三门。国中九经九纬,经涂九轨。左祖右社,面朝后市。"属于典型的规矩型布局。整座城池呈方格网状,街道井然,功能明显,一般应用于新建的都城中。比较有代表性的城市如隋唐时期的长安和洛阳两城,以及明清时期的北京城。另一种如《管子·乘马》所云:"因天材,就地利,故城郭不必中规矩,道路不必中准绳。"属于典型的实用型布局。整座城池成不规则状态,适合于地形复杂地区或受旧城限制的城市,基本上因地制宜,以实用为主。例如春秋时期的齐国都临淄城,汉代的长安城都属于这一类。

二、唐代都城

唐都长安不是一座新建的城池。

公元581年,隋文帝杨坚建立隋朝后,最初定都于汉长安城的旧址上。但因为连年征战,城墙破损,屋宇衰颓,缺乏新兴之气。加之年代久远,旧城规模狭小,宫殿和民宅相互间杂,规划分区不明,无法满足新国都的需求。尤其是旧时堆积的生活垃圾污染了地下水,使水质咸卤,无法饮用。隋朝的开国皇帝只好舍弃旧汉城,决定在东南方向的龙首塬南坡另建一座新城。

时任隋太子左庶子的宇文恺受命主持此项重任,规划设计,修建新城。他借鉴并总结了汉末邺城、北魏洛阳城和东魏邺城的经验[2],并严格遵循旧时的建城礼法规矩,使新城方整对称,轴线明晰,功能明确,以体现都城的正统地位。为了顺应天意,他还附会《易经》中"乾卦六爻"的思想,将龙首塬上的六条丘岗作了不同的安排。如根据《易经》"初

---

[1]　吴庆洲.建筑哲理、意匠与文化[M].北京:中国建筑工业出版社,2005:376。

[2]　陈寅恪.隋唐制度渊源略论稿[M].北京:三联书店,1954。

九：潜龙，勿用"[1]之说，在龙首塬的第一道塬上就不建造重要建筑。根据《易经》"九二：见龙在田，利见大人"[2]之说，于是将第二道塬作为了都城的建造重点，据说用于君王会见朝臣，商议社稷大事的宫殿主要集中于这一地区。这些记载难免会加上一些后人的猜想，但是有一点是肯定的：宇文恺在规划设计这座都城时，对起于周礼的正统思想，古老的顺应天地传统都没有丝毫的怠慢。至隋开皇三年（583年），隋皇迁至新都，因为隋文帝早年曾被封为"大兴公"，这座新建的都城便也因此而命名为大兴城。

隋王朝并没有大兴，反而因为骄奢淫逸而短命。由于建设水平的出众，大兴城却没有短命。随着江山易主，唐王朝对大兴城作了改建和扩建，使之成为建制更加完善的都城，并改称为"长安"。在后来近三百年的光阴中，定"贞观之治"，启"开元盛世"，平"安史之乱"，演绎出了一部部历史悲喜剧。

值得注意的是，经过改建和扩建的唐长安城仍然是有所遵循的产物。根据史料记载，唐长安城南倚秦岭，北临渭水，东有浐、灞二河。城内总体呈南高北低之势，开有龙首、黄渠、清明、永安等水渠，由南至北流贯城中，为城市提供用水。城墙东西长9721m，南北宽8651.7m，其平面整体上呈东西略长，南北稍窄的长方形，南北宽与东西长之比为0.89。这个在今人看来十分普通的数字，却反映了古人建造城池时的良苦用心。按《淮南子·坠形训》的说法："合四海之内，东西两万八千里，南北两万六千里。"也就是说，在古人眼里，大地呈东西略长，南北略短的方形，依此，大地的南北与东西长度比为0.929。长安城的长宽比例与这种古训十分接近。可见，长安城并不是设计者突发奇想的结果，而是将古人的经验作为至高的遵循，在此基础上再考虑当朝天子的需要。因此，学者吴庆洲认为，唐长安城外郭城平面乃"法地"而成，是大地的缩影[3]。

长安城（外郭城）的开门也严格按照"方九里，旁三门"的古制在四面开了12座城门。南面正中为明德门，东西分别为启夏门和安化门；东面正中为春明门，南北分别为延兴门和通化门；西面正中为金光门，南北分别为延平门和开远门；北面的中段和东段分别与宫城北墙和大明宫南墙重合，西段中为景耀门，东西分别为芳林门和光化门。除正门明德门设有五个门道外，其余各门均设三个门道。明德门内的朱雀大街一路向北与宫城的承天门相对，构成了贯穿全城的南北中轴线，也与古代的都城建制相符合。

长安城内有南北并列的十四条大街和东西平行的十一条大街，这些平直的街道将全城划分为108个里坊，象征天上的一百零八星宿。白居易《登观音台望城》诗："百千家似围棋局，十二街如种菜畦。"就是对当时长安城棋盘式格局的真实写照。整齐有序的规划设计，使得长安城的道路系统正南正北，四通八达，首先是给当地住民和外来商客辨认方向都提供了方便，更重要的是体现了儒家"政者正也，子帅以正，孰敢不正"的治国理念。城中街道的宽窄也体现出实用与等级的双重考虑。最宽的道路是与皇城相通的中轴线，据记载，长安城内的主干线朱雀大街宽至150m，通向城门的街道则窄至42～68m不等，里坊中的街道则更窄。道路的左右也有讲究，两侧种槐树，称为"衔槐"，[4]

---

[1] 隐喻事物发展之初，虽然势头较好，但实力还显弱小，应该谨慎使用，不可轻动。

[2] "九二"在临卦互震里，震为龙，龙出现在地表之上，故为"见龙在田"，意思是龙出现在这里的田间，是大吉之地。

[3] 吴庆洲.建筑哲理、意匠与文化[M].北京：中国建筑工业出版社，2005：374。

[4] 马得志.唐长安考古纪略[J].考古，1963（11）。

用于遮阳；树下有水沟，用于排水。

　　唐代都城中的里坊也很整齐规整，"坊"四周有夯土墙围护，成四面合围之势。大坊四面开门，中间是十字街；小坊只设东西二门和一条横街。民宅一般在里坊内部，彼此之间有窄巷相通。"坊"有门，"巷"无门，按照宵禁制度，早开晚闭。坊的外侧和沿街通常是官吏和权贵的府邸以及寺院，可以直接向外开门，不受宵禁制度限制。这种布局仍然是实用与等级的混合体。

　　皇城是长安城的行政核心区，整体为长方形，位于长安城中心的北部，宫城之南，是当时军政机构和宗庙的所在地。东西长 2820.3m，南北宽 1843.6m，周长 9.2km。皇城的东西长度与外郭的东西长度之比为 0.29，南北长度之比为 0.21，皆为阴阳学说中的阳数；此外，皇城的南北宽度与东西长度之比约为 0.65，十分接近黄金分割的比例。城北与宫城城墙之间有一条横街相隔，其余三面辟有五门：南面三门，中为朱雀门，东西两侧分别为安上门和含光门；东西面各开一门，分别为景风门和顺义门。南面正中的朱雀门是正门，向南经朱雀大街与外郭城的明德门相通，形成整座城市的中轴线。城内有东西向街道七条，南北向街道五条。以中轴线为标准，按照"左祖右社"的古制，皇城中建有太庙、太社和六省、九寺、一台、四监、十八卫等官署[1]。

　　宫城位于长安城最北端正中，是供皇室居住的地方。宫城南面与皇城毗邻，略小，平面为长方形，东西长度与皇城相同，南北宽 1492.1m，周长 8.6km。城四周有围墙，南面正中开承天门（隋称广阳门），东西分别是延喜门和安福门，北墙中部开玄武门。宫城城墙为夯土所筑，墙壁高三丈五尺（合 10.3m），墙基宽一般在 18m 左右，只有东城墙部分的宽度是 14m 多。这比较外郭城高一丈八尺（合 5.3m），墙基宽 9 ~ 12m 来看，构筑得更为坚固高大。宫城分为三部分：正中为太极宫（隋称大兴宫），称作"大内"；东侧是东宫，为太子居所；西侧是掖庭宫，为后宫人员的住处。这样的安排布局暗含着《周易》中"易有太极，是生两仪"的思想，以体现宫城中"一主二辅"的意象。

　　在唐长安城的东南角有芙蓉园和曲江池，作为城市中的风景区，起着改善城市景观，丰富人们生活，调节小气候的作用。

　　唐王朝不仅建立了一个当时世界最强盛的国家，也建立了一个当时世界上最伟大的城市。长安城的规划设计对东亚、东南亚的周边国家都产生了深远的影响，以至于世界各地的华人在修建标志性的建筑时，都以唐代的建筑风格为榜样，并以"唐人街"作为共同的名称。最典型的是日本的平安京（后称京都），几乎完全是以唐长安城为模板修建的。值得注意的是，唐长安城之所以有这样的魅力，不仅仅是功能上满足了当时人们的各种需求，更在于规划中无不体现出对传统营造智慧的遵循，使整座城市古风浓厚，内涵深远。

　　首先，与天地相合的设计理念。农耕文明的漫长经历使我们的祖先对天地心怀敬畏，也充满了崇拜。像建造都城的大事情当然也会将这样的心态表现其中。古人认为大地"东西两万八千里，南北两万六千里"，因此唐长安城从城郭到皇城、宫城，其长度比例都严格地接近着这个数字，使建筑在满足实际需求的基础上，尽量符合观念中天地比例——

---

[1]　刘敦桢 . 中国古代建筑史 [M]. 第 2 版 . 北京：中国建筑工业出版社，1984。

城池与大地的形貌紧密联系，给心理上带来安慰。城中设置的 108 座里坊也不是偶然的巧合，而是象征着天宫里的一百零八星宿，成天地呼应之势。皇城之南设有四个坊，以和四个季节。皇城两侧外城南北设十三坊，象征一年有闰月。[1] 这样的规划布局是颇有气概的，使人们身在城中，便能感受到大地的承载与苍天的覆盖，产生置身无极环宇的崇高感。

其二，对儒家礼教思想的遵从。尽管"唐人大有胡气"，但是，从登上皇权宝座的那一刻起，唐室找寻与华夏正宗文化接轨的努力就一刻也没有停止过，并体现在现实生活中的各个方面。现如今人们只看到了长安城的"大"，殊不知，这样做不是为了显示财富，而是与周礼中的"天子者，与天地参"[2] 的思想相符合。皇城、宫城的位置，里坊的棋局形排列绝不是单纯追求整齐划一，满足视觉上的美感，而是重在体现"礼制"思想，即在城市建设中体现"上下有义，贵贱有分，长幼有等，贫富有度"[3] 的礼仪制度，追求社会生活的秩序与规矩。作为国家的首都，和天理、正人伦才是长安城设计者追求的建设境界，反映着统治者的治国理想，也与教化万民有关。

其三，阴阳思想的体现。通常看来，阴阳思想源于古老的道家学说。其实，儒家讲究的和谐中庸，佛家讲究的清净空灵，无不与阴阳的相生相克、转换轮回有关。因此，与其说阴阳是道教的专属，不如说是中华哲学的基本精神。看来，唐代统治者不仅对道教情有独钟，对华夏民族的基本信仰更是熟悉。因而当时长安城中许多建筑现象都与阴阳文化有关。长安城的皇城、宫城都位于中轴线北部，就是取北辰之意；唐代的统治者又将隋"大兴宫"改名为"太极宫"，也是因为《周易》中有："易有太极，谓北辰也"的说法，将"太极"与"北辰"合而为一，从城市规划上体现出皇权的至高无上。太极宫两侧分别住着统治者最亲近的人——嫡传太子和后宫佳丽，这也暗合"太极生两仪"的意蕴。唐长安城坐落在秦岭山之北，渭水之南，与古人"万物负阴而抱阳，冲气以为和"的思想相合。按照山为阳、水为阴的说法，这座城市正好处在阴阳的交会点上，是"负阴抱阳"的好地方，当然会产生"冲气以为和"的强大生命力。城中规划的外郭、皇城、宫城城门一律以南门为正门，所有宫殿正室及其他主要建筑也一律是背北面南，既体现出面南背北的皇家正统，也含有采光、避风的讲究，既是对阴阳思想的一种遵从，更是一种生存智慧的表现。

其四，五行四象思想的体现。"四象"为古代用来表示空间方位的概念，包括东、南、西、北四个方向，即东方苍龙、西方白虎、南方朱雀、北方玄武。四个方位联系着四种带有吉祥寓意的动物，显然与华夏祖先的图腾崇拜有关。长安城的营造者显然对这一民族文化心领神会，并体现在城内的不少地方。皇城正南门为朱雀门，宫城正北门为玄武门就是取法四象的结果。五行指金、木、水、火、土，如果与方位相联系，即东属木，西属金，南属火，北属水，中央属土；如果与一年中四季相联系，即春属木，夏属火，秋属金，冬属水，季节更替属土。这样看来，唐长安城的外郭城中，东为春明门，西为金光门都是取意于五行的。

[1]　李好文.长安志 [M]// 四库全书（影印文渊阁本）.台北：台湾商务印书馆，1986。

[2]　礼记·经解 [M]// 十三经注疏.北京：中华书局，1980。

[3]　吴枫.中华思想宝库 [M].长春：吉林人民出版社，1999。

由此可见，唐长安城的规划设计绝不是好大喜功的表现，而是中华文化的结晶。在满足一般性功能需求的同时，长安城更是一种精神创造的结果，其中的文化属性是非常浓厚的。庄重、和谐，是这座城市外观带给人的感性印象；理性、包容，才是这座城市蕴涵着的精神实质。可以说，这座城市的规划设计所体现出来的东方神韵，是以中国特有的方式来传递的，只有对中国传统文化有较为深入的了解，才可能抓住真谛，品味出其中的美妙。

三、风貌特征

在有着千余年建都史的关中地区，载入史册的著名都城不乏其例，像秦都咸阳、汉都长安、隋都大兴……虽然都已经淹没在历史的长河中，但是所承载着的传统文化气息依然散落在八百里秦川，以历史遗迹的形式存在于我们的身边，成为我们追忆历史，汲取精神营养的一种资源。唐长安城无疑是这些都城中最值得我们去追思和畅想的。因为体现着中国农业社会发展的最高水平，唐长安城的建造既有承前的一面，也有启后的一面，对中国古代城市的建造起到了重要作用，是我们领悟传统建城智慧，继承华夏文明，反省当下城市化进程中出现的各种问题的重要场所。那么，历史上的长安城到底是一座怎样的城市呢？

首先，尊重自然的城市。现代城市是工业文明的产物，人们的生活越来越依赖于工业产品，而与自然渐去渐远。对一般城市来说，这样的选择实属无奈；对历史名城来说，照搬现代化城市的建设套路，将高楼大厦、宽街大道、车水马龙视为城市发展的目标，则是对华夏建筑文化缺乏起码认知和尊重的表现，从根本上远离了传统城市的营造理念。其实，中国古代的城市建设从来都很讲究适度发展，即使像唐长安城这样的都城，也包含有"因天材，就地利"（《管子·乘马篇》）的设计思想。《旧唐书》中就记载着围绕扩建宫殿，李世民给大臣的忠告："昔汉文帝将起露台，而惜十家之产。朕德不逮汉帝，而所费过之，岂谓为父母之道也。"既流露出体恤百姓的德政思想，也体现出务求节俭的建城主张。[1] 现今的宣传中多侧重于长安城的百万人口。殊不知，人口多仅仅是长安城繁荣景象的一个部分，更重要的是，长安城还是一个适于居住的城市。从实际资料看，绿化是这座城市建设的重要组成部分，不仅有专门的机构操持栽种，还有"禁伐"、"补植"的规定，并且形成了"府十二兮通衢，绿槐参差兮车马"（王维《登楼歌》）的景象。加之星罗棋布的皇家园林、寺庙园林、私家园林分布于城中，应当说，长安城更是一座有山有水、树木葱茏的园林城市。

其次，官民同乐的城市。尽管长安城的历史中也出现过天宝年间的"安史之乱"，中和元年发生在东西两市屠杀七八万人的惨案，但是，并不能掩盖唐朝盛世时如日中天的景象。从城市建设的情况看，对长安城整体建设发生过重大影响的工程几乎都对城市的生活产生了重要影响。第一是修建大明宫。大明宫是在长安城东北角上新修建的一座皇家宫殿区，完工后将皇室的活动区域从地势低洼的太极宫（隋朝叫大兴宫），搬迁到这座凉爽干燥的新宫殿区，不仅从根本上改变了皇室的办公和居住环境，更重要的是搬

---

[1]　刘昫. 旧唐书 [M]. 北京: 中华书局，1975。

出了前朝旧宫，意味着唐室彻底摆脱亡国之都的阴影，走上了新兴之路。第二是兴庆宫的营建。兴庆宫是唐明皇李隆基主持修建的一座离宫性质的宫殿区，兴建于开元年间，正值唐王朝的中兴时期，历经十余年的修造，原来普通的居住区变成了富丽堂皇的宫殿建筑群，既是唐王朝国家实力的体现，也给当地百姓带来了新的生活环境。第三是曲江皇家园林的建设。这里原本也是隋朝留下的一处皇家禁苑，属于帝王的游览之地，但规模有限。唐初，皇家贵戚的游乐场所在城西南的昆明池。自大明宫修建后，从城东北到这里显然多有不便。于是，开元年间，在修建兴庆宫的同时，芙蓉园的恢复工程也在进行。长安城从东北到东南，依次出现了大明宫、兴庆宫和芙蓉园园林式宫殿群，加之曲江池的修缮，有皇家独享之所，也有百姓的玩乐之地，不仅极大地美化了这些地区的空间环境，也显示出唐长安城确实是一座地道的官民同乐的城市。

再次，拥有象形之美的城市。史学家将古罗马和长安城相提并论是有其道理的，不仅这两座城市有着大体相当的历史，而且都对所在国家的文化产生过重大影响，成为东西方文明的代表。其实，由于历史原因，两座成形于农业时代的城市在规划设计上都体现出浓浓的物象美学特征。所不同的是，罗马城因为有着神的血统，建造者将神性作为了这座城市的基本精神，"万神庙"既是城市的中心，也是城市中所有建筑的楷模，不管是造型、色彩还是体量结构，以万神庙为本的倾向十分明显。可以说，神的形象既体现在建筑和雕塑上，更体现在城市一切形体造型上，罗马城也因为无处不在的神性而成为欧洲大陆上的"永恒之城"。而长安城则是人的血统，当时主导社会"天人合一"、"君权至上"的思想成为这座城市建造者的基本遵循，不仅在城市布局、面积、朝向和街区规划方面要体现上天的意志，殿堂的高低大小，里坊的面积几何，道路的宽窄方向等等方面，无处不与人伦等级密切相关。这样的文化背景，不仅决定了长安城浓重的自然色彩，也决定了这座城市突出的"向心式"格局，成为一座地承载、天覆盖的政治工具，成为中国古代城市建设规划的榜样。

城市是根据人的意志打造的"第二自然"。要深入地了解一座城市，不仅需要了解这座城市的外在形式，更重要的是通过外在形式去体会其中"人的意志"，挖掘城市所拥有的社会属性。通过以上分析不难看出，唐长安城的建造绝不是某些人为了获得眼前利益，取悦当权者的产物，而是在总结了华夏民族多方面的建造智慧，为了长治久安而苦心经营的结果。今天，要通过历史遗留下来的断壁残垣解读其中的社会信息，需要相应的历史知识，更需要丰富的建筑文化方面的积淀。这样，才可能领悟这座都城的文化魅力之所在，以敬畏之心去理解有关这座城市历史上的一切规划和建设行为。

第二节　宫　殿

一、宫殿总览

城市是众多人的共同住所，宫殿则是某些人的住所。历史上，"宫"最初是居室的通用名，《尔雅·释宫》中就有"宫谓之室，室谓之宫"的说法，是指有套间的居室。秦以前，从王侯将相到平民百姓，其居所面积可以有大小，材质可以有优劣，地点可以有好坏，但都可以称之为"宫"。秦以后，"宫"逐渐固定为皇帝居所的专用名。"殿"与"宫"

不同，有坐镇的意思，指代高大的房屋。因为早期的高堂大屋一般都会建在大型夯土台基上，这些台基或是人工堆砌夯筑，或是利用天然土堆修整而成，建筑下面如同垫着什么，后来也就演化成了"殿"。在早期，"宫"和"殿"一起共同为帝王服务，像秦代的"咸阳宫"、"阿房宫"，都是"宫"与"殿"的建筑混合体。不同的是"宫"用于居住，"殿"用于公务，构成专供处理政务和日常居住的大型建筑群。

　　如果说，西方是用宗教来指引人们思想，约束人们行为，那么中国古代则主要是依靠以儒家思想为核心的礼教伦理来稳定社会秩序，调节各种社会关系。反映在建筑上，西方的建筑以宗教建筑为最高成就，突出典雅、静穆，用来表达人们对神的敬意和对天国的向往；中国的建筑则以宫殿为最高成就，隆重而威严，代表着皇权，是权威和统治的象征，具有强烈的政治意义。在中国，历朝历代的君主都耗费大量的人力、物力、财力，使用最成熟的工艺技术来营建宫殿。使得宫殿不仅成为一定时期内建筑水平的集大成者，同时还代表着当时社会建筑之美的最高标准。

　　中国古代宫殿建筑的发展按时代划分，可大致分为先秦宫殿、秦汉宫殿、魏晋南北朝宫殿、隋唐宫殿、宋元宫殿、明清宫殿。其中，先秦处于宫殿发展的萌芽期，大致包括夏、商、周，直到公元前 221 年秦始皇统一六国。先秦宫殿以西周为界，划分为两个阶段。夏商时期，在瓦还没有发明之前，即使是最隆重的宗庙、宫室，也是用茅草盖顶，夯土筑基。[1] 从目前发掘的河南偃师二里头遗址、安阳殷墟等遗址的考古情况来看，都发现了大规模的夯土台基和用来稳定柱子的圆形凹洞，可见夏商宫室仍处在原始的"茅茨土阶"阶段。瓦的发明和使用使西周宫殿建筑开始出现雏形。在陕西岐山凤雏村西周早期的遗址中，发现了少量的瓦，可能还只是用于屋脊和檐部，同时在土坯墙上发现了三合土（白灰＋黄泥＋沙）抹面，说明此时的宫殿建筑不仅出现了里外墙的不同工艺，还出现了简单的建筑装饰。春秋战国时期，瓦已经开始被大量应用，品种也更加丰富，出现了板瓦、筒瓦、半瓦当和全瓦当。各诸侯追求宫室华丽，建筑装饰得到迅速发展，《左传》中出现的"丹楹"等字眼，说明当时的建筑色彩也开始丰富起来。到战国后期，在秦咸阳宫殿遗址中就发现了殿堂、过厅、回廊、居室、浴室、仓库等，室内还有火炕、壁炉和供保藏食物用的地窖。市面上有较完善的排水设施。这些都说明建筑的功能已经更加完善了。

　　秦汉和魏晋南北朝处于宫殿的发展期（公元前 221 ～ 589 年）。秦统一全国后，建造了大批宫殿，其中包括历史上著名的阿房宫。汉代的突出表现是木架构建筑日益成熟。根据出土的砖石画像等间接资料来看，后世常见的抬梁式和穿斗式结构都已经出现，斗栱也开始被普遍使用，另外还出现了庑殿顶、歇山顶和悬山顶，建筑形式出现多样化。到魏晋时，宫殿开始集中于一隅，与一般市民的居住区分离开来。

　　隋唐和宋元处于宫殿的成熟期（581 ～ 1368 年）。这一时期建筑工艺快速发展，出现了专门掌握设计和监管施工的技术人员"都料"，木架建筑开始采用模数制，北宋时期出现中国历史上第一部由政府颁布的建筑书籍——《营造法式》。建筑的布局、造型、装饰、色彩都开始在多样化中走向成熟。

---

[1]　潘谷西. 中国建筑史 [M]. 第 5 版. 北京：中国建筑工业出版社，2004。

明清是宫殿的鼎盛期（1368～1911年）。明代都城由南京移至北京，主要的宫殿区紫禁城建于永乐五年至十八年（1407～1420年），清代时虽屡加改建、重建，但基本格局未变，迄今尚有房屋980座，共计8704间。其中以太和殿、中和殿、保和殿三大殿为中心，两侧辅以文华殿、武英殿，是皇帝举行政务活动的地方，称为"前朝"；以乾清宫、交泰宫、坤宁宫三宫及东西六宫和御花园为中心的"后寝"，是黄帝及嫔妃们日常居住的地方。这里的许多殿宇属于明代遗物，是中国现存最宏伟壮丽的古代建筑群。故宫依周礼设"三朝五门"、"左祖右社"。与早期宫殿相比，建筑规模减小，门、殿增多，建筑的空间层次和节奏感加强。主要宫殿处于皇城的中轴线上，形成严肃、规则、对称的庭院式组合。

二、唐代宫殿

宫殿是王权的象征，其发展和当时社会的经济、政治、文化状况有着紧密的联系。唐朝是中国农业社会最辉煌的时期，国家的综合实力和对外交流都达到了空前水平，也为唐代的宫殿建筑提供了极好机会，成为中国古代建筑史上又一个辉煌的里程碑。

从资料来看，唐代的长安城里有三处著名的宫殿，分别是西内太极宫、东内大明宫和南内兴庆宫。这三处宫殿先后建于不同时期，是不同时期帝王公务和生活的中心。太极宫兴建于隋代，位于长安城中轴线北端，因当时的长安城名为"大兴城"，故称"大兴宫"，唐初的两位皇帝唐高祖李渊和唐太宗李世民都在这里居住过。大明宫位于长安城外东北角的龙首塬上，最初是唐太宗李世民为高祖李渊建造的一座用于避暑的宫殿，李渊亡故后，曾一度停工。后来唐高宗因病害怕潮湿，便移居到凉爽干燥的大明宫内，扩建后的大明宫从此成为日后唐帝王的主要居所。兴庆宫从前是唐玄宗即位前的邸宅，唐玄宗即位后，将此地扩建，形成又一个宫殿区。兴庆宫的规模虽不及太极宫和大明宫，但景致优美，有自然苑囿之趣，成为玄宗时期的政治生活中心。此外，唐王朝还在全国各地设有许多离宫别苑，在长安城附近比较著名的有铜川的玉华宫，麟游县天台山的九成宫和临潼县骊山之麓的华清宫，有作为避暑的夏宫，有作为避寒的冬宫。

1. 西内太极宫

太极宫是长安城内修建最早的宫殿，建于隋初开皇二年至三年（582～583年），隋称大兴宫，位于长安城中轴线的最北端。因李唐王室信奉道教，改称太极宫。太极宫是唐代皇帝在京城长安的正宫，故称京大内或大内；因其位置在大明宫之西，也称西内。太极宫居于宫城正中，东临东宫，西连掖庭宫，南接皇城，北抵西内苑。东西宽1285m，南北长1492.1m，面积约为1.9km^2。其遗址位于今西安城北部，东西自北大街至老关庙什字，南北自莲湖路以南80m至自强西路以北处。

太极宫在建筑布局上仍然与长安城总体布局相一致，沿着中轴线设置主要建筑。承天门、太极殿、两仪殿从南至北依次排列，形成全宫的中轴；其他殿堂与楼阁分布于东西两侧，呈左右对称的格局。太极宫的建筑布局主要承袭周、汉旧制，一改曹魏以来将外朝正殿与东西堂横向并列的宫殿布局形式[1]。这种严格的中轴对称式布局，利用视觉心

---

[1] 徐跃东.图解中国建筑史[M].北京：中国电力出版社，2008。

理，突出了皇权的崇高与威严。

此外，太极宫严格遵循"前朝后寝"的宫殿旧制，以朱明门为界，把宫内划分为"前朝"和"内廷"两个部分。朱明门以外，以承天门，太极殿为主，是皇帝举行大典活动和处理朝政之处；朱明门以内，以两仪殿、甘露殿为主，是皇帝接见大臣和日常生活之处。其中，"前朝"部分又按照《周礼》"三朝制"进行布局。以宫城正门承天门为外朝，唐宰相李林甫在《唐六典》写道："若元正、冬至大陈设，燕会，赦过宥罪，除旧布新，受万国之朝贡，四夷之宾客，则御承天门以听政。"[1] 也就是说，承天门是皇帝宣布大赦天下，接受四方朝圣的地方。承天门东侧为长乐门，西侧为永安门，其后为太极门。太极门后为太极殿，是为中朝。太极殿是皇帝视听朝政之处，每逢朔（初一）、望（十五）之日，皇帝都会在此会见群臣。另外，皇帝登基、册封皇后、宣布太子等重要盛典以及宴请朝贡使节等也多在太极殿举行。高宗以后的唐代帝王们虽移居大明宫和兴庆宫，但每遇登基、殡葬、告祭等大礼（如德宗、顺宗、宪宗、敬宗的即位大典，代宗、德宗葬礼）仍在此殿进行，可以说，太极殿在长安城中地位最尊。为行事方便，在太极殿的东侧设有门下内省、宏文馆、史馆，西侧设有中书内省、舍人院，作为宰相和皇帝近臣办公的地方，以备皇帝垂询和撰写文书诏令。太极殿后即是朱明门，其东为虔化门，次东为武德西门；其西为肃章门，次西为晖政门。过了朱明门就是"内廷"，也称"后寝"，是唐代皇帝与后妃居住的生活区。朱明门后设有两仪门，两仪门内建有两仪殿，是为内朝。两仪殿是太极宫内第二大殿，是帝王日常召集大臣商议国事之处，同时也是帝王宴请群臣的地方，史书记载唐太宗就多次在此宴请五品以上官员。两仪殿隋时称中华殿，唐太宗于贞观五年（631年）改为两仪殿，取《周易》"是故易有太极，是生两仪"之意。两仪门之东为献春门，其后设万春殿；两仪门之西为宜秋门，其后设千秋殿。两仪殿后，为甘露门，其内设有甘露殿，是帝王生活起居之处。宫中另有百福殿、承庆殿、立政殿、大吉殿、神龙殿、安仁殿、凌烟阁、翔凤阁、彩丝院、归真观、望云亭等殿、亭、院、阁三四十处，并有山池院、四海池等多处风景园林建筑。太极宫北设有玄武门，历史上著名的"玄武门之变"就发生在这里。太极宫自建成以来，隋文帝与唐高祖、唐太宗均居住于此听政，是隋和唐朝初期的帝王政治活动中心。

2. 东内大明宫

大明宫建在长安城外东北角的龙首塬上，居高临下，可以俯览全城，是唐代诸多宫殿中利用地势最成功的一例。大明宫的平面略呈楔形，南部利用天然土皋作为台基，其上建殿堂，作为宫殿区；北部就低洼的地形开凿太液池，池中建蓬莱仙岛，四周布置回廊和亭台楼阁，作为宫内园林区。

贞观六年（632年），时任监察御史的马周上疏唐太宗李世民，从礼制方面提出了为太上皇李渊营造新宫的建议："臣愿营筑雉堞，修起门楼，务从高显，以称万方之望，则大孝召乎天下矣。"[2] 贞观八年（634年），太宗命司农少卿梁孝仁负责，正式开工营造。贞观九年（635年）一月，唐太宗赐名"大明宫"，五月李渊因病驾崩，营造新宫的工程

---

[1] 李林甫. 唐六典·卷七·尚书工部 [M]. 西安：三秦出版社，1991。

[2] 杨玉贵 等. 大明宫 [M]. 西安：陕西人民出版社，2002。

停止。直到高宗龙朔二年（662年），唐高宗因病害怕潮湿，嫌太极宫卑湿闷热，于是再次修建新宫。此后，大明宫经多次扩建，成为日后唐帝王的政治与日常生活中心。

大明宫的建筑布局仍然沿袭旧制，前朝后寝。南面开有五门：正南为丹凤门，上建有门楼，东为望仙门，西为建福门，建福门的西侧是兴安门，望仙门东侧为延政门。丹凤门内是一条宽约150m，长约610m的御道，直达正殿含元殿。

含元殿是这里的制高点，利用龙首塬的天然土皋作殿基，高于平地40余尺，现在残存的遗址台基东西长77m，南北宽43m，殿面宽11间，进深4间，每间宽5.3m。殿前面有长达75m的龙尾道。殿两侧各建一阁，左称翔鸾阁，右称栖凤阁，都用曲尺形廊庑与含元殿连接，平面呈"凹"字形。唐代的帝王于每年的元正（正月初一）、冬至在此视听朝政，会见文武百官，呈现出一派"九宫阊阖开宫殿，万国衣冠拜冕旒"（王维《和贾舍人早朝大明宫之作》）的盛况。距含元殿北300m处为宣政门，门外东廊为齐德门，西廊为兴礼门；宣政门内建有宣政殿，号称"外朝"，是帝王常朝听政和召集百官议事的主要场所。距宣政殿北100m处为紫宸门，其内建常朝紫宸殿，即内朝正殿。紫宸殿后即是"内廷"，连接嫔妃的住所，配有山水园林，有"寝宫"的功能，是帝王日常生活起居之处。大明宫北开三门，居中为玄武门，其东为银汉门，其西为青霄门，北部夹城开有重玄门与玄武门正对。大明宫内由丹凤门—含元殿—宣政门—宣政殿—紫宸门—紫宸殿由南至北构成前朝部分的中轴线，另有若干殿台楼阁分布在东西两侧，呈严格的中轴对称式布局，显得威严肃穆；后寝园林区的建筑布局则依据地势，建有山水景观，显得自由活泼。

除了前朝气势宏伟的"三大殿"，大明宫内还有一座尽显风光的重要殿堂。这就是位于太液池西岸上的麟德殿，是天子设宴、藩臣朝见、宫廷娱乐等活动的重要场所，是迄今所见唐代建筑中形体组合最复杂的大建筑群。据1957～1959年中科院考古所的专家勘测，麟德殿是一座连体建筑，由前、中、后三座殿阁串联组成，建在一座高2.5m，占地万余平方米的二层夯土台基上。下层东西宽77.5m，南北长130.4m，高1.4m；上层小于下层，东西宽66.1m，南北破损严重，无法测量，估计在百米左右，高1.1m。上层的台基就是殿堂的地面。在6500m^{2}的面积上分布着192个石柱础，排成东西12列，南北17排。在古建中，柱础决定建筑的开间。由此推算麟德殿面阔11间，进深有16间之多。中殿之上建有阁楼，称"景云阁"。这样高低错落不仅丰富了建筑的层次感，使外形更加美观，还利于建筑的室内采光，减少因建筑串联造成的中庭内部空间的压抑。麟德殿东西两侧配有若干亭、台、楼、阁，东西对称，彼此之间用飞桥、回廊连接。

麟德殿的设计之巧妙，施工难度之大，风格之独特，都代表着唐代建筑的最高水平，是中国宫殿建筑的典型代表。

3．南内兴庆宫

"云想衣裳花想容，春风拂槛露华浓。
若非群玉山头见，会向瑶台月下逢。"
"一枝红艳露凝香，云雨巫山枉断肠。
借问汉宫谁得似？可怜飞燕倚新妆。"
"名花倾国两相欢，常得君王带笑看。

解释春风无限恨，沉香亭北倚栏杆。"

这是诗人李白在"沉香亭北倚栏杆"后所做的三首七言绝句，尽管我们已经难以想象诗人当时的创作心境，但是，以"瑶台"、"汉宫"来比喻"沉香亭"，足以显示眼中美景对诗人产生感染力之巨大。良辰美景，只有天上才有，或在远古出现，实在是一处令人陶醉的地方。而诗中提到的"沉香亭"正是唐兴庆宫内的一处著名景点。

兴庆宫在长安城东南，从前是唐玄宗李隆基做太子时的宅邸。李隆基登基后，于唐开元十四年（726 年）在兴庆宫建造朝堂并扩大其范围，将北侧永嘉坊的南半部和西侧胜业坊的东半部并入。开元二十四年（736 年）又"毁东市东北角，道政坊西北角，以扩大花萼楼前"[1]。经过两次扩建，正式成为玄宗的听政之所，在当时称为"南内"。为了往来方便，后来又在长安城的外郭城东垣增筑了一道夹城，使兴庆宫直接与大明宫、曲江池相通。

经过扩建的兴庆宫也颇具规模。据考古勘测，兴庆宫占地东西 1080m，南北 1250m，平面呈长方形，由于正宫门兴庆门设在西垣偏北处，为保持"前朝后寝"的旧制，宫内的建筑布局与太极宫和大明宫略有不同，将北部作为宫殿区，南部作为园林区，中间设有一道东西向的墙相隔。兴庆宫四周共设有六处门：正门兴庆门在西垣偏北处，西垣偏南有金明门，东垣与兴庆门相对为金花门，东南隅为初阳门，北垣居中为跃龙门，南垣居中为通阳门。兴庆宫内的建筑遵循旧制，一律坐北朝南。朝堂建筑群位于兴庆门内以北，前部设有大同门，左右建有钟楼、鼓楼，其后为大同殿，再后为正殿兴庆殿，最后为交泰殿。南部的园林区以龙池为中心，东西长 915m，南北宽 214m，池东北岸有沉香亭和百花园，南岸有五龙坛、龙堂，西南有花萼相辉楼、勤政务本楼等。另有若干亭台楼阁相互穿插其间，精致巧妙，有自然之趣。据史书记载，兴庆宫是唐开元、天宝年间唐玄宗主要的生活起居之地，这里自然也成了当时的政治活动中心。

唐代的宫殿除了长安城的三大内之外，还在洛阳、扬州等地建了许多离宫，如在临潼建造的华清宫、洛阳的上阳宫等。同时唐代的统治者还继承并扩建了一些隋代的离宫别苑，如汾阳宫、太和宫、九成宫（隋称仁寿宫）等，使得城里城外楼阁相望，台榭参差。唐太宗时期的大臣魏征在《九成宫醴泉铭》中就有对当时城建情况的描写："高阁周建，长廊四起，栋宇胶葛，台榭参差。"长安城华美壮丽的场景，由此可见一斑。

三、风貌特征

在中国的众多传统建筑类型中，宫殿可谓是最显眼同时又最神秘的一种。同属建筑，由于所承载的任务不同，宫殿的价值已经远远超越了一般性的居住使用，带有了更加丰富的内涵。从历史角度来看，宫殿是众多历史重大事件的策源地和发生地，往往是一个朝代兴衰起落的文化载体，凝聚着大量历史信息；从建筑角度来讲，宫殿一般由建筑群组成，不管是规模还是所使用的材料和工艺都是当时的最高水准；从美学角度来讲，宫殿既有高台大屋，用来彰显君权至上的盛气与奢华，又设有重重墙帏门楼，不乏庭院森森的庄严。在传统文化的大背景上走笔唐代建筑，我们不难看出唐代宫殿的风貌特征：

---

[1]　王溥 . 唐会要 [M]. 北京：中华书局，1998。

首先，从建筑风格来看，唐代宫殿的建筑布局以周汉之礼为遵循。唐代宫殿建筑一改曹魏以来的横向一字式布局，在布局上严格遵守《周礼》"三朝制"，前朝后寝，主体建筑统一坐北朝南。长安城中的主要宫殿都设在中轴线上，其他建筑也严格按照左右对称来布局，对主要建筑起到烘托与陪衬作用。不仅皇城和宫城的布局是这样，后来营造的大明宫也是这样。

以大明宫为例，前朝设三大殿，丰富了建筑空间的层次，同时也使各殿的功能区分更加明确。这种合院式宫殿建筑的布局模式，在后来的故宫上仍能看到痕迹。所不同的是，大明宫三大殿前分别设有门，门内建殿堂，门与殿堂构成一组建筑群，连名字都相互呼应；而故宫的门与朝堂是分开的，过了五道门后方见三大殿，通过建筑和广场的营造来延伸空间，显示威严。前者的布局简洁而富于变化，利用不同形式的建筑相互搭配来凸显多样性；后者的布局更注重统一性，与这个时期皇权的日益集中有密切关系。

其次，从建筑水平来看，唐代宫殿建筑的工艺手法更加纯熟。工艺不仅可以代表一个时代的建造水平，也决定着一个时代的建筑寿命。以大明宫为例，从贞观八年（634年）李世民决定动工给太上皇修建新宫，到天佑元年（904年）朱全忠"令长安居人按籍迁居，彻屋木，自谓浮河而下"，迁都洛阳，这处辉煌的宫殿群一共经历了270余年的风风雨雨。尽管其间也有过修缮，但是，被拆掉运走的结果说明，这处建筑群尽管已有几百年的历史仍然具有使用价值。可见这里的用材和工艺质量都达到了很高的水平。到唐代，中国建造宫殿的历史已有千余年，运用土、木、砖、石材料的工艺水平已经达到纯熟。

这方面堪称经典的是麟德殿。这座三殿串联的建筑面积超过了 $5000m^2$，除了传统的墙体承重，偌大的跨度主要是靠排列整齐的柱网支撑，可见当时的木架构加工已经何等成熟。另外从长安城南大雁塔门楣石刻佛殿图和山西大佛寺来看，唐代的斗栱构建形式、用料和规格已经趋于模数化了。据记载，当年梁思成和林徽因也是根据大佛寺正殿上的"人字栱"，才判断出该建筑出自唐代。这种"栱"一律按照木料的某一断面尺寸为基数计算，既可以提高施工速度，节省木料，又利于施工管理，增强工程质量。唐代还大胆尝试新的建筑材料。在大明宫的出土遗物中有很多的琉璃瓦，除了一般的黄、绿、蓝等单色琉璃瓦之外，还首次发现很多黄绿蓝三色的三彩瓦[1]。从出土的残片来看，既有筒瓦也有板瓦，还有许多鎏金铜泡钉、鎏金龙首环形器、鎏金花瓣形铜饰片等饰物，足见当时建筑的华丽程度。另有记载，唐代宫室甚至出现了用蟒皮布置建筑环境的例子。唐宣宗大中年间，盛暑炎炎的夏日，宣宗在大明宫太液池蓬莱山亭内召翰林学士韦澳和孙宏二人。韦、孙二人入座没多久，很快感到了宜人的凉气。原来，亭内四面悬挂着不少巨蟒皮[2]。

最后，从审美效果看，唐代宫殿具有统一而多样的特征。众所周知，唐代建筑的风格是气魄宏伟，雄浑大气。这就容易给人造成一种错觉，认为唐代建筑统统都是大体量、大块头，实际上并不尽然。唐人深知致大则粗的道理，因此在追求大气的同时，更加讲究整体上的华丽与细节上的精致。尽管今天我们已经不能一睹唐代建筑的风采，但

[1] 杨玉贵等.大明宫[M].西安:陕西人民出版社，2002。

[2] 马得志，马洪路.唐代长安宫廷史话[M].北京:新华出版社，1994。

是，从文人墨客们对当时建筑发出的各种感慨中，还多少能够透露出一些催人遐想的信息。开元年间的进士李晔在《含元殿赋》中就有："进而仰之，塞龙首而张凤翼，退而瞻之，及树颠而峯云末。左翔鸾而右栖凤，翘两阙而为翼，环阿阁以周墀，象龙行之曲直。"[1]寥寥数语，将一座含元殿造型之华美、体量之高俊、楼阁之秀气、道路之飘逸……写得淋漓尽致。对于今人体验大明宫建筑群的整体风貌，足以起到"窥一斑而知全豹"的效果。

那么，唐人用了哪些手法才达到了这样的建筑效果呢？

其一，规划的细致。唐代宫殿的规划严格按照中轴线对称的原则，严整而开朗。在大面积的空间布局上，讲究不同建筑之间的变化与搭配，比如"三朝五门"的设置就利用了殿与门在体量上的不同，形成错落；同时在建筑之间距离上也有精心的设计，通过远近宽窄的空间布局，给人以明快的节奏感。

其二，设计的细致。唐代建筑物更加突出实用与装饰的统一。例如斗栱的结构职能就极为明确，华栱作为挑梁臂，昂是挑出的斜梁，人字栱将承载力分解到柱子上……都达到了力与美的统一。由于斗栱体型大而数量较少，因此唐代建筑的屋顶延展性很好，出檐舒展平远，既增加了室内的舒适度，也给人以庄重大方的视觉感受。宋元后，斗栱的装饰性逐渐大于功能性，体型减小，数量增加，于是建筑出现了飞翘的檐角，显得轻巧奢华。

其三，装饰的细致。唐代思想解放，对外交流频繁，人们的审美意识也得到了极大的释放。反映到建筑上便出现了多种多样的美学效果。以建筑材料为例，不仅传统的土木砖石材料在大量使用，金银铁制的构件也出现在建筑上，甚至于一些用于艺术创作的材料和手法也用在了建筑上，出现了由三彩工艺制品演化出来的三彩砖瓦构件，由鎏金饰物演化出来的鎏金铜建筑构件，由书画艺术演化出来的大型墙壁画装饰等等，不一而足。在大明宫遗址出土的砖瓦中，仅砖的造型就有莲花方砖、方格方砖、文字条砖，还有葡萄海兽纹样装饰的方砖等等形式；除了按传统工艺烧制出来的筒瓦、片瓦、板瓦外，更有涂上彩釉烧制出来三彩瓦。应该说，唐代宫殿建筑的美在于其大气而不粗笨，多样而不单调，丰富而不凌乱，带有明显的艺术气质。而这一点，可能正是唐代宫殿建筑达到的最高境界。

如果把唐代建筑比喻为中国古代建筑的奇葩，那么，宫殿则是这朵奇葩中的花蕊。要深刻领悟唐代建筑的精神实质，建筑学方面的知识可以帮助我们理解其中所达到的技术水平，历史学方面的知识可以帮助我们找到形成这样效果的社会原因。但是，仅凭这些还远远不够。因为，作为建筑的经典，宫殿不只是结实耐用，体现尊贵，还拥有浓重的艺术气息。因此，要深刻领会唐代建筑，尤其是像宫殿这样高规格的建筑，相关的美学修养也是必不可少的。这样，我们才可能在比较全面理解唐代建筑的基础上，把握其中的精神实质，避免在望文生义中去胡思乱想。而这一点才是研究唐代建筑的工作者最为重要的素质。

---

[1]　意思是：近看如龙如凤，远看穿树冠而入云端，左右楼阁如张开的两翼，石阶层叠环绕楼阁，道路曲直如龙行而去。
杨玉贵.大明宫[M].西安:陕西人民出版社，2002。

第三节 园 林

一、园林概览

古人对园林的兴趣一点也不比诗画差。这一点不仅表现在魏晋以后自然风光成为诗画艺术的重要内容，也表现在最早关注园林的人物多是诗画艺术家。宋人郭熙就发现山水画的出现与人们所拥有的"秋原养素，所常处也；泉石啸傲，所常乐也"的本性有关。但是，山水画中的美妙景色只能供人"悦目"，不能使人身临其境，而拥有山水之美的园林恰恰可以弥补这方面的不足。明清时期的艺术理论家李渔更加明确地指出了园林与自然山水之间的关系："不能致身岩下，与木石居，故以一卷代山，一勺代水，所谓无聊之极思也。然能变城市为山林，招飞来峰使居平地，自是神仙妙术。"[1] 用当今学者的说法就是"园林正是满足人们对大自然山水花木之美的追求与渴望，在身边造出的一个酷似自然的山水环境。"[2] 也就是说，人们对自然之美的情有独钟，促成了中国园林的诞生，也形成了中国园林独特的美学价值。

在中国，园林的产生和发展经历了一个漫长的历史过程。

在农业文明初期，人们开始通过掌握的自然规律来解决温饱问题，此时的自然环境是衣食之源，主要解决吃喝的问题，而不是欣赏需要。加之生产力水平低下，人们还无力建立专供游乐的园林。园林的雏形出现于商周时期。不过，此时的园林还保持着原生态的自然状况，较少人工痕迹。如"苑"、"囿"、"台"等，都是以自然山林旷野为主，只有少量的简单建筑。主要用途也不是居住，而是供人小憩而已。帝王将相们在这些地方聚众、狩猎，娱乐还在其次，重要的是在于练兵。西汉时的司马相如《上林赋》中所写到的"上林苑"，就是一处皇家的专属领地，只有小部分人工建筑，其中占绝大面积的是荒原与水面，种植着从全国收集来的珍奇果木，其间放养着各种禽兽，具有猎场的性质，算是当时最大规模的皇家园林。

魏晋南北朝时期，战乱不断，经济凋敝，饿殍遍野，人们对黑暗的现实产生了厌倦情绪，向往返璞归真、回归自然的生活，纷纷逃离城市，在山林之间寻求心理慰藉。玄学和道家思想受到广泛推崇，人们开始注重心灵的自由和本性的释放。如东晋陶渊明在《归田园居》中写道："少无适俗韵，性本爱丘山。误落尘网中，一去三十年。"将出仕从政比喻为"误落尘网"，诗的最后写道："久在樊笼里，复得返自然。"一句话点明了当时的文人墨客与士大夫们的心理状况和价值取向。在这一时期，人们对山水的认识由满足生理需求上升到精神层面，进入到"畅神"的阶段，出现了质的飞跃，自然界的山水花草也开始以纯粹审美对象的形式进入人们的视野，纳入被欣赏的范围，并衍生出了四种艺术形式——山水诗、山水画、山水散文和山水园林。

可以说，魏晋南北朝是中国园林以追求自然美为宗旨的奠基时期，伴随着晋室南迁，中原士大夫们辗转逃亡至江南，大量修建私人宅园，造园被人们视为修身养性、陶冶情操之举，并广泛地传播开来，上至帝王，下至平民，都将欣赏自然山水作为一种时尚。

---

[1] 李渔.闲情偶记 [M].北京：中信出版社，2008。

[2] 张涵.中华美学史 [M].北京：西苑出版社，1995。

很快，社会上便形成了以典雅堂皇为标志的皇家园林，以小巧精致为特征的私家园林，以风光景色动人的公众园林。另外，佛门弟子为躲避尘世而静心修行，也开始在山水秀丽的地方修建庙宇，建造出了大量别样风格的寺院园林。

唐宋园林对魏晋南北朝时期的园林进行了继承和发展。这一时期，皇家园林、公众园林和寺院园林数量大大增加，布景手法也开始多样化，山水园林的风格和审美追求开始走向成熟。在此基础上，唐代还首次出现了文人园林，为营造园林中的诗意提供了一种思路。

明清是中国园林发展的高峰时期。这时的园林已经不仅仅是一个简单的休息之地，而是兼具起居、设宴、会客、读书、静修、观赏等多种功能的综合场所。不过，在专制政治的背景下，艺术的审美取向也开始趋于繁缛拘谨，造园风格日趋烦琐、华美和精致，少了魏晋唐宋时期的明朗、朴而不拙的气度。这一时期，园林也开始出现了地域上的分化：北方以皇家园林为代表，如圆明园、颐和园；南方以私家园林为代表，如苏杭一带的大量私家园林。

综上所述，我们可以梳理出这样一条线索：商周秦汉时期，人们对园林的认识还停留在物质的层面上，更多地注重狩猎、练兵等实际需要；魏晋南北朝时期，人们对园林的认识由物质满足转向精神愉悦，更加看重园林的"畅神"功能；唐宋时期，儒释道的价值取向开始影响着园林建设，使中国园林在多元中走向了辉煌；明清时期的园林更加艺术化，达到了发展的顶峰。尤其值得重视的是，唐代园林承上启下，在传承中国古典园林精髓的同时，还融入了许多新的时代特征，并首次孕育出了充满诗意的文人园林，将"悦目者也，亦藏身者也"[1]的功能提升到一个新水平，在中国园林的发展历程上闪耀着独特的光辉。

二、唐代园林

尽管岁月已经将唐代的园林淹没尽净，但是，史书上留下的名字与考古发现的遗址，都能显示长安城内外的园林分布之广、数量之多都是今人难以想象的。不仅太极宫、兴庆宫、大明宫中建有皇家园林，遍布于城中郊野的寺庙中也修建园林，一些贵族名流、富商大贾们的家园里也辟出场所建造私家园林，此时还出现了像曲江池、乐游原那样的公共园林。在一定程度上说，将长安城视为一座园林城市，是大体符合历史的。

1. 皇家园林

唐代的皇家园林包括两种类型：一种是沿袭商周秦汉以来，以自然景观为主带有皇家猎场、庄园性质的大型苑囿，如长安城外的禁苑和洛阳城外的西苑；还有一种就是以人工置景为主，具有宫廷后花园性质的园林，如唐朝的三大内——太极宫、大明宫和兴庆宫中所附带的内廷园林。其中，后者属于人工营造的结果，更能体现出唐代园林的审美追求和特征。

唐代皇家园林的第一个特点就是规模宏大。长安城北的禁苑，是在隋代大兴苑的基础上修建而成，北至渭河，南接长安城北墙，东至浐河，向西延伸至汉代长安城遗址，

---

[1]　袁枚．随园诗话 [M]．南京：凤凰出版社，2009。

占地面积甚至超过了唐长安城。在大明宫，紫宸殿以北有山有水，全是园林区，面积约1.8km²，占整个大明宫面积的一半以上。就连三大内中规模最小的兴庆宫，其园林区的大小也超过了长安城内面积较大的坊。

第二个特点是因地就势，巧借地形之利。唐代的皇家园林基本上采取高阔处建殿堂，低洼处修水池，殿堂与池水之间广种花木，放养禽兽，形成自然天成的美学效果。这样的设计不仅便于施工，而且利用地势起伏，丰富了园林内的空间层次。例如大明宫就是将南部地势较高处作为宫殿区，利用天然土皋作为宫殿台基；北部低洼处作为园林区，低洼处继续深挖修整，引水入池，为太液池；池中堆土为山，成湖心岛，命名为蓬莱山。湖面四周依据地势，修成廊榭楼台，既有观景之便，建筑自身又兼具点景之妙。

第三个特点是植物搭配丰富多彩。据记载，唐大明宫宫内不同区域种植相应的植物，实现植物和建筑的协调配置。南部宫殿区以四季常青植物为主，大多种植青松翠柏，含元殿南种植槐树，中部两掖署种竹子。北部后宫的色彩就更加丰富了，在太液池周围栽植着成片的各类植物。紫宸殿、凝香殿之间有梅园和桃园，蓬莱殿东边有梨园，西边有紫竹院，太液池东岸有牡丹园和柿树园，东北岸有桃园、杏园，正北岸有玫瑰园、菊花园等。[1] 植物的配置充分考虑到季节的变化，使整个园林可以无论春夏秋冬都有色彩丰富、品种多样的植物作为点缀。

第四个特点是文化的多样性。唐代文化的多元昌明，不仅为文人墨客提供了创作灵感，也为园林建造者从各种文化中汲取营养提供了可能。在众多的园林建造者中，有接受官方差遣的设计师，有普度众生的僧人，更有像王维、白居易那样的文人墨客，因此，这一时期的园林建造，不管是设计思路，还是施工过程，都会汲取各方意见，是多种智慧的结晶。大明宫的内廷园林中建有昭德寺、大角观、三清殿、仙居殿、麟德殿等，既有对本土宗教文化的传承，又有外来文化的融合。于是，即使是皇家园林也是儒、释、道三家文化的结晶，成为正统、超脱和飘逸之美的集成之地。

第五个特点是功能多样。在设计学看来，功能是设计水平的集中体现。功能越多，设计师需要考虑的问题就越多，付出的设计心血自然也不同一般。唐代的园林除了具备观赏与居住的功能，还在情趣上大做文章，将建造园林与提升文化品位结合了起来。从现有的资料，尤其是文人墨客留下的诗文来看，唐代的皇家园林是集多种功能为一体的场所：作为起居的场所，园林中的住所一定要在树木花草的簇拥之中，以形成静谧空灵的环境效果；作为商议论事、接待友人的场所，园林中的殿堂楼阁、陈设摆件要有相应的质量，摆放讲究，不能随意而为；作为游玩放松的场所，园林中的路要曲，林要密，场地要宽大敞亮；作为修身养性的场所，园林中不仅要有亭台楼阁，还应该有花团锦簇，歌舞音响……生活在这样的环境之中，俯仰山水，聆听天籁，吸风饮露，自然会产生似仙似幻的感觉，生成"若非群玉山头见，会向瑶台月下逢"的幻象。

2. 公共园林

长安城中的公共园林里最著名的是乐游苑与曲江池。

乐游苑是长安城东升士坊与新昌坊一带隆起的高地，地形高而平坦，汉代便是长安

---

[1] 杨玉贵等. 大明宫 [M]. 西安: 陕西人民出版社，2002。

城外的一处游览胜地，但为皇家独享。隋代称此地为"乐游原"，纳入大兴城的城郭之中，因为地势隆起，南对峰峦叠翠的终南山，北临碧波如带的渭河水，登临原上四望，京城尽收眼底，加之绿树如茵，环境优美，成为人们登高赏景的场所。据《西京记》载："长安中，太平公主于原上置亭游赏。"太平公主是武则天的女儿，选中乐游苑建造亭阁，足见这里景致的出众。为了突出皇家色彩，原来的"原"也变成了"苑"，暗含着几分尊贵。"亭"属于一种观赏性建筑，四面通透，可以供置身其中者观景；造型俊秀，可以为四野增加景点。显然，此时的乐游苑已经成了一处地道的园林景观。唐玄宗时这里先后赐给宁王、申王、岐王、薛王作住所。经过几番精心营造，乐游苑的风景大为改观，褪去了皇家宫苑的森严，成为了百姓游玩的场所，是当时长安城中著名的公共园林。白居易在登临之后便发出了如下感言：

> 独上乐游园，四望天日曛。
> 东北何霭霭，宫阙入烟云。
> 爱此高处立，忽如遗垢氛。
> 耳目暂清旷，怀抱郁不伸。
> 下视十二街，绿树间红尘。
> 车马徒满眼，不见心所亲。
> 孔生死洛阳，元九谪荆门。
> 可怜南北路，高盖者何人？

每年的农历九月初九重阳节，唐人有重阳登高、佩茱萸、饮菊花酒、食饵并授新衣等习俗，乐游园成为长安城中百姓首选的游乐之地。

与乐游原的登高远眺不同，曲江池则是一处以水为美的地方。这里是唐代著名的公共园林，位于长安城东南角，一半在城内，一半在城外。曲江池最初是一个长期积水而形成的天然湖泊，由于它南北长、东西短，堤岸蜿蜒曲折，所以被称为"曲江"。汉代这里称之为"曲州"，划入宜春苑，隋文帝时，修整为风景区。据记载，唐玄宗时引终南山大峪口河水，经黄渠注入曲江，并扩建芙蓉园，增添楼阁台榭。芙蓉园作为皇家园林，而曲江则作为公共园林。曲江池位于芙蓉园西部，位于水流下游地段，水面宽广。全园以水景为主体，一片自然风光，岸线曲折，可以荡舟。池中种植荷花、菖蒲等水生植物。亭楼殿阁隐现于花木之间。

曲江池西是杏园，与大慈恩寺南北相望。园中遍植杏树，春天杏花开放时，是曲江风景的最佳处。唐代诗人姚合《杏园》诗说："江头数顷杏花开，车马争先尽此来。欲诗无人连夜看，黄昏树树满尘埃。"据记载，唐代的科举进士在得中之后，都要在杏园举行"探花宴"，文人墨客齐聚，以诗会友，盛况空前。唐代曲江池作为长安名胜，一年四季游人络绎不绝，但以春季的中和（农历二月初一）和上巳（农历三月初三）最盛，人们换上春服，修禊祭礼，聚会亲友。一时间，曲江池畔，欢声笑语不绝；绿树荫下，彩衣如蝶蹁跹，一派春意盎然的气象。文人墨客留下的"阊阖晴开㶠荡荡，曲江翠幕排银榜。佛水低回舞袖翻，缘云清切歌声上"的诗句，既是曲江美景的写照，也为我们再现当时的情景提供了想象空间。

3. 寺庙园林

寺庙园林是中国古典园林的重要分支，最晚出现于公元 4 世纪。东晋太元年间（376～396 年），僧人慧远在庐山就曾经营造了东林寺。据《高僧传·释慧远传》记载："却负香炉之峰，傍带瀑布之壑；仍石垒基，即松栽构，清泉环阶，白云满室。复于寺内别置禅林，森树烟凝，石径苔生。"这是目前文献资料中出现最早，设置在自然景观环境中的人工禅寺。从两晋南北朝到唐，随着东西方文化的交流与融汇，佛教、道教的几度繁盛，寺庙园林在数量和规模上都已发展得十分可观。据有关学者考证："唐代的寺观或位于城中，或建于郊野，或掩映于名山，唐代的寺院园林仅长安城内就有 195 座，分别建于 77 个里坊内。"[1] 寺庙园林是指寺观周围的环境被园林化了，包括寺庙、景观和山水树木在内的综合体，是僧侣们修身养性的理想天地。寺庙园林根据寺庙的大小而定，狭者存于里坊之间，仅有方丈之地，广者置于田野，甚至可以包括整座山林。

唐代佛教禅宗兴起，寺庙园林化也达到旺盛期，自然风景式的寺庙园林形态成为主导，并形成了所谓佛教"四大名山"——峨眉山、五台山、九华山、普陀山以及"佛门四绝"——国清寺、灵岩寺、栖霞寺、玉泉寺。寺庙园林中的僧人以精神的恬淡为适，乐道于自然山水之间，陶醉于寺庙园林的脱俗之境。寺院环境清幽，花木繁盛，当时文人常在寺中吟诗、赏花、登塔、观景，所以在进行宗教活动的同时，寺院也成为人们陶冶情操，净化心灵的圣地。在这里，人们的精神可以超脱尘俗的束缚，忘情地沉浸在澄澈和安宁之中。地处关中平原的长安城，南依秦岭，北对渭水，植被茂盛，阡陌纵横，自然也是修建寺庙的好地方。秦岭脚下的楼观台，五台山上的圣寿寺，王顺山旁的悟真寺……长安城南广大的平原上村社俨然，人口密集，更是庙宇林立之地，香积寺、兴国寺、兴教寺、华岩寺、观音寺……坐落其间，成为乡民们心中的圣地；长安城内外的寺庙更是数不胜数，著名的有大慈恩寺、大荐福寺、玄都观等。这些寺庙既是供佛上香之处，为了营造环境，制造氛围，寺庙之中古木森森、花草繁盛，也是一处处清雅恬静的园林。这样的环境，对僧众来说是悟道静心、修身养性的好地方，对百姓来说则是参拜祈福、营养心灵的场所。

长安城旁的大慈恩寺便是一处著名的寺庙园林，初建于隋代，名无漏寺。贞观二十二年（648 年），唐高宗李治为追念母亲文德皇后在此大兴土木，扩建寺院，并更名大慈恩寺。唐永徽三年（652 年），高僧玄奘从印度取经回国，为了储藏经典，在慈恩寺中修建了大雁塔，慈恩寺也因此名扬天下。此时寺院的面积近 400 亩，按照当时的设计，建成的寺院"重楼复殿，云阁洞房"，总共有十余院，1897 间房屋。中轴线上的主体建筑依次是大雄宝殿、法堂、大雁塔、玄奘三藏院。两侧建有大量的藏经阁、住所厢房以及埋葬尸骨的塔林。院内遍种松柏，广植花草，既是佛门圣地，也是著名的寺庙园林。除了宗教活动，"雁塔题名"也是慈恩寺曾经的一项重要活动。五代时期就有记载："神龙以来，杏园宴后，皆于慈恩寺塔下题名。"说明从唐中宗神龙年间（705～707 年），就有雁塔题名活动了。诗人白居易的"慈恩寺下题名处，十七人中最少年"，写出了少年得志的喜悦，诗人孟郊的"春风得意马蹄疾，一日看尽长安花"，更是将金榜题名的快意表现得淋漓尽致。

[1]　储兆文. 中国园林史 [M]. 上海：东方出版中心，2008。

从最初的皇子回报母恩，到后来藏经建塔，慈恩寺与皇家有着密切关系，甚至像建造雁塔那样纯粹的佛门之事，也"不用法师辛苦破费，一切用途皆以大内、东宫、掖庭等七宫亡人衣物折钱支付"。至于像雁塔题名这样的名存青史的大事情，当然也少不了皇上的恩准。可以说，慈恩寺尽管是寺院，但是在长安城中的地位却非同凡响，绝不可能像自由市场那样可以随意出入。加之这里是安置、保存玄奘法师从西域请回来的经像之处，属于佛门中的清净场所，也不太可能出现"在寺内举行传统庙会，热闹非凡"的事情。

清静是寺院的本色。唐代诗人张继的一首《枫桥夜泊》就是描绘唐代寺庙景观的千古绝唱："月落乌啼霜满天，江枫渔火对愁眠。姑苏城外寒山寺，夜半钟声到客船。"枫桥渔火，禅寺夜钟，他乡之客……这一瞬间，虚空的禅境映衬着人生的奔波劳累，使人顿悟禅心。其中枫桥点明了寒山寺的园林环境特点。寒山寺园林环境之妙，正在于它闹与静的强烈对照：外围是交通要道，车船往来穿梭；寺院小环境则独辟幽境，钟声悠悠，为人们提供一方心灵净土。

唐代的寺庙园林有大有小，但不管是像大慈恩寺那样的大寺，还是像独立于姑苏城外的寒山寺，佛家万法皆空的思想和传统的庄玄之道无疑是这里的主导，营造出出世清淡的境界，引导人们对淡泊隐逸的崇尚。这种在怡然恬淡中欣赏自然山水，在四大皆空中谈玄悟道的方式，正是佛与道的基本精神，也是中国寺庙园林千古不变的美学特征。

4. 文人园林

唐代是中国历史上最富有艺术才情的时代，以清幽淡雅为主的文人园林恰是这一时代特征的最好表现。文人园林不仅是文人经营的或文人所有的园林，也泛指那些受到文人趣味浸润而"文人化"的园林。唐代山水文学兴旺发达，文人经常进行山水诗文的创作，对山水景观具有很高的鉴赏能力。中唐以后，文人直接参与造园活动，凭借他们对自然风景的深刻理解和对自然美的高度鉴赏能力来进行园林的规划，同时也把他们对人生哲理的体验，以及宦海浮沉的感怀融注于造园艺术中。唐代大兴科举制，一些文人开始担任地方官员。这些文人出身的官僚，出于对当地自然风景的热爱，利用他们的职权参与风景的开发，环境的绿化和美化，进而对整个社会的审美风气都产生着影响。

就文献记载情况来看，唐代皇亲贵族、世家官僚的园林偏于豪华，而一般文人官僚的作品则重在清新雅致。当时，比较有代表性的文人园林有浣花溪草堂、庐山草堂、辋川别业等，比较有代表性的造园文人有杜甫、白居易、柳宗元、王维等。文人官僚开发园林，参与造园，通过这些实践活动逐渐形成了比较全面的园林观——以山水植物养心，借诗酒琴书怡性，对于后代文人园林的兴起也具有重要的启蒙意义。

诗人白居易一生营造了两处私家园林，任江州司马时所建的庐山草堂可能是他比较中意的，除了居住，还专门写了散文《庐山草堂记》，描绘了这处园林的大致情况："明年春，草堂成。三间两柱，二室四牖，广袤丰杀，一称心力。洞北户，来阴风，防徂暑也；敞南甍，纳阳日，虞祁寒也。木斫而已，不加丹；墙圬而已，不加白。碱阶用石，幂窗用纸，竹帘纻帏，率称是焉。堂中设木榻四，素屏二，漆琴一张，儒、道、佛书各三两卷。"这里主要写的是建筑情况，"三间两柱"、"二室四牖"，反映的是建筑的开间大小，门窗情况，有点像今天的几室几厅；不过，由于按照传统的方式选择朝向，不大的居室却足以"防徂暑""虞祁寒"，达到冬暖夏凉的效果。建筑不进行装饰，甚至连梁木上都不加丹漆，墙壁上不加粉白，保持着建筑材料原有本色。室内的陈设也很简单，除了坐卧家具，还有屏风隔挡，区分出不同的区域。这里最显眼的是古琴一张，"儒、道、佛书各三两卷"。此情此景，文人住所的特色尽显，浓浓的文化气息也跃然纸上。

而后，作者又对住所周边的自然景观进行了描绘："是居也，前有平地，轮广十丈；中有平台，半平地；台南有方池，倍平台。环池多山竹野卉，池中生白莲、白鱼。又南抵石涧，夹涧有古松、老杉，大仅十人围，高不知几百尺。修柯夏云，低枝拂潭，如幢竖，如盖张，如龙蛇走。松下多灌丛，萝茑叶蔓，骈织承翳，日月光不到地，盛夏风气如八、九月时。下铺白石，为出入道。堂北五步，据层崖积石，嵌空垤块，杂木异草，盖覆其上。绿阴蒙蒙，朱实离离，不识其名，四时一色。又有飞泉植茗，就以烹燀，好事者见，可以销永日。堂东有瀑布，水悬三尺，泻阶隅，落石渠，昏晓如练色，夜中如环佩琴筑声。堂西倚北崖右趾，以剖竹架空，引崖上泉，脉分线悬，自檐注砌，累累如贯珠，霏微如雨露，滴沥飘洒，随风远去。其四旁耳目、杖屦可及者，春有锦绣谷花，夏有石门涧云，秋有虎溪月，冬有炉峰雪。阴晴显晦，昏旦含吐，千变万状，不可殚纪，锣缕而言，故云甲庐山者。"[1]居住在这样的地方，可以看山，可以听泉，园林中有水池，池中有莲花盛开，有白鱼游荡。山野间有百尺有余高的古松老杉，十人合围之粗壮，铺天盖地之树冠。住所的近旁有瀑布尺余，叮咚有声。作者居住在这样的环境中，春可赏花，夏可赏云，秋可赏月，冬可赏雪，无论阴晴雨雪，均有别样景致。在这里，作者对园林的审美已经超越了对空间的占有，追求的是一种精神方面的舒畅与自由。在这处园林中，用于起居的建筑简单朴素，只需舒适即可，作者更为看重是建筑周边的自然环境。居住于此，不仅是身体上的舒适，更是心灵上的放松，带来精神上的无限愉悦。

王维建的辋川别业也是一座典型的文人园林。辋川位于关中平原南部的秦岭山余脉之中，距长安城有几十公里。这里有山岭之俊，有溪水之趣，林木茂盛，花草如荫。诗人身处于此过着悠闲的生活，也有感而发地留下了一些对这处园林的诗句："谷口疏钟动，渔樵稍欲稀。悠然远山暮，独向白云归。菱蔓弱难定，杨花轻易飞。东皋春草色，惆怅掩柴扉。"（王维《归辋川作》）尽管没有对住所本身的细致描写，但是有山水相伴，有草木环绕，有渔樵为邻的境况却十分明显。在《辋川集》中，诗人还专门描写了住所周边二十余处的景点，有华子岗、金竹岭、木兰寨、文杏馆、竹里馆等等。尽管这些场所的具体形貌已经无从可考，但是仅从名字上，我们还是可以大致地想象出诗人居住地周边大环境的自然和人文气息。

三、风貌特征

唐代园林所以能够达到很高的建造水平，原因是多方面的。首先，唐代国家统一，政局稳定，经济强盛，文化交流频繁，交通运输便利，为造园提供了丰厚的物质基础。其次，科举取士，广大的庶族知识分子有了晋升的机会，可以直接参与造园活动。然而，宦海浮沉，升迁贬谪无常，失意者也可以将经营园林视为移情山水，修身养性，独善其身的

---

[1]　秦榆.才子的散文 [M].北京:京华出版社，2006。

最好方式，从而催生了私人园林的大量出现。第三，唐代社会风气具有开放性，园林成为人们社交活动的重要场所，由此促进了公共园林的发展。唐代园林明显继承了魏晋以来对自然精神的审美追求，在返璞归真中注重文化氛围的营造，以此来达到"畅神"的作用，从而使园林成为集建筑、环艺、雕塑、绘画、歌舞为一体的"第二自然"，显示出鲜明的艺术特征，在中国造园史上写出了浓墨重彩的一笔。

由于园林极易被破坏，数年不加修整，就会荒废殆尽。尤其像唐长安城中的那些皇家园林，"安史之乱"以后的数次社会动乱，城中的皇家建筑群都遭到了严重破坏，园林的遭遇只会更惨。因此，我们今天已经看不到唐代园林的原貌了。不过，我们却可以通过各种文献资料，对照历史遗址，以科学的态度进行合理推测，想象出唐代园林建造的大致情况：

第一，园林的普及化。从最初皇室贵族的专属，到进入士大夫阶层，园林作为身份地位的象征保持了千余年。到了唐代，社会的开明使许多地方官员也很注重开发和修缮地方的山水园林，全国各地出现了大量的公共园林、寺庙园林，使平民百姓和普通僧众也可以享受园林的乐趣。

第二，规模宏大，景观疏朗。上至皇家园林、贵族园林、文人园林，下至公共园林、寺庙园林，比起宋元明清的园林面积，唐代园林的规模都显得宏大。而且，园林内植被覆盖要远远大于土木工程，形成由高到低，由远及近，丰富多样的自然风光。为了利于观景，园林中的楼、殿等封闭型建筑很少，多为亭、台、廊、榭等开放式或半开放式建筑，具有开阔疏朗的观景效果。

第三，追求景观的多样化。唐代的造园艺术大大提升，造园手法也日益成熟，借景、分景、点景等技巧被熟练地运用到造园中。由于唐代文化交流达到了空前繁荣的程度，园林的文化气息日重，皇家园林的凝重，寺庙园林的空静，文人园林的清雅，公共园林的舒展，各有各的定位，各有各的特色。当然，要达到这样的效果，在规划布局，叠石理水，植物配置等方面都需要经过精心策划，认真选择，力求达到同中有异，异中有同的景观效果。

第四，多种文化交融的艺术气象。儒、道、佛是中国传统文化的三大支柱，彼此间既相互区别又相互补充。儒、道、佛三家文化都注重自然和人为的统一，只是统一的方式不尽相同。在唐代园林中，三家的文化要素几乎总是同时出现的，皇家园林如大明宫内同时设有昭德寺和三清殿等具有佛教和道教文化特点的建筑；文人园林如白居易的庐山草堂中，也要有"儒、道、佛书各三两卷"的陈设；就连寺庙园林，在建筑布局上也会采取中轴对称的办法布局，体现出儒家正统文化的元素；而各种园林在建造时都自觉或不自觉地追求自然天成，无疑又具有道家文化的色彩。要达到这样的效果，需要设计者对传统文化的深入理解，更需要具有将各种文化特征融会贯通，通过某种手段加以表现，最终转换成空间效果的本领。这是一种将造园规律与审美需求完美结合的过程，也是一种化腐朽为神奇的艺术创造过程。

古人有"男女有所怨恨，相从而歌。饥者歌其食，劳者歌其逸"[1]的说法，说的是人

---

[1]　公羊高撰，顾馨，徐明 校点春秋公羊传 [M]. 辽宁教育出版社，1997。

们所从事的一切活动，都不会是随意而为，而是与所处的环境，所追求的理想有关。其实，作为一种营造活动，园林中同样会流露出造园者的喜好和追求。"明人计成在《园冶》中说得明白：'三分匠，七分主人。'说的就是主人或'主其事者'的爱好水平，是造园成败和景境优劣的关键，而动手施工的建造园林的工匠，其作用仅占'三分'远不如不动手的主人，其根本差异就是文化素质的高低。"[1]唐人之所以在园林建造上取得了丰硕成就，说到底是唐人独有的文化素质决定的。作为一个以诗歌创作而载入史册的朝代，诗性会渗透到唐人生活的方方面面，也势必会影响到园林建造。被今人视为土木工程的园林建造，在唐人看来则是一种艺术创作。他们会将通过叠石引水、建台造阁、栽花种木创造出来的园林景观，作为尽情挥洒诗情画意的过程。无论是儒家的"仁者乐山，智者乐水"（《论语》），还是道家的"天地与我并生，而万物与我为一"（《庄子·齐物论》），或是佛家的"身如菩提树，心为明镜台"等等文化理想，都会在这一过程中被融化为一种诗性的空间存在。因此，要深入领会唐代园林的美学真谛，对中国传统哲学，尤其是美学没有一定的理解恐怕是不行的。

第四节　集市

一、集市概说

《辞海》将"市"解释为"集中做买卖的场所"。人们在这里互通有无，各取所需，在交流中满足需要，获得财富。应当说，"市"是任何一种社会从事经济活动的必然产物，不管是早期以物易物的直接交易，还是后来的货币购买，只要经济活动存在，就会有"市"的存在。古今中外，概莫能外。

然而，中国历史上的市场却始终处于一种自发的状态。经济学家在研究世界各国的经济活动时，发现中国历史上自给自足的经济活动存在一种很有趣的现象。一方面，集市首先出现在农村，是中国农村最普遍的一种经济活动方式，组织松散，日出开始，日落结束，几乎不需要管理机构，是自给自足生产方式发展到纯熟程度的表现。另一个方面，这又是一种深受百姓认可的经济活动方式，大到镇子，小到村落，大大小小的集市随处可见，赶集的人既是商贩，同时又是消费者；既是价格上的竞争对手，又是乡里乡亲的熟人，互相联结又互相监督，形成一种你中有我，我中有你的利益链条。这种处于初级市场层面上的经济活动，流通范围、货物种类、管理水平都很有限，根本谈不上做大做强。[2]当然，中国市场不发达的另一个原因是自古就有的重农轻商传统，儒家的代表人物孟子就有"为富者不仁"的说法，将商业活动放到了道德修养的对立面，大有与伦理型社会格格不入的阵势。荀子的一句"工商重则国贫"的总结，更是将商业活动与国家富强对立了起来，把商业摆到了销蚀国家实力的地步。于是，在"罢黜百家，独尊儒术"的汉代以后，重农轻商成了历代王朝的基本国策。即使是开明富足的唐代，也视"工商为贱业，故不准'食禄'的朝廷官员从事商业，也不准许工商业者读书做官，即所谓'工商杂类，

[1] 徐德嘉.园林植物景观配置[M].北京：中国建筑工业出版社，2010。

[2] 奂平清.中国传统乡村集市转型迟滞的原因分析[J].经济史,2006(6)。

不得预于仕武'。"[1] 禁止商人做官、从军，施与超过农业几倍的重税，在盐铁等生活必需品上施行官府专卖等措施，降低了商人的社会地位，也紧缩了商人的经济能力，使得商人们富而不贵，只得独善其身，无法对社会活动有更多的影响，更谈不上成为推动社会生产力发展的主要动力。[2]

农业有靠天吃饭的稳定性，重守成，重规矩，是农业社会生存的基本定律；交易活动的游移不定，决定了商业有重创新，重竞争的特点。农业是华夏民族赖以为生的基础，而商业则是西方文明的摇篮。这种情况不仅造成了中西方不同的生产方式，形成了不同的生活理念，也造就了中国历史上"天不变，道亦不变"的超级稳定，导致了匮乏经济的长期存在。这是中国历史上的基本情况，是我们理解各种历史现象时最基本的文化背景，也是对待历史遗产时应有的科学态度。

客观地说，唐代的西市也带有明显的重农轻商的历史烙印。首先，关于集市的史料记载非常贫乏，一些历史文献、片段诗句或绘画作品即使有所流露，也不过是零星的点缀，轻描淡写的寥寥数语罢了，比较正野史中对皇家活动及活动场所的津津乐道，这些记载显然少得可怜。其次，所记文字集中在市场的地理位置，建筑的外观纪录，几乎见不到细节描写，至于面积大小、人流情况、交易内容等等关乎市场核心价值的内容或者一笔带过，或者语焉不详，反映出记录者的掉以轻心。再次，古书《长安志》中明确记录着唐西市内有"刑人之所"，与中国历史上将罪犯杀头于市的传统相符合，其目的都在于杀一儆百，以儆效尤。但是，杀人到底是恐怖的事情，放在集市里进行，当然可以起到震慑的作用，但是也很能表现官方对商业场所的基本态度。

二、西市的规划

隋朝建大兴城时就有东西两处市场，两市以皇城为中轴，以东的叫东市，以西的叫西市。有关西市的记录最早出现在唐人韦述所著的《西京记》中。被广泛引用的文字是："西市，隋曰利人市。"后来《西京记》失传，关于西市的记录只在《太平御览》中有所引述。《太平御览》卷一九一《市》中有："西市，隋曰利人市。市西北隅有海池。"后来，韦述的另一著作《两京新记》中补充道："隋曰利人市。南北尽两坊之地。隶太府寺。室内店肆如东市之制。"[3] 通过对历史文献资料的梳理，我们今天可以推测出，当年宇文恺在设计建造大兴城时，在城内就设计有东、西两个市场。西市位于城西，原来的名字叫"利民市"。唐高宗即位之初，为避太宗李世民的名讳，开始叫"利人市"，后来干脆以方位称呼为西市。

东市和西市的繁荣应当是在唐朝。历史上的东市在唐长安城东北处，大约在今天的西安交通大学一带；西市位于唐长安城西北处，大约在今天西安市的桃园路和劳动南路一带。在唐代，由于后期帝王主要的办公起居场所转移到长安城东北角的大明宫和皇城之东的兴庆宫，朝臣权贵为了上朝方便，大多聚集在城东北一带，城西主要居住世俗百姓和一些胡人。因此，唐东市主要是为高官显贵服务，西市主要是为大多数的平民服务。

[1]　王斌. 历史上的大唐西市 [M]. 西安：陕西人民出版社，2009.

[2]　韦政通. 中国文化概论 [M]. 长沙：岳麓书社，2003.

[3]　王斌. 历史上的大唐西市 [M]. 西安：陕西人民出版社，2009.

另外，由于西市靠近长安城西北角上的开远门，有进出城之便，是当时胡人胡商的聚居区，对外贸易频繁，所以西市的商业活动更加多样，总体上也会比东市更繁荣一些。

根据《两京新记》记载，唐西市的规模南北约占两坊之地，建有专门的集市管理机构——太府寺。清朝乾隆年间陕西巡抚毕沅收集资料，校订了三卷本《长安志图》，描绘出来的东市和西市总体上为方形，其中，西市内东西南北各有两条并行的道路，十字交叉，呈"井"字形，有"四街八门"，被后人称之为"九宫格"布局。《长安志图》中还有这样的文字："市制：四面皆市人居之。中为二署，盖治市之官府也。"勾勒出了西市的平面布局情况：与长安城的规划相符合，其布局整齐方正，街道平直，便于货物流通和人员往来。集市的中央地带是管理市场的官署，四周是客商居住的地方。韦述在《两京新记》卷三中还有："市西北隅有海池。长安中，僧法成所穿，分永安渠以注之，以为放生之所。……池侧有佛堂，皆沙门法成所造。"由此可知，西市并不是一个单纯的生意之地，西北角上还建有一个叫海池的池子，是长安年间（701～705年）的僧人法成建造的。海池的水来自长安城中的永安渠，为活水，据说是用来放生用的。放生是佛家普度众生的一种方式，海池边上还真的建有一所佛堂，是这一带住户朝拜祈福的地方。北宋时期的宋敏求在《长安志》中还提到西市中有"独柳，刑人之所"。说是西市中有一颗标志性的"独柳"，是官府对犯人行刑的地方。《旧唐书》中写道："按西市刑人，唐初既然。贞观二十年，斩张亮、程公颖于西市。"再次证明了西市的独柳之地从唐初年开始就作为朝廷对犯人行刑，昭示天下的地方了。辛德勇先生根据"清代北京刑人于菜市口而不在市肆之中"的记载，经考证后指出："独柳不应在西市内，而在其东北角外的街口上。这一位置正当子城之西南隅外，又与东市刑人之所东西对应于皇城。"[1]

宋敏求还在《长安志》中对唐东市有较为详细的记载，鉴于"（西）市内店肆如东市之制"，因此可以认为西市与东市之间有共同的特征。首先，"东西南北各六百步"，说的是东市与西市的占地面积约为正方形。其次，"街市内货材二百二十行。四面立邸。四方珍奇皆所积聚"，可知，长安城中集市经营的货物多种多样，店面都设在街道两侧。由于对外贸易频繁，西市都是当时的大型货物集散地，东市四面则有官员的驻地。第三，"当中东市局，次东平准局"，可知管理西市的衙署有两处，一个在市场正中，一个在市场之东。

尽管我们尽量寻找了与西市有关的各种资料，但是所得信息仍然十分有限，足见重农轻商的影响在唐朝仍然占据着主导地位。即使在以纪录唐朝大事件为主的《新唐书》和《旧唐书》中，涉及西市的文字仅有14处，其中纪录水火灾害的5次，惩处谋反罪人2次，其他偶发事件7次。由此也可以看出，不管是在长安城内，还是在唐统治者的心目中，历史上的西市不过是一处方便市民生活的地方而已。不然隋朝人不会将西市称为"利人市"。

1949年以后，大规模的城市化建设极大地改变了西市的原有面貌，成为单位和市民的居住地。国家分别于1960年、1961年、1962年和2006年对遗址进行过四次考古发掘。通过实物证明：西市平面实为长方形，南北较长，东西略窄，经实测，南北长1031m，

[1] 辛德勇.隋唐两京丛考 [M].西安：三秦出版社，2006。

东西宽 927m。市场四面有夯土围墙，墙基宽约 4m。市内有南北向和东西向的平行街道各两条，宽皆 16m，四街交叉呈"井"字形，符合史书记载的"四街八门"的九宫格布局。路面是用混有小石子的土层夯打而成，极为坚硬，其上有若干车辙遗迹，宽度约为 1.3m。道路两侧各有一个宽 30cm 的明沟，截面呈半圆形，用于排水。四街交叉，将西市划分为九个方形，每个方形的四面都临街。从考古发掘来看，在临街的部分房址遗迹均较为稠密，说明当时的店铺主要分布在九个方形街道的四面。在每个方形的内部，发现有小巷，便于通行，有的小巷下方即是用砖砌的排水暗道，通向大街两侧的排水沟。[1] 可见，唐代集市建设除了考虑人流往来，货物储藏，还非常注重给水排水的设计，总体设计上既周密又很巧妙。但是，由于新建筑已经将地面完全覆盖，也找不到一处可以称为遗址标志性的残骸，最终国家没有单独授予西市为文物保护单位的称号。

三、西市的建筑

建筑是集市的主体。作为历史性的建筑，我们在研究时既要注意这些建筑的使用情况，更要通过建筑的布局与形制，体会其中的文化意义。从史料来看，唐西市内的主要建筑包括官方市署、行肆店铺、旗亭仓库以及一些用于居住的民房。

其一，唐西市有隶属于太府寺的西市署和平准署两个管理结构，其中市署在集市正中位置，平准署在市署的东面。市署的主要职责有：市场建设，平稳物价，控制交易时间，管理货物质量，统一度量衡，禁止非法交易，管理奴隶、牲口交易以及维护市场治安。[2]《大唐六典》中还记录了市署中的人员配置情况："西市署有令一人，从六品上；丞二人，从八品上。"[3] 可见，市署最高长官为朝廷的六品官员，那么可以推测市署这一官方建筑应该是按照唐朝六品官员的建筑定例来建造的。一般认为，唐代是一个开放的时期，但是并不意味着就是一个没有规矩的时期。从史料来看，在建筑上的规矩尤其讲究。唐朝的《营缮令》就规定，唐代只有宫殿上可以使用带鸱尾的庑殿顶，顶内用重藻井；五品以上官吏的住宅正堂宽度不得超过五间，进深不得超过九架，可做成歇山顶，用悬鱼、惹草等装饰；六品以下官吏至平民的住宅正堂只能宽三间，深四至五架，只准使用悬山屋顶，不准加装饰。《唐律》规定，如果建造房舍时有违规行为，则杖一百，并强迫拆改。如果有模仿宫殿建筑的"逾制"行为，还会招来杀身之祸。"逾制"在古代不仅会受到处罚，而且还会受到舆论的谴责，是很抬不起头的事情。由此推断，西市的建筑群中，最为高大排场的建筑应该是官用的两座衙署，周边的店铺、住宅在形制和体量上都会比较简朴。

其二，旗亭。旗亭有两种含义：一种是指酒肆，悬旗作为招牌。如唐代诗人刘禹锡的《武陵观火》诗中有："花县与琴焦，旗亭无酒濡。"还有一种是作为市楼上的标识。市楼建在集市之中，便于识别，起着发布和昭示信息的作用，上立有旗，故而叫旗亭。东汉学者张衡在《西京赋》中就有："旗亭五重，俯察百隧"的说法。表明，旗亭是一种很高的建筑物，可达五层，不然就不能达到俯瞰全局的作用。北魏时期的学者杨衒之在《洛阳伽蓝记·龙华寺》中写道："里有土台，高三丈，上有二精舍。赵逸云：'此臺是中朝旗亭

[1]　中国科学院考古研究所西安唐城发掘队.唐长安考古纪略 [J].考古，1963 (11)。

[2]　王斌.历史上的大唐西市 [M].西安：陕西人民出版社，2009。

[3]　李隆基撰、李林甫注.大唐六典（卷20）[M].西安：三秦出版社，1991：384、386。

也，上有二层楼，悬鼓击之以罢市。'"初唐诗人王勃在《临高台》诗中也有"旗亭百队开新市，甲第千甍分戚里"[1]的句子，这里的"百队"是指市场中四通八达的街道；"旗亭"就是集市中的市楼。由此我们可以作出这样的推测，在古代，"旗亭"是一种标志性的建筑，有市场的地方就有"旗亭"。当年的西市当然也少不了会以这种建筑为标志。

其三，行肆店铺。从现存的历史文献和唐人笔记小说得知，唐代西市内的店铺鳞次栉比，比肩而立，在造型、色彩和高低上都有着统一的讲究。同时，集市内还有许多露天市场。《长安志》说东市"市内货材二百二十行"，"四方珍奇皆所积聚"，涉及市场上货物的数量和种类。至于这个数据是否确凿，今天已无从可考，但是仍然可以大体不错地反映出市场内的货物情况。根据不同货物需要不同店铺的基本规律，西市的店铺种类也不会少。从对大唐西市遗址的考古情况来看，当时临街店铺的占地面积都不是很大，但数量很多，排列颇为密集，说明当时的西市也出现了"寸土寸金"的现象。

四、西域风情

"五陵年少金市东，银鞍白马度春风。落花踏尽游何处，笑入胡姬酒肆中。"李白的这首《少年行》中提及的"金市"就是指长安西市，说明唐代的西市已经有西域胡人在开店做生意了，胡姬酒肆就是其中的一个代表。唐代"丝绸之路"的起点是长安城，从长安城通向丝绸之路的大门即为长安城西北处的"开远门"。据考古发掘实测，从开远门到西市，无论走哪条路，都不足3000m。[2]便利的交通，丰富的物资，完备的食宿条件，使各路商旅很自然地将西市作为贸易的目的地。从这个意义上讲，唐西市是唐代"丝绸之路"的真正起点，同时也是丝路贸易的重要集散地。

据史书记载，在长安西市周围居住着大量的胡人，这些人当时被称为"西市胡"。西市的胡人将异域风情带进了西市，并成为唐西市的一大特色。通过资料记载和考古发掘，目前可以确认的是，当时人们在饮食、服饰、歌舞、器具上受胡人的影响非常大，同时胡人在西市还直接开店做生意，如酒肆、珠宝店，以及类似于客栈、货栈的波斯邸。为了招徕顾客，开酒肆的胡商就想到了找来年轻貌美的胡姬表演歌舞，当垆卖酒来吸引顾客。而建筑是文化的最大载体，是天然的大型广告招牌，由此可以推测，当时西市中应该会出现一些具有西域风情的建筑和景观。

通过对历史资料的整理和分析，我们大致可以推测出唐代集市建筑的基本风貌。

首先，集市的主要功能在于商业贸易，而商业活动最本质的特征在于平等性，因此集市的建筑彼此之间在建筑体量、材质和规格上应该相差不大。

其次，重农轻商的传统也会在这里有所表现。在唐初就颁布了一系列的"贱商令"，贞观元年（627年），唐太宗李世民就明令："五品以上，不得入市。"[3]即五品以上的官员，不准参与市场上的商业活动。乾封二年（667年），官府又颁布了法令："禁工商乘马。"商人的社会地位不高，反映在建筑上，集市的建筑在风格设计和材料选择上都不会出现宏伟高大或者过于奢华的现象。

[1]　全唐诗[M].上海：上海古籍出版社，1986：166。

[2]　中国科学院考古研究所西安唐城发掘队.唐长安考古纪略[J].考古，1963（11）。

[3]　王溥.唐会要[M].北京：中华书局，1955。

再次，东市和西市都属于官办集市，因此在建筑规划、交通疏导、经营手段等等方面都会体现出一定的秩序性。

第四，东市周边主要是达官显贵，主要为社会上层人士服务，而西市周边主要居住的是普通百姓、商人，服务对象主要是大众百姓，因此西市的建筑应更接近于平民建筑，增强对顾客的亲和力和开放性。

最后，唐代国力昌盛，对外交流频繁，西市应该是多种文化的结合体。因此，西市的建筑无论从外形还是室内装饰，也会相应地具有多样性。从目前考古发现的各色珠宝，具有异域风情的装饰物、器具，还有大量的波斯钱币来看，长安时期的西市中应该出现过一些具有西域风情的建筑。

需要说明的是，在唐朝近三百年的历史中，西市并非一直如日中天，也不是长安城中唯一具有多元文化的商业场所。"安史之乱"是西市由兴转衰的拐点。据《旧唐书》载，安史之乱的第二年（756年），长安城已经被叛军占领。由于叛军中不乏少数民族将领，西市自然成了他们的据点。是年七月，京兆伊崔光远与长安县令苏震等人率领官兵包围西市，"杀贼数千级"。[1] 随之而来的是叛军对西市的疯狂报复和掠夺。官军收复长安后，为了解决财政困难采取了一系列杀鸡取卵的办法，先是肃宗乾元元年（758年）实行食盐官营，并在原来关税的基础上增加市税，缩减了商人的收入。代宗大历四年（769年）又"定天下百姓及王公已下每年税钱"，"上上户四千文，下下户五百文"，而工商户要在此基础上两倍收税。[2] 德宗时期变本加厉，建中三年（782年）发出了"借钱令"，规定京城商户每户只能自留一万贯钱，其余不论多少都要"借"给朝廷。西市周边每日有官人"荷校（以肩荷枷）乘车，与坊市搜索，人不胜鞭挞，乃至自缢"。一时间"京师萧然，如被盗贼"。[3] 西市的商人们不堪重负，自然另谋出路，市场从此也每况愈下。

从西市出来的一些商人流散在长安城的四面八方。中晚唐时期，西市的一些经营项目已经在长安城中广为扩散，里坊之中也出现了许多商业、手工业作坊，如城东长兴坊有毕罗店，升平坊有卖胡饼的，而且很有名。白居易的一句"胡麻饼样学京都，面脆油香新出炉"，既说出了胡饼的美味，也说明做胡饼的技术已经从京城传到了四面八方。此外，宣平坊还开了油坊，新昌坊有饮所，开化坊有酒肆，延兴门外有酒家（其中有一些酒肆是胡人开设的），永昌坊有茶肆，宣阳坊有彩缬铺，安邑坊附近有书肆，崇仁坊是修造乐器的集中地（特别有名的是南北二赵家），城西延寿坊有卖金银珠宝的，怀德坊有卖饭的等等。商店的门类，见于记载的有粮食业的米行、麦行、团子店、饼肆，副食品店的肉行、鱼行，饮食业的酒肆、食店、茶店、果品店。其他还有存钱的柜坊，寄卖东西的寄附铺及药品店、秤行、旅店等等。城东的崇仁坊，北近皇城东门景风门，南临春明门大街，隔街东南为米肆。西市东面的延寿坊，北临金光门大街，"推为繁华之最"。当原来设定的东、西两市场适应不了老百姓的消费需要时，居民居住的里坊之中便出现了不少经营之所，甚至出现了夜市，"整夜喧哗，灯火不绝"。正是因为有了这些经营场所，长安城中百万人口的生活才可能方便，达到安居乐业。

[1]　刘昫．旧唐书·卷十 [M]．北京：中华书局，1975。

[2]　刘昫．旧唐书·卷四十八 [M]．北京：中华书局，1975。

[3]　刘昫．旧唐书·卷十二 [M]．北京：中华书局，1975。

如果说宫殿给长安城带来的是气派，园林给长安城带来的是美丽，那么西市给长安城带来的则是繁荣和热闹。岁月的掩埋加之天灾人祸的破坏，使这里已经成为了一处遭破坏最严重的历史遗迹。既是一种遗憾，也为我们构想西市当年的辉煌留下了广泛的想象空间。不过，与想象宫殿的气派考验人们的美学修养，想象园林的美丽需要艺术积淀不同，要想真正理解西市在供养长安人生活的同时，还吐纳着世界各地的产品，成为当时国内最大的中外货物集散地的原因，从中领会唐代在经济方面取得的成就，除了需要人文学科方面的学养，尊重历史的科学态度也是至关重要的。势必，这里是目前国内唯一的一处可能体现唐代经济生活的场所。

第三章　唐代的文化属性

文化属性是一个时代的浓缩体，有其纷繁复杂的物质表现形式，也有多种多样的精神构成要素。把握一个时代的文化属性，犹如把握一个国家的综合实力，既需要物质基础方面的评估，也需要精神层面的分析，更需要在把握物质和精神所达到的实际水平基础上，对照历史，比较长短，得出科学的结论。这便决定了，要把握一个时代的文化属性，不仅需要丰富的史学知识，还需要透过现象发现本质的概括和分析能力，更需要站在哲学高度驾驭全局的思维水平。唐代曾经是中国人的骄傲。但是，问及唐代的文化属性，政治家看到的是开明，军事家看到的是强悍，商人看到的是繁荣，文人看到的是人才辈出，老百姓看到的是形式上的宏大……种种说法，有专业水平却没有文化高度。总结出唐代在某一个领域内所达到的水平是可以的，但是，由此来归纳整个唐代的文化属性则是远远不够的。因为，论开明，应首推孕育了诸子百家的春秋时期；论强悍，有依仗金戈铁马得江山的元代；论人才多少，奠定华夏文明的祖师级人物更多集中在周代；论富足，唐代的经济实力无论如何也没能养育出明清时期的人口数量……文化无形，认定不易。在我们看来，唐代的文化属性渗透在有唐一代近三百年的沧海桑田中，也反映在唐人衣食住行的每一个细节上。因此，想要真正领会唐文化的真谛，不仅需要作宏观的鸟瞰，还需要对唐代留下的遗产进行细细地品读，在深入领悟唐人能力与智慧的基础上，去揣摩和总结这个时代独有的文化魅力。

第一节　鸟　瞰

一、时代背景

作为一种文化现象，唐代（618～907年）出现于公元7世纪绝不是偶然的。在世界文明的长河中，公元7世纪是最为波澜壮阔的时期。历史上已经形成的几大文明圈兴衰起伏，演绎出不同的悲喜剧。

在美洲热带丛林中活跃了几千年的玛雅人，在农业、建筑、艺术等方面取得了令人惊叹的成就之后，于7世纪左右，竟然放弃了高度发达的城市文明，大举迁移，任凭繁华的大城市变得荒芜，最终隐没在热带丛林之中。玛雅文明也在美洲大地上消失了。在此同时，拜占庭帝国（东罗马帝国）却达到了极盛，版图遍布整个中东和大部分欧洲，在建筑、宗教、军事方面独领风骚，为后人留下了以穹顶式建筑为代表的众多文明。这一时期的阿拉伯半岛正处在原始氏族部落解体、阶级社会形成的大变革时期。伊斯兰教创始人穆罕默德及其后继者相继攻下圣城麦加、耶路撒冷与亚历山大城，建立起了地跨亚、欧、非三洲的阿拉伯帝国，创造出以宗教为代表的阿拉伯文明。而在遥远的东亚大陆上，李唐王朝的开创者们也在开疆拓土，奠基立业，建立起了东临日本海域，西至中亚的咸海，南至南海诸岛，北越贝加尔湖（在今俄罗斯境内）的庞大帝国。在风起云涌的时代舞台上，唐帝国完成了军事与文化的双重扩张，在划定疆域的同时，也开始了新一轮的文化创造与传播。

我们没必要去深究这些文化兴衰的具体原因，却对其中优胜劣汰的历史规律抱有兴趣：从考古和史籍资料看，玛雅文明衰亡于对自然的过度掠夺和无休止的内战，而拜占庭和阿拉伯文明所以在这一时期中兴，都明显具有以宗教为标志的多种文化交融和跨地域发展的特点。李唐王朝的崛起显然也迎合了这一世界性的大趋势。

从构成上看，唐帝国凝聚了多种文化基因。宗白华先生曾将魏晋六朝比喻为中国的文艺复兴。因为这一时期，"精神上的大解放，人格上思想上的大自由，人心里面的美与丑、高贵与残忍、圣洁与恶魔，同样发挥到了极致"。[1] 而李唐王朝恰恰是在这样的历史基础上孕育出来的，自然也会传承与此相适应的文化素质。另外，如果说汉魏六朝时期是胡汉文化激烈碰撞，以中原为主的传统文化受到动摇的时期，为接纳外来文化做好了准备。那么，唐帝国则对外来文化表现出全盘吸纳的态度。《新唐书》中有"天宝初，贵族及士民好为胡服胡帽，妇人则簪步摇钗"的记载，说明当时胡人服饰的普及情况；李颀诗中"蔡女昔造胡笳声，一弹一十有八拍。胡人落泪沾边草，汉使断肠对归客"的形容，反映出当时胡汉百姓一起欣赏胡乐，同被感动的场面；《旧唐书》中对一些地方的百姓"男女皆剪发，垂与项齐"的记录，说明胡人的装饰习惯已经被汉人接纳；在信仰方面，唐时除了遵从儒道，对佛教加以普及，对西亚的祆教、摩尼教、伊斯兰教也都兼收并蓄……值得注意的是，多种文化的交融不仅改变着人们的生活习惯，也在潜移默化地改变着有唐一代的民族性格，王维诗中所描述"少年十五二十时，步行夺得胡马骑。射杀山中白额虎，肯数邺下黄须儿"的危险行为，李白干出来的"胡马秋肥易白草，骑来蹑影何矜娇。金鞭拂血挥鸣鞘，半酣呼鹰出远郊"事情，显然都不是传统文化所推崇，以"温良恭俭"为特征的儒雅之风。

从民族融合的角度来看，唐代整体处于中国民族大融合时期。专制政体造成的社会分配不公，必然导致"分久必合，合久必分"的社会规律，形成了中国古代社会运行的基本历史脉络。唐之前的东晋时期有匈奴、鲜卑、羯、羌、氐的"五胡乱华"事件，唐之后的两宋时期又先后有辽、金、蒙古的入侵中原，导致民族的矛盾激化和大规模的战争。而唐代历时近三百年，疆域空前辽阔，虽然期间不乏一些少数民族的战乱，但主流是多民族之间的和平共处。究其原因，既有政治上的包容，也有经济上的支持，更有各民族在频繁往来之中建构起来的共同利益链条以及情感上的相互渗透，出现了化解矛盾、共同发展的社会局面。正如鲁迅先生所言："唐虽然也有边患，但魄力究竟雄大。人民具有不至于为异族奴隶的自信心，或者竟毫无想到。凡取用外来事物的时候，就好像被俘来一样，自由驱使，毫无介怀。"[2] 在一定程度上说，唐代才是中国历史上历经战乱之后，真正洋溢着统一魅力的盛世。

当然，在大一统的政治条件下，社会的兴衰起落最终是由统治者的开明程度决定的。

[1] 宗白华.美学散步[M].上海：上海人民出版社，1981。

[2] 鲁迅.看镜有感[M]//鲁迅全集（第1卷）.北京：人民文学出版社，2005。

在历数唐代中兴的各种表现时，我们决不能忽略李唐统治者的作用。浏览典籍，反应唐统治者自敛明志、深明大义的纪录非常多。如"舟所以比人君，水所以比黎俗；水能载舟，亦能覆舟"的自我警示；[1]"夫以铜为镜，可以正衣冠；以古为镜，可以知兴替；以人为镜，可以明得失"的自我告诫；[2]"夷狄亦人耳，其情与中夏不殊"的外交思想[3]……从不同角度反映着王朝的政治定位与统治心理。在这样的基础上，李唐王朝出台的科举制度和屡屡出现的破格用材现象，形成了"不拘一格降人才"的社会氛围，极大地激发了下层仁人志士发愤图强、出人头地的报国热情，"富贵吾自取，建功及春荣"（李白《邺中赠王大》），"公侯皆我辈，动用在谋略"（高适《和崔二少府登楚丘城作》）等诗句，都是这种激情的极好写照。

凡此种种，既给唐王朝带来了复兴，也是唐文化的基本魅力所在。所不同的是，不同学科形成的学术角度，又将唐王朝作了不同的解读：史学界认为，唐朝时期的中国疆域辽阔、主权统一、国力强盛，是中国农业社会的顶峰时期。哲学界认为，唐朝时期的中国在思想领域空前活跃，特别是佛教思想与中国传统文化相互交融产生的禅宗思想，成为中国古代哲学中的一朵奇葩。文学界认为，唐朝是中国文学史上最具诗意的时期，唐人的诗歌包罗万象，嬉笑怒骂皆成文章。艺术界认为，唐朝是中国艺术史上最具张力的时期，既有阳刚之美如公孙大娘的舞剑，又有阴柔之美如《霓裳羽衣曲》的舞蹈。经济学界认为，唐代是中国经济最繁荣的时期之一，不仅首次在都城中出现了国有的贸易场所——东市和西市，而且积极开拓海外市场，实现了陆地和海上丝绸之路的共同繁荣。社会学界认为，唐代是中国社会的一个重要转型时期，门阀士族逐渐衰落，中小地主开始活跃在上层社会，同时，唐朝还出现了中国早期的城市居民社区——里坊。面对唐朝，教育界看到了科举制，法学界看到了酷吏，军事家看到了战争，外交家看到了和亲，政治家看到了阴谋，管理者看到了韬略……总之，不管从哪个角度，人们总能看到不一样的精彩，触及到唐王朝某一方面的文化气质。

二、独有的文化气质

与西方以不同文化特征来划分社会阶段不同，中国的历史是在王朝的更迭中延续的。按照文化特征，我们可以将西方历史划分为艺术气息浓郁的古希腊罗马时期、充满崇高和威严感的中世纪、张扬人性的文艺复兴等个性鲜明的不同阶段；按照朝代的更迭，中国古代社会几乎只有统治者姓氏的不同，在权力所有、分配方式、宗教信仰等方面并没有实质性差异。因此，在一定程度上说，一部中国史就是一部帝王史。然而，如果将历史进行解析，我们还会发现，尽管由帝王掌控的国家性质都是一样的，但是治国方略并不雷同，作出的贡献也不一样。于是，每个朝代都会演绎出不同的代表性业绩，形成自己独特的文化气质。

应当说，对中国不同时期历史特征作出分析，并确定出显著标志的是文史工作者。他们不仅按照历史发展归纳出了先秦诸子散文、两汉的歌赋、魏晋山水诗，还明确地

---

[1]　吴兢.贞观政要（卷四）[M].长沙：岳麓书院，2000。

[2]　刘昫.旧唐书·魏徵传[M].北京：中华书局，1975。

[3]　吴兢.贞观政要（卷一九七）[M].长沙：岳麓书院，2000。

将诗歌作为了唐朝最具代表性的贡献。的确,仅清代所编的《全唐诗》中,就有诗作48900余首,诗人2300有余,而且是上至天子,下至妇孺。仅从这些数字,就足以证明唐朝是一个"行人南北尽歌谣"的时代,其创作的活跃程度既空前,也绝后。但是,这样的总结仅仅局限在唐代的文学贡献方面。如果放开眼去,纵观唐代的社会生活,我们还会发现,诗歌不仅仅出现在初唐,中兴在盛唐,晚唐时期仍然成就不凡。在很大程度上说,诗歌不仅是唐人的话语习惯,更是唐人看待世界的方式方法,足以影响到当时的社会心理和价值取向。也就是说,唐诗不仅仅是一种语言艺术,还是一种时代精神,将诗作为有唐一代贯穿始终的文化属性是一点也不为过的。可能,当年的闻一多先生就是站在这样高度上才发出了这样的感慨:"一般人爱说唐诗,我欲要讲'诗唐'。诗唐者,诗的唐朝也。"[1]

我们认为,这样的总结基本符合唐代的历史真实。

首先,魏晋时期自由飘逸的艺术之风,为唐人的诗性形成奠定了基础。宗白华先生曾用"简约玄澹、超然绝俗"来概括魏晋时期的艺术风尚。在现实层面,"竹林七贤"归隐山林,无拘无束,不顾礼教的束缚而袒胸露肚、靸鞋披发的"魏晋风度",反映着当时文人生活的飘逸与洒脱;敦煌莫高窟壁画上飞天的轻盈灵动与塑像的清净淡雅,勾画出仙气十足的艺术天地,也显示着工匠们对当时社会美学追求的理解。思想层面上,钟嵘提出的"摇荡性情,形诸歌舞";陆机追求的"精骛八级,心游万仞",刘勰总结的"文之思也,其神远矣"……都将世间最美的东西与性情、心智、神思结合了起来,强调精神创造的重要。而这些,不仅是对魏晋艺术创作的极好总结,也为唐人创作提供了经验与动力,并且在唐诗中得到了登峰造极的表现。

其次,富足的经济与科举纳贤,为唐人的诗性创作提供了激情。古人早就有"衣食足然后知礼仪"的总结,说的是物质需求与精神完善之间的关系。其实,衣食无忧之后,不仅可以派生出知书达理的需要,还可以转化出艺术创作的激情。前者可以提升社会的品位,后者可以宣泄个人的情感。从杜甫"忆昔开元全盛日,小邑犹藏万家室。稻米流脂粟米白,公私仓廪皆丰实"的诗句中,我们在看到唐人殷实生活景象的同时,也能感受到流淌于文字之间的喜悦之情。在一定程度上说,"哲学和一个时代的文学的普遍繁荣一样,都是经济高涨的结果"[2]。科举选材改变了"上品无寒门"的用人制度,为民间仁人志士进入仕途,改变命运提供了机会。"朝为放牛郎,暮坐天子堂"的命运变化,哪怕只会降临于少数人,却使广大中下层知识分子看到了实现理想的曙光,形成极大的社会震撼力。做诗需要灵感和激情,唐诗中蓬勃向上的进取精神,宏伟壮阔的理想抱负,献身社稷的凌云壮志,忧国忧民的自我担当……无不是个人激情向社会现实喷涌而出的结果。时代孕育了希望,希望带动着激情,而诗歌恰恰是承载希望宣泄激情的最好方式。

最后,诗意之美与日常生活之间的微妙契合。如果作一个时空对接,将今人与唐人加以比较,我们会发现两者之间的最大不同集中在生活态度上。比如,面对功名利禄,今人可能是机关算尽、唯恐不及;唐人却能直呼"仰天大笑出门去,我辈岂是蓬蒿人",

---

[1] 闻一多.闻一多论古典文学 [M].重庆:重庆出版社,1984。

[2] 马克思恩格斯选集(第四卷) [M].北京:人民出版社,1972。

显得那样洒脱奔放。面对孤独失意，今人可能或怨天尤人，或孤芳自赏，或寻死觅活；唐人却认为"莫愁前路无知己，天下何人不识君？"一副活力四射的样子。看到小人得志，在单位里呼风唤雨，今人可能会羡慕不已、趋炎附势；唐人却能够淡然处之，表现出"安能摧眉折腰事权贵，使我不得开心颜"的不屑。今人喜欢春天，从初一、十五的大吃大喝，到四下里的游山玩水，确实获取了极大的生理满足，却少了唐人那种"忽如一夜春风来，千树万树梨花开"，犹如人心与花心同时怒放的感觉。今人喜欢山水，不管是日常里的登高望远，还是节假日里的结伴远足，在意的是去过什么地方，到了怎样的高度，目的十分明确，却无论如何也找不到唐人那种"行到水穷处，坐看云起时"的境界，获得"会当凌绝顶，一览众山小"的体验……一个是计较的，一个是洒脱的；一个是狭隘的，一个是大气的；一个是瞻前顾后的，一个是率性纵情的。

当然，唐人与今人也有许多相同的地方。比如他们都是历史的幸运儿——遇到了开明盛世，拥有了发展的机遇，也积累了丰足的财富。不同的是，一个在富有之后激发出了更大的物质欲望，习惯于以获利多少作为衡量一切的标准，不管是政策的制定，还是对某个项目的评价，获利多少成了一个基本认同，在金钱至上的刺激下造成了整个社会的浮躁与贪欲；一个在富有之后则走向了精神家园的营造与美化，学会了以诗的心胸来理解人生，以诗的眼光来审视天地，以诗的智慧来设计生活，最终以诗的笔墨描绘出了有唐一代的文化精神，不仅让后人难以企及，也让今人心驰神往。

三、唐代诗性文化的基本特征

其实，中国原本就是一个诗的王国。从记录"飞土逐肉"的狩猎场面，到描写"辗转反侧"的爱情萌动；从"寂然疑虑，思接千载"的思考，到"老骥伏枥，志在千里"的抒怀，都留下了与诗有关的文化符号，为唐代富有诗情的文化精神的成形做好了铺垫。那么，比较起来，唐人诗性文化又具有怎样的特点呢？

1. 讲究气势

说起唐人的审美特点，很多人都会提到"大"这个词，比如唐代仕女的以胖为美，唐代帝王的以山为陵，唐代建筑的出檐深远、斗栱壮硕，唐长安城的空前规模等等。乍看起来似乎无懈可击，但是稍加用心便会发现，这些判断仅仅局限在事物的外观形式上，既没有纵深的追问，也没有横向的比较，属于一种浅层的感性理解。以这种水平理解问题，我们难免会得出唐人很粗野的结论。事实上，"五胡乱华"的经历使唐人身上确实"大有胡气"，审美追求上也难免带有"北人的野蛮状态"。[1] 然而，这只是唐初期的一个过渡阶段，并不是贯穿始终的常态，也不足以成为唐人的文化气质。儒家美学中确实有"以大为美"的说法，但是更强调其中的道德力量；道家学说中也承认"天地之大美"，仍然重在强调心灵的自由状态。可以说，对中国这样一个以伦理文化为主体，讲究内秀涵养的国度来说，几乎不太习惯那些脱离内容的纯粹形式评价。在这样的语境中，没有内容的"大"从来都不是美的表现，而是丑的不同称谓。这样看来，唐代文化体现出来的应该是一种"有容乃大"的气势，是一种由内向外的力量。

---

[1]　霍然.唐代美学思潮 [M]. 长春：长春出版社，1990。

　　唐代社会的文化氛围基本继承了魏晋以来追求自由、洒脱的名士作风，同时唐代的统治者一直施行较为宽松的文化政策，鼓励自由创作。因此，在唐人那里，帝王和贵妃的感情生活可以直接作为创作素材，儒学至尊也可以被用来嘲讽；名山大川可以入诗入画，嬉笑怒骂也可以通过笔墨的形式来表现。思想上既没有被神化了的权威，也没有不可逾越的界限，就像唐代文学家韩愈在《师说》中讲的那样："师不必贤于弟子，弟子不必不如师。"于是，唐人的心理负担少了，生活心态也达到了空前的自由，形成了无所畏惧、无所顾虑的宏大气派。从根本上说，这是基于国力强盛和文化自信基础上养育出来的一种心理优越感。

　　各个朝代都有大量为帝王歌功颂德的艺术作品，工艺器皿等也多是为了满足帝王或王公贵族们生活的享乐。这种依附于享乐需求而创作出的种种尽管精美，往往因为徒有其表而缺乏生命力。而在唐朝，创作立意有了很大的改变，创作者的主体意识逐渐增强，开始在作品中无拘无束地表达自己的情感和理想。诗仙李白的鄙弃权贵、笑傲王侯，诗圣杜甫的忧思叹息、奔走呼号，诗人白居易的"惟歌生民病，愿得天子知"的担当，都将趋炎附势、应情应景踩在了脚下，而把直抒胸臆、表现本真放在了首位，体现出思接千载、纵横天地、笑傲江湖的"丈夫之气"。

　　这种"丈夫之气"当然也会影响到社会生活的其他方面。丰腴妇人们不必再为"好细腰"的皇帝节食，并且可与男子一同骑马打球，折射出当时男子的心胸之大；文人们敢于向权贵叫板，作出了"天子呼来不上船，自称臣是酒中仙"的举动，反映出当权者的肚量之大；欧阳询写字竟然能"如金刚瞋目，力士挥拳"，证明书法艺术家的气势之大；宫廷里的舞乐竟然能"声震百里，动荡山谷"，足见乐舞上的声势之大；皇室建造的宫殿足以"骊宫高处入青云，仙乐风飘处处闻"，体现建筑的体势之大……从表面上看，唐人确实对"大"情有独钟，承接了汉魏时期讲究以"形"赢人的传统，但是，唐人并没有作表面的理解，而是提出了"骨力"、"骨气"的概念，强调"大"得要有境界，有品位，强调内容的重要。李世民就有"不学其形式，为求其骨力"[1] 的说法，反对那些徒有形式，而"无丈夫之气"的东西。

　　因此，我们认为，与其说将"大"作为唐人的美学追求，不如用"气势"来形容更准确。前者仅仅是从形式上看问题，缺乏实质性的内容；而后者则是内容与形式结合，并有所升华的结果。就犹如学界从不用"大"来解释唐诗，因为这样的解释无法触及唐诗的真谛；反之，不管是古人还是今人，却常常用"气势"来揭示唐诗的艺术品质一样。同样，用"大"来总结唐人的美学追求也显得空洞无物，而用"气势"来解释则显得比较接近历史的真实。

　　2. 色彩斑斓

　　孟子有"充实之谓美"的说法，说的是能够赢人眼目，给人以美感的事物在内容上应该具有丰富多彩的效果。不仅艺术作品乃至现实生活是这样，那些能够唤起人们美学遐想的朝代也具有这种特点。

　　从社会学的角度看，衡量一种社会形态在文化上充实与否的重要指标，是看其所拥有文化要素的多寡，相互交融的程度如何。唐代社会在这方面显然是当之无愧的。

---

[1]　张涵，史鸿文.中华美学史[M].北京：西苑出版社，1995。

首先，儒、释、道三教齐头并进，共同发展。唐朝的文化最初传承于魏晋。魏晋士大夫热衷老庄，将老子尊为"太上老君"。于是，唐人一开始就宣称是老子的后人。世传老子姓李，名耳，于是唐人也自封李姓。这样一来，唐人就与道文化有了渊源关系，道教自然在唐代朝野受到热捧，甚至一度被尊为"国教"。随着魏征、房玄龄、杜如晦等一些儒官的努力，儒学在社会上渐成风气，最终成为科举考试的重要内容，成为市民百姓必修的"入世之学"。杜甫"致君尧舜上，再使风俗淳"的入世理想，白居易"文章合为时而著，歌诗合为事而作"的担当，更将儒家"治国平天下"的思想作为了普世性的社会美德。几乎同一时期，佛学的社会地位也开始得到提升，僧人玄奘千里迢迢从天竺（今印度）将佛学经典传入唐室，并在大慈恩寺讲经说法。武则天时竟然还发出了"释教宜在道法之上，缁服处黄冠之前"[1]的诏令，大有佛教高于儒道之势。在这样的社会背景上，上至王公贵族，下至平民百姓都逐渐接受世事轮回、因果报应的佛家思想。中唐之后统治者又为"迎佛骨"（佛舍利）举行了几次盛大典礼。几经沉浮，佛教终于在中国文化中拥有了不可撼动的地位，在唐代首次出现了"红花白藕青荷叶，三教原来是一家"的文化盛况。

其次，唐代在对外交流上也达到了空前的盛况。经济历来是文化兴衰的重要因素。唐代不仅有汉代就开通了的"陆上丝绸之路"，还开辟出了以泉州、广州为起点，向西，经马六甲海峡，通过印度洋，直达波斯湾，通向西亚和东非，向东，经朝鲜半岛，直达日本的"海上丝绸之路"。两条商路，将中国和世界紧密地联系在一起，利于贸易上的往来，更利于文化信息方面的传递。例如唐长安城的西市，因为是西域丝路的重要货物集散地而赢得了"金市"的美誉。史书上记载，西市的货物种类繁多，有珠宝、香料、胭脂、药材、食品、服饰，还有诸如沉香木、紫檀木等珍贵木材，无花果、无漏子（即波斯椰枣）、葡萄、各色坚果等。正如当时韩愈所说："外国之货日至，珠香象犀，玳瑁奇物，溢于中国，不可胜用。"[2]随之而来的还有各种制作工艺、栽培技术、蔬菜花草、曲艺舞蹈之类。西市及周边成为当时长安城著名的胡人聚居区，西市上的"胡姬酒肆"也极受市民们的欢迎，李白诗中"落花踏尽游何处？笑入胡姬酒肆中"的句子，正是当时世风的真实写照。另外，男人们饮胡酒，食胡饼，着胡装，妇女们也唯恐不及，穿着翻领开襟的胡服，袒胸露面，梳乌蛮髻、椎髻等模仿少数民族的发型，模仿吐蕃、回鹘等少数民族妇女的妆饰，蔚成风气。凡此种种，都反映出胡汉文化在当时相互交融、深入人心、影响朝野的社会状况。正如英国学者威尔斯在《世界简史》中比较欧洲中世纪与中国盛唐的差异时所指出的："当西方人的心灵为神学所痴迷而处于蒙昧黑暗之中，中国人的思想却是开放的，兼收并蓄而好探求的。"

第三，社会文化价值的多元化取向。在中国传统文化中，一直有"万般皆下品，唯有读书高"的价值观，也形成了"仕、农、工、商"的社会等级。但是，唐代的多元文化不仅丰富着人们的生活，也改变着人们的价值取向。比如，唐代文学家、思想家韩愈提出："君者，出令者也；臣者，行君之令而致之民者也；民者，出粟米丝麻，做器皿，

---

[1]　宋敏求．唐大诏令集 [M]．北京：中华书局，1959。

[2]　阎琦校注．韩昌黎文集注释 [M]．西安：三秦出版社，2004。

通货财，以事其上者也。"[1] 这既是对君民等级的划分，更是对君民之间各得其所、各尽所能、相互依存关系的强调，显然是对"君尊臣卑"思想的一种校正。在这样的社会氛围下，不仅社会的尊卑关系发生着变化，人们的创造欲望也得到了极大释放，除了出现了艺术领域里的百花齐放，也迎来了科技、手工艺术发展的黄金阶段。例如陆羽写出了《茶经》，对中国制茶工艺进行了首次系统的整理，被后世尊为"茶圣"。匠人历来为传统社会所不屑，但在唐代却出现了专门负责建筑工程技术的人——"都料"。官宦人家出身的大文学家柳宗元还写出了有关建筑木工的散文《梓人传》，以木匠的"善度材"，"善用众工"的本领，来说明治理国家同样需要"择天下之士，使称其职"的道理，生动形象而又合理自然，文中不乏对匠人的钦佩之情。

总之，用"色彩斑斓"来归纳唐代的文化特点是不为之过的。唐代的文化不仅多种多样，而且相互平等，彼此交融，无论本土异域，无论各门各派，无论高低贵贱，都能在社会上找到自己的位置，各领风骚，既不必为触犯了禁忌而担忧，也没有权威的压迫。于是，如此宽松的文化生态，为唐人提供了创造造型丰富、形式多样、色彩斑斓的物质和精神产品提供了条件，形成了一种蔚为壮观的文化气象。

3. 纯真自然

纯真是人类与生俱来的一种天性。但是，随着年龄的增长，阅历的增多，人也离纯真越来越远，直到质变为成熟的人。成熟意味着远离了纯真，但是，当纯真一去不复返的时候，也意味着垂暮之年的降临。马克思老人可能就是站在这样的角度上，遥想当年的希腊，并用发育健全的儿童来赞美。由于童年时代的一去不返，健全儿童的天性便显得特别让人怀念，也显得特别珍贵。心理学上甚至用"童心"保持的程度来衡量一个人的心理健康情况。在我们看来，李唐王朝就带有这样一种童真的素质，并作出了一些具有石破天惊意义的创举，使有唐一代的文化氛围中充满了清新之风。

唐代社会的最大事件莫过于女皇称帝。在农业社会的巅峰时期出现这样的事情绝不是偶然的，但是，要寻求其中的必然性却并不容易。从始皇帝开始，中原地区的帝位就一直是男人的专属。这样的传统不仅有利于血缘宗亲的政权延续，也与男性在社会上的主体地位相符合。于是，历代王朝都以此为原则。女皇称帝显然违反了这一原则，不仅引来了"牝鸡司晨"的辱骂，也让则天皇帝从政期间的功与过成为了一个历史性难题。我们无意参与这方面的讨论，而是对这种情况为什么出现在唐代社会充满兴趣。当然，这样的壮举少不了个人的政治才能和机遇，也少不了志同道合者的辅佐与帮助。但是，在唐以前的魏、齐、周、隋230余年的北朝历史之中，既有如"北魏三后"那样的"临朝听政，犹曰殿下，下令行事"[2]的记载，也有"万里赴戎机，关山度若飞"的巾帼壮举。在一定程度上说，正是北朝时期遗留下来的母系氏族遗风，才使得"大有胡气"的唐代女人拥有了称帝的胆识与智慧。从历史延续性上看，初唐社会所以能够接纳女皇称帝的事实，其实也与北魏少数民族母系社会的遗风不无关系，同样是对人类孩童时代的一种复归。与"三纲五常"的塑造和"男尊女卑"的压抑比较，这种复归同样具有"清水出

---

[1]　阎琦校注. 韩昌黎文集注释 [M]. 西安：三秦出版社，2004。

[2]　李延寿. 北史 [M]. 北京：中华书局，1974。

芙蓉，天然去雕饰"的美学意义。

在建筑方面，唐人"天然去雕饰"的美学爱好更表现得淋漓尽致。从文献资料和出土文物来看，唐人对自然山水的爱好可以说达到了登峰造极的程度。首先是大规模地修建园林。园林出现的历史十分悠久，但鼎盛繁荣却是唐人的创造。从数量上看，唐王朝不仅在太极宫、大明宫、兴庆宫那样的皇家领地修建有园林，遍布于长安城内外的官宦人家和道观寺院也有园林，甚至在偌大的关中平原上，还建有临潼的华清宫、渭南的游龙宫、蓝天的万全宫、武功的庆善宫、麟游的九成宫、纯化的云阳宫、铜川的玉华宫、终南山下的翠微宫等等。这些园林或依山傍水，尽享清净之幽；或有温泉喷涌，具有驱寒沐浴的功能；或聚天下秀美于一体，另造一番人间仙境……再有，唐人对陵墓的建造也另有一番气象。在目前西安以北黄土高原上，还比较完好地保留着唐代的18座陵墓。这些陵墓或依山体而建，成高耸之势；或借土丘为主体，与周边的黄土沟壑相交融，由东到西绵延三百里，呈现出一派与天地同在的大气概，蔚为壮观。中国的皇帝历来重视两件事情，一是修建宫殿，二是修建陵寝。宫殿多修在城市的核心部位，在远离百姓的同时也远离了自然；陵寝多堆土而成，成拔地而起之势。这样做，有安全上的考虑，也有建造水平上的进化。唐代的帝王们则表现了更多的自然情怀——宫殿要建在园林之中，陵墓要与山脉比肩。在构筑生与死的两种归宿场所的过程中，唐人表现出来的自然情结，一点也不比逐水草而居的童年时代差。

这样的情结在唐代社会自上而下，蔚成风气，影响着艺术家的创作，也影响着社会审美心理的形成与走向。绘画方面，初唐时期被称为"大李将军"的李思训善画青山绿水图，虽然只是黑白变幻的水墨，但是"山水树石，笔格遒劲，湍濑潺湲，云霞缥缈"，[1]在浓淡干湿的墨色中体现出自然天真的神韵。雕塑方面，"昭陵六骏"都是最朴素的石材浮雕，不加任何装饰，也没有多余的刀法修饰，由于抓住了骏马的瞬间动态，或身上中箭，或奔腾急驰，以平淡的真实引发欣赏者的追忆思绪，给人以心灵震撼之美。唐代也是一个书法名家辈出的时代，无论是楷书、行书或是草书，一改秦汉时期的拘谨之风，开始呈现追求自由、不限拘束的审美情趣，借笔墨抒发创作者的内心情怀，章法也颇为自由随意。欧阳询、柳公权、颜真卿这三位书法大家，虽然在字形上各有所长，但在整体气势上一气呵成，笔法流畅，令人看后大呼痛快，丝毫没有矫揉造作之感。

处在物质特别是精神双重贫乏的社会阶段，人们不但不会保持自然天真的本性，而且会在功名利禄的争夺中尽显手段、机关算尽，异化为马尔库塞所说的"单面人"。所以说，保持人所固有的自然天真本性并不是一件容易的事。唐代社会却保持住了这种天性，而且从皇室到民间，从艺术到生活，都将这种人类本性作了不同程度的表现，演绎出或惊世骇俗，或返璞归真，或痛快淋漓的不同效果，也形成了唐代社会独有的文化魅力。这种魅力，犹如孩童时代的美好记忆，对于那些已经进入所谓成熟阶段的人们来说，既心驰神往，又遥不可及。

4. 情景交融

对于一个长期依偎在大自然怀抱中生存的民族来说，"情景交融"是最为基本的审

---

[1]　张彦远. 历代名画记 [M]. 北京：人民美术出版社，2005。

美习惯。之所以这么说，一方面是因为农耕民族对天地自然的高度依赖，使人们的喜怒哀乐几乎都会与环境变化有关；另一方面，长期看大自然脸色行事传统养成的"象思维"习惯，使人们的各种审美活动都喜欢在一定环境中完成。这种情况在唐代表现得尤其明显。正如闻一多先生所言："唐人做诗之普遍可说是空前绝后，凡生活中用到文字的地方，他们一律用诗的形式来写，达到任何事物无不可以入诗的程度。"[1]而诗不仅长于抒情，更是形象思维的高级形式，可以说是将中国传统美学发挥到极致的结果。达到这样的水平少不了诗人们的艺术修养，也不能不谈到唐代社会十分流行的禅宗思想。

　　禅宗是佛教中国化的结果，起于汉，兴于唐。禅宗主张："不立文字，教外别传；直指人心，见性成佛。"从根本上说，禅宗也是在强调人心与环境的关系，最后达到修养自我的目的，宗旨是"直指人心，见性成佛"，强调内悟的重要，是一种修行方法，指安静地沉思。[2]禅宗思想的盛行，使人们更加注重心灵感悟："相传在佛陀讲佛法的一次大会上，一个叫大梵天王的神将一枝金黄色的波罗花献给佛祖，佛祖接过那枝花一言不发，只是默默地拈着。当时无人能领会佛祖的深意，只有佛陀的大弟子迦叶似有所悟地微笑，于是佛祖说道：'吾有正法眼藏，涅槃妙心，实相无相，微妙法门，咐嘱摩诃迦叶，汝当善护持之。'据说，这样迦叶就成了佛祖的接班人，并且成为禅宗的开山鼻祖。"[3]这就是禅宗中著名的"佛祖拈花，迦叶微笑"的故事，且不论这个故事真实与否，至少它传递出了禅宗教派的一个重要特征——重视以心传心，看重个人感悟。禅宗认为，真正的佛法是不可言说的，要通晓佛法含意，必须超越语言的窠臼，实现类似于庄子"坐忘"、"畅神"的大境界。于是，禅宗所追求的境界便与中华民族的内敛性格相契合，也与中华民族重内修的传统相一致。可以说，禅宗不仅实现了与儒道两家文化的融合，还为唐代艺术注重"意境"的营造奠定了思想基础，将中国美学推向了一个全新的境界。禅宗思想对中国古典艺术的影响极大，甚至后世有"不懂禅无以论书画"的说法。

　　唐代诗人王昌龄在《诗格》中就首先提出了"物境、情境、意境"的美学概念，并认为其中的"意境"为最高，是诗人"张之于意而思之于心，则得其真矣"的结果。不过，这里所强调的"意境"还仅仅是指诗人内心意识所达到的境界[4]。晚唐的司空图在《二十四诗品》中详细论述了诗歌意境共有的美学本质，提出诗歌应当具备"象外之象"、"景外之景"、"韵外之致"、"味外之旨"，强调诗歌的最佳境界不在文字本身，而在文字之外，是一种具有超越性的效果。而这种内涵深邃隽永的美蕴藏于诗句之中，只有通过细细品读才可能有所感悟和理解。从这里可以看出，唐人绝不浅薄，所追求的美绝非停留在视听刺激上，而是更加看重通过内心感悟才可能得到的东西，并视这些东西为最真实、最深刻的美。这种大有"禅意"的美远远超越了通过丝竹之音、五彩斑斓，作用于感官而获取的生理快感，具有只可意会，不可言传的特点，让人获得心理上的满足。

　　这样的美学思想，使唐代艺术大都增添了一份"意境之美"。例如：陶渊明的《饮酒》诗："采菊东篱下，悠然见南山。"初看不过是很平淡的句子，所采用的意象也很平常，无非

[1]　闻一多.闻一多论古典文学[M].重庆：重庆出版社，1984。
[2]　胡希伟.中国哲学概论[M].北京：北京大学出版社，2005。
[3]　顾伟康.拈花微笑——禅宗的机锋[M].北京：中华书局，1993。
[4]　叶朗.中国美学史大纲[M].上海：上海人民出版社，1985。

是说自己在篱笆旁采菊花，一侧头看到了南山。可是细细品味起来就可以感悟到，诗人并非是说自己在做什么，而是在传递一种悠然自得、内心平静淡然的生活情趣。做什么可以用眼去看，生活情趣则需要用心去品。这样想来，简朴的一句诗就有意思了，需要人们去体验，去揣摩，在设身处地中去发现诗句所表现的场景，品悟诗人瞬间产生的审美感受。其实，追求情景交融不只是诗人的最爱，也是唐人共同的艺术追求。白居易曾用"古人唱歌兼唱情，今人唱歌唯唱声"来批评那些徒有其表的歌舞；张怀瑾关于"惟观神采，不见字形。……从心者为上，从眼者为下"的文字论；张璪的"外师造化，中得心源"的总结所以在绘画界一语惊人，根本在于道出了艺术底蕴的重要。

由此我们不难得出这样的结论：唐人欣赏的不是表面的华丽辞藻、悦耳的旋律、绚丽的颜色等等，而是突破表象，追求含蕴其中的"情景交融之美"。这样的美有禅的深远，有道的超然，有儒的热情，朴素无华，却又意味深长，给人以丰富的想象空间。创造出这样的作品需要深刻的文化积淀和艺术造诣，并不是件容易的事。对今人来说，欣赏这样的作品也不容易。不过，不是难在技法的掌握，创作思想的领会上，而是难在文化功力的积累和心态的平静程度上。

5. 中和为美

贵和尚中是中国文化的基本精神。受此影响，中国传统的审美观也有"中和为美"的主张。"和"，是指万物之间的和谐关系；"中"，是指做事情应该不偏不倚。"和"主要指物，表达了事物在多样中趋于统一的状态；"中"主要指人做事过程中的全面，具有方法论的意义。"和"是"中"的目的，"中"是"和"的保障，二者既相互区别，又紧密联系。中华祖先以"中""和"为美，说到底是一种辩证之美。这种美，既保持着传统文化的特色，又注重新鲜气息的接纳，避免了整齐划一的呆板与单调，从而使中国传统美学生生不息，充满活力。同时，中和之美还具有明显的伦理色彩，追求"质正得中，中则必正"，形成了"礼"对"和"的制约和指导，从而为中华民族审美文化的形成提供了思想指导。

唐代社会极为重视对前人总结出来的"天地人"思想的接纳，并用这种思想指导自己的各种创造活动，构建人与天、人与地、人与人的中和之美。

其一，人与天的和谐。中国古代十分重视天与人的感应关系，从"日出而作，日入而息"的生活节奏，到婚丧嫁娶的择吉日而为，说到底都是在寻求人与天的和谐关系。唐代社会则将这种关系扩大到了社会生活的更大范围。比如唐代城池、宫殿的规划和设计过程中就明显地体现着这种思想。唐长安城的规划即采取象天法地的思路，"合四海之内，东西两万八千里，南北两万六千里"（《淮南子·坠形训》）。于是，唐长安城就按照这一比例设计成南北略短、东西略长的矩形；唐长安城中设一百零八里坊，也是模仿天上的一百零八星宿；唐代皇家宫城居于城中正北，也是取象于天上紫宸星的位置。此外，大明宫中的含元、宣政、紫宸三大殿名字也是根据《周易》的"太和理论"而精心选定的。唐代三大内的正殿部分，几乎都是采取中轴对称布置，但只要稍加留意就会发现，唐人在进行规划设计时，力图取得的是一种"势"的均衡，而绝非数学上的完全对称。比如在对称轴两侧的建筑虽然在规模体量上十分接近，但形式上却略有不同，而且殿阁的名字一定是互不相同，却又彼此呼应的。这样既让人产生视觉上的端庄感，同时也避免了过于单一而显出枯燥。节日习俗也同自然环境紧密相连，如初春的上巳节人们会到曲江水畔饮酒、踏青、取水盥沐；秋季的重阳节人们会身携茱萸，到游乐塬一带登高远望。皇宫贵族的生活就更加讲究了。除了春秋两季的节日要过，夏季去渭北高原上的行宫避暑，冬季去有温泉的行宫避寒，坐卧起居都与天地自然之间保持着某种默契。

其二，人与地的和谐。在农耕社会，大地是衣食之源。人与地的关系如何将直接影响到生活质量情况。于是，千方百计地处理好与大地的关系，是中国社会在很长时间里共同关心的问题。唐代是富足的，于是，人们对大地的关心也从收成的丰啬扩大到周边环境，与自然山水联系了起来，提升为追求人与自然环境的和谐。长期的农耕文明使中国人产生了浓厚的"大地情结"，人们对自然保持着顺应的态度，使衣食住行都在因地制宜中求得与自然的融洽。"宅以形势为身体，以泉水为血脉，以土地为皮肉，以草木为毛发，以屋舍为衣服，以门户为冠带。若得如斯俨雅，乃为上吉"的总结，就是《黄帝宅经》中对住宅的古老解释。显然，在古人眼里，"住宅"就是一处小自然，对人体产生的影响犹如血脉、皮肉、毛发、衣服一般。唐代的开国皇帝所以选择前朝的大兴城为皇都，最根本的不是看中了这里的房屋建筑。按照旧有的讲究，亡国之君的城池不仅不能用作新都，旧有的宫殿也要铲除再建，以求得心理上的吉利。汉朝不用秦时的咸阳城，隋朝也是另建的大兴城。唐统治者肯定也会有这种心理。但是，他们为什么还是毅然决然地选择了前朝的老城作为都城？要解开这里的奥妙，不能不从大兴城所处的自然环境入手。南依秦岭，北对渭河，左右河道纵横，冲刷出肥沃的八百里秦川，既有气候上温和湿润，也有地面上的丰富供给，还有终南美景近在咫尺。古人将这样的地方称为风水宝地，是安身立命的理想之地。这样看来，与其说唐人看重的是大兴城，不如说是大兴城所处的这块宝地。据史书记载，唐代长安城内的自然环境也是不错的，除了遍布大街小巷的行道树，皇族、贵戚、寺庙的园林广有分布，极大地提高了城中土地的植被覆盖率。

其三，人与人的和谐。国泰民安在任何时代都是头等的大事，而人与人的和谐则是国泰民安的基本。历史上被称为最大的"人祸"莫过于战争——或发生于不同族类之间，或发生于改朝换代。导致战争的直接原因是各种社会矛盾的激化。唐代也面临内政外交各种矛盾。由于社会开放程度高，异域人士来到中原求学、经商的也颇多，因此就存在着文化差异上的问题；另外唐代疆域辽阔，民族众多，如何处理民族之间不同的文化差异也是很严峻的问题。然而，唐人很好地处理了这两个问题，除去政治谋略、经济稳定和管理有方，"和为贵"思想的贯彻落实不能不说也起到了不可忽视的作用。中国自古就有"和为贵"的传统，儒家讲究"君子和而不同"，强调与人相处时的个性与包容；道家在追求与自然和谐相处中达到"体物之乐"的同时，也不忘人与人之间超越功利的美好状态；唐代的刘禹锡更提出了"天与人交相胜还相用"的总结。这些，为唐人坦然处理不同文化差异，"求同存异"，共同发展提供了思想依据，也为不同文化的交融提供着动力和支撑。于是，唐人敢于大胆地接纳异域文化，并在衣食住行中加以落实。同时，异域人士来到唐代社会，也容易找到自己熟悉的文化氛围并很快地融入其中。可以说。人与人的和谐相处，形成了价值观念上的高度认同，为社会和谐、稳定发展作出了积极贡献。

　　总之，所谓中和为美，既浓缩着唐人的生存智慧，也是唐人解决各种矛盾，获得良好生活状态的基本原则。这里有与华夏民族处理天人关系经验的对接，也有在吸纳外来文化基础上形成的新追求，从而使唐代文化既立足于深厚的传统根基，也有外来文化的基因注入。这一特点，决定了后人在理解唐代文化时不能简单地就事论事，而是要有历史的眼光，既看到唐人热情浪漫、无拘无束的一面，更要看到唐人对汉民族主体文化的深刻理解与严格遵从。

　　综上所述不难看出，唐代的文化精神绝不是一个单纯平面，而是一种多元的立体组合。于是，要真正能够理解唐代的文化精神，没有相应的历史积淀和艺术修养也是绝对不行的。就犹如一般人看建筑只是个面积问题，而在建筑师眼里，建筑不仅有面积，还有基础和结构，材料和工艺。从专业的角度说，讲究气势是唐代文化的基本性质，色彩斑斓是唐代文化的要素构成，自然淳朴是唐代文化的美学底色，情景交融是唐代文化艺术追求，中和协调是唐代文化的根本底蕴。正是因为有如此众多的成分构成，唐代文化才会显得那样丰厚而博大，在中华文明史上洋洋大观，成就辉煌。当然，这一切又不是杂乱无序的胡乱组合，而是通过诗的形式得到了集中和升华。也就是说，诗是唐代文化的集大成者。其中不仅有恢弘的气势，斑斓的色彩，淳朴的底色，还有情景交融的艺术氛围和中和协调的传统精神，从而使得唐代的诗歌无论是在思想容量还是艺术水平上，都达到了空前绝后的境界。这样看来，要真正理解唐代社会的文化属性，理解唐代社会的美学追求，获得评说或再现唐代物质和精神产品的起码资格，认真钻研唐人独有的诗性气质是最为基础的一步。

第二节　细　品

　　宏观鸟瞰，有助于把握一个时代文化精神的来龙去脉，总结性质，归纳特征，是保障研究结论具有科学性的基本条件；微观细品，是通过典型案例分析进一步验证一个时代文化属性的实际表现，让原本宏观的结论在具体实例中获得检验，帮助人们对一个时代的文化属性有更加具体的理解。其实，任何时代的文化属性都不是一种空洞的存在，而是通过人们的具体活动表现出来，对象化在精神创造中，印刻在具体的物品上。因而，在对唐代文化属性有了宏观了解之后，通过一些代表性物质或精神产品，进一步分析其中文化精神的表现情况，同样是一件很有意义的事情。

一、唐诗

　　既然令唐人骄傲不已，让后人叹为观止的是诗。那么，可以肯定地说，诗歌对唐代文化精神的形成犹如空气对于生命，具有的重要性怎么强调也不会过分。从文献资料看，诗歌最早起源于上古时期，其基本样式已无从可考，但是，记录劳动生产、两性相恋、原始宗教等过程中人们的思想感情情况却是肯定无疑的。中国历来有"诗国"的美名。最早的史书《尚书》中就有"诗言志，歌咏言，声依永，律和声"的记载，并且指出了当时诗歌具有"言志"和"声律"的特点。后来重要的典章制度方面的书籍《礼记·乐记》中也有"诗，言其志也；歌，咏其声也；舞，动其容也；三者本于心，然后乐器从之"

的文字，明确了当时诗、歌与乐、舞合为一体的事实。后来，诗、歌、乐、舞各自发展，独立成体。孔子认为，诗具有兴、观、群、怨四种作用。西晋时期的陆机则认为："诗缘情而绮靡"（《文赋》），所谓"诗缘情"，是说诗歌是因情而发的，抒发感情是诗歌的主要内容。这比先秦和汉代的"言志"说又前进了一步，强调诗人个人情感的重要。自汉代以来，五言诗、七言诗日臻完善，在题材选择、艺术手法、音韵格律、审美风格上都有较大发展，也积淀了丰厚的经验。进入魏晋以后，文人士大夫的自由意志开始觉醒，诗歌的艺术感染力得到很大提升。到了唐代，诗歌迎来了最为辉煌的时期，并且开始影响社会生活的方方面面，呈现一派诗意盎然的社会景象，不仅为我们留下了 4 万多首优秀诗作，也渗透到社会之中，影响着人们的生活，为中华民族诗意精神的成熟奠定了基础。

唐诗的形式多种多样。唐诗的形式基本上有这样六种：五言古体诗、七言古体诗、五言绝句、七言绝句、五言律诗和七言律诗。古体诗，又称古风，主要有五言和七言两种；近体诗有严整的格律，又称格律诗，分为绝句和律诗两种。绝句和律诗又各有五言和七言之不同。古体诗对音韵格律的要求比较宽松：一首之中，句数可多可少，篇章可长可短，韵脚可以转换。近体诗对音韵格律的要求比较严格：一首诗的句数有限定，即绝句四句，律诗八句，每句诗中用字的平仄声调有一定的规律，韵脚不能转换；律诗还要求中间四句成为对仗。唐诗的形式和风格是不断推陈出新的结果，不仅继承了汉魏民歌、乐府传统，并且大大发展了歌行体的样式；不仅继承了前代的五、七言古诗，并且发展出来了叙事言情的鸿篇巨制；不仅扩展了五言、七言形式的运用，还创造了风格特别优美整齐的近体诗。近体诗是当时的新诗体，它的创造和成熟，是唐代诗歌发展史上的一件大事，把我国古曲诗歌的音节和谐、文字精炼的艺术特色推到前所未有的高度，至今仍深受人们喜爱。

对于非文学专业的人士来说，很难在如此多样的诗歌形式中有所辨别和区分，更难以体验其中的美学奥妙。但是，只要我们站在历史的角度，结合自己所熟悉的专业有所联想，就不难发现，能够让诗歌出神入化的唐人，同样可以以诗的方式影响到社会活动的其他方面，使原本朴素无华的生活也带有了诗意。比如，对于从事城市规划专业的人士来说，比较当今实用为主、功能至上的规划思路，唐长安城方正有序的棋盘状布局，不就是一首有着严格韵律讲究的格律诗吗？对于从事建筑设计专业的人士来说，比较当今经济至上、千篇一律的设计状况，唐人在宫殿楼阁、门阙亭台建造上的严格区分，不就是在建筑中追求格律起伏般的诗意效果吗？对于从事艺术工作的人士来说，比较当今创作领域喧宾夺主的西化格局，唐人在胡汉交融中又不失自我的大气概，不仅是诗歌所具有的显著特征，不也是唐人对自己文化高度自信的一种表现吗？

唐诗的美，美在韵律鲜明的形式，更美在诗中的意境。前者是客观的，体现了文字的组织水平，后者是主观与客观的结合，是作品在情景交融中体现出来的一种境界，一种更高的美学效果。唐诗之所以读来让人回肠荡气，关键正在于此。意境就是诗句中的"言外之意"，用唐代文学家、哲学家刘禹锡的话说就是"境生于象外"，是一种极具中国特色的美。"日暮苍山远，天寒白屋贫。柴门闻犬吠，风雪夜归人。"这是一首诗，也像一幅画。全诗仅有寥寥 20 个字，便勾勒出一个严冬寒夜的山村景象和一个逢雪借宿者，寂寥空旷的情景顿时历历在目。这就是唐人的本领：以少胜多，以物抒情，在具象的描写中反映深远广大的意境。用钱钟书先生的话说就是：“唐诗多以丰神情韵见长。”[1]

值得注意的是，唐诗中的“丰神情韵”绝不是通过文字游戏把玩出来的，而是与唐人高远宏阔的人生立意紧密相连。也就是说，唐人诗歌写得好，不只是个技术问题，而是一个做人的问题，是不俗的人生态度造就出了不俗的艺术效果。这一点在代表性的诗人中都有所体现。

李白诗篇中的大气概就与他道家风骨的高远立意分不开。据记载，李白出生于富商家庭，自小衣食无忧，受到良好的教育。早年所写的《代寿山答孟少府移文书》一文，就抒发了这样的人生理想：“申管晏之谈，谋帝王之术，奋其智能，愿为辅弼，使寰区大定，海县清一。”但在很长时间里诗人并没有得到实现理想的机会。天宝元年（742年），李白已42岁，得到唐玄宗召他入京的诏书，异常兴奋。他满以为实现理想的时机到了，激情洋溢的直呼：“仰天大笑出门去，我辈岂是蓬蒿人。”（《南陵别儿童入京》）到长安之后，李白虽受到唐玄宗的礼遇，供奉为翰林，但不过是个御用文人，政治上并未受到重视，又受权贵的排挤，还干出了“天子呼来不上船，自称臣是酒中仙”（《饮中八仙歌》）的事情。不久便被“赐金放还”。此时的李白壮志未酬，心中不平，借诗歌来直抒胸臆：“安能摧眉折腰事权贵，使我不得开心颜！”（《梦游天姥吟留别》）在他的眼中，权贵可以被轻蔑，但“酒”是万万不能少的。“且乐生前一杯酒，何须身后千载名？”（《行路难·其三》）“五花马，千金裘，呼儿将出换美酒，与尔同销万古愁。”（《将进酒》）都是李白借酒写诗，以诗抒情的名句，表现了诗人笑傲权贵的骨气和自由奔放的大境界。

诗人杜甫的一生充满了坎坷，但是积极入世的思想始终不渝，天宝七年（748年），已经人到中年的杜甫仍然抱着“致君尧舜上，再使风俗淳”（《奉赠韦丞丈二十二韵》）的理想，希望得到实现志向的机会。但是，即使到了长安，也是屡受挫折，连生活也难以维持。可贵的是，坎坷的经历并没有使他的意志消沉，在广泛接触了下层民众疾苦之后，诗人的创作出现了空前飞跃。以“安史之乱”为背景写下的“三吏”、“三别”被后世尊为“诗史”。“朱门酒肉臭，路有冻死骨”（《自京赴奉先咏怀五百字》），更因深刻揭示了社会黑暗而成为千古名句。晚年杜甫的生活已经极度窘困，但他还发出了“安得广厦千万间，大庇天下寒士俱欢颜”的声音，表达了为民代言的社会责任。杜甫这些忧国忧民、心怀天下的诗作，是“兼济天下”人生立意的绝好表现。所不同的是，不论“穷”、“达”，得意与否，杜甫的这种立意贯穿终生，始终不渝，因而也特别地被后世所敬仰。

王维的诗虽然没有李白的飘逸，也没有杜甫的深沉，但是，其中体现出来的禅宗意味，同样有一番“砍柴打水，无非妙道”的大境界。王维官至尚书右丞，一生过着亦官亦隐的生活，晚年更是笃信佛教，信奉“万事不关心”（《酬张少府》）的超然境界。王维在陕西蓝田修有自己的私人园林——辋川别墅。在这里，王维写出了大量富有禅意的山水田园诗，例如“声喧乱石中，色静深松里。”（《青溪》）“人闲桂花落，夜静春山中。”（《鸟鸣涧》）“山路元无雨，空翠湿人衣。”（《山中》）宋代文学家苏轼盛赞王维：“味摩诘之诗，诗中有画；观摩诘之画，画中有诗。”其实，这“诗中画”、“画中诗”正是王维内心禅宗意境的表现。正所谓，没有超脱功利之心，哪来空灵清新之作。王维一生寄情山水，

---

[1]　钱钟书.谈艺录[M].北京：生活·读书·新知三联书店，2008。

过着纵情自适的生活，为后世文人树立了一种修身养性的生活模式；王维轻物欲、重精神，不断提升人生修养的超然气质，为后世的中国书画、歌舞、园林都产生了重要影响。

这样看来，有唐一代近三百年诗性气质的形成绝不是偶然的巧合，而是那些留下姓名和没有留下姓名的众多诗人共同创造的结果。不管世事怎样，也不论境遇如何，诗人们始终以高屋建瓴的姿态，看宦海沉浮，察民生疾苦，蔑荣华富贵，嗤奸佞小人，表现出不同凡响的人生立意。与其说他们是以美丽的辞藻赢人，不如说是以人格的魅力赢得了世人的瞩目，产生了榜样性的力量，令世人在高山仰止中效法学习，在潜移默化中易风移俗，进而演化出唐代汪洋恣肆的诗性文化精神，足以万古流芳！

二、唐三彩

除了诗歌，三彩也是唐代留下来的代表性遗产。用三色彩釉施与陶器，烧造成彩色器物始于南北朝而盛于唐，以造型生动逼真、色泽艳丽和富有生活气息著称，因为常用三种基本色，又盛行于唐代，所以被后人称为"唐三彩"。现代陶瓷家认为，唐三彩在中国陶瓷史上承前启后，具有里程碑的意义。因为，唐以前的陶俑多为单色釉，最多是两种色釉并用，如秦汉时期的陶俑就是很好的例证。到了唐代，多彩的釉色在陶瓷器物上同时得到了广泛运用，对后世陶瓷制品提升工艺水平产生了深远影响。

在中国历史上，"三"往往与"多"相提并论，是个泛指词。同样，唐三彩并不是绝对的三种颜色，而是在色釉中加入不同的金属氧化物，经过焙烧，便形成浅黄、赭黄、浅绿、深绿、天蓝、褐红、茄紫等多种色彩，但多以黄色、赭色和绿色为主。在一件器物上同时使用三种釉色，并且彼此交错，形成对比，并不是一件容易的事。首先要调配好各种材料的比例。这一点决定了色釉发生化学变化后是否能够浓淡交替，互相浸润，色彩自然协调。其次是在烘制过程中掌握好火候。经过高温烧制以后，釉色又在交融中发生变化，在主色调的基础上演化出各种渐变色。出窑以后就产生了主色、复色和兼色共有的效果，整体上有主有次，斑驳淋漓，多彩交融，显出富丽堂皇的艺术魅力。

要达到这样的效果需要十分复杂的制作过程。首先要将开采来的矿土经过挑选、舂捣、淘洗、沉淀、晾干后，再装入模具中做胎，入窑烧制。唐三彩一般要经过两次烧制。第一次是烧胎。胎体用白色的黏土制成，经过 1000～1100℃的高温便拥有了一定的硬度。待素胎冷却后，匠人们再在胎上施以各种配制好的釉料，自然风干后再次入窑烧制，温度一般控制在 850～950℃。经过两次烧制，釉色发生氧化，呈现出各种色彩。在这一阶段，温度的掌控十分重要，稍有差错就可能导致产品的变形、开裂，成为废品。人像三彩的头部一般是不上釉的，因此烧烤后还要经过画眉、点唇、画发的过程，即所谓的"开脸"。经过这样的冷热加工，一件三彩才算完成了。由此可见，三彩的制作过程需要多种工艺的结合，在选料的基础上，还吸取了国画、雕塑等手法，采用堆贴、刻画等技术来造型、绘图，既有抟泥成器的原始味道，也有精雕细绘的工艺讲究，是一种颇具品位的传统工艺制品。

三彩兴盛于唐代是有其必然性的。除了社会安定富有、中外交流频繁和匠人社会地位提高等外在原因，社会审美心理的转型也有很大关系。唐以前，在天人感应思想的作用下，人们主要是根据五行来认定色彩，辨别美丑，而由五种物质派生出来的五种颜色均为单色。于是，在很长的时间里，人们一直崇尚的也是单色。但是，随着外来文化的大量涌入，人们在适应中开始接纳西域甚至是外国的审美习惯，逐渐走出了对单色调的崇尚，开始追求由多色彩组成的工艺制品。如果说魏晋南北朝是中西胡汉文化大碰撞的时期，那么，定四方为一统的隋朝则是以胜利者的姿态对中西胡汉文化进行了交融和吸收，并且，所形成的审美时尚几乎被唐人完全地接纳了下来，对唐代社会的审美心理产生了决定性的影响。可以说，色彩从来都是文化的载体。三彩的兴盛说到底是社会多元文化的反应。唐代，不仅为三彩的繁荣提供了条件，也为其他诸如金银器皿、服饰打扮、房屋建造、园林设计等等大小制作走多元化发展的路子打下了基础。也就是说，在文化的视野中，三彩不只是一种工艺制品，也是唐多元文化的一种表现形式。三彩上所表现出来的美学风范，所使用的一些工艺，在当时的建筑、家具、日用、艺术等方面都有所体现，从不同方面构成着唐代文化的主旋律。正是在这样的背景上，有学者将三彩誉为唐代社会的"百科全书"，[1] 当然，唐代的诗性文化特色在这里也会有所流露。

首先，唐诗的多样性在三彩上有充分表现。有学者将唐代诗歌作了这样的总结：诗人众多，作品繁丰；人才辈出，名家若云；流派众多，风格多变；艺术意境，云蒸霞蔚。[2] 也就是说，不管是创作过程还是作品本身，丰富多彩是唐诗的显著特点。如果没有这个特点，唐诗就不可能在中国历史上达到登峰造极的水平。同样，从文化学的角度看，三彩也并不单纯，而是一个多种文化要素的集合体。制胎的过程显然是黄河流域仰韶文化的遗存，胎上施釉则是长江流域瓷文化的体现；从造型上看，三彩的造像极具动感，尽管侍女的丰满不同于武士的雄壮，人物的举手投足不同于动物的身姿步态，但是，他们通身上下都被做得曲线起伏，犹如唐诗中韵律的跌宕；从色彩上看，三彩上的色调既有主次对比，也有和谐过渡，具有很好的整体感，有唐代诗歌主旋律高亢，也有其他音调呼应，形成优美交响的效果……尽管三彩的制作工艺与唐诗根本不同，但是，两者之间所追求的美学风格，所展现出来的艺术效果，尤其是对韵律之美的表现，交相呼应，大有异曲同工之妙。有趣的是，日本奈良时期曾经仿制过中国的唐三彩，制作出来了三彩陶器，被称为奈良三彩；朝鲜的新罗时期也仿造中国的唐三彩制作过三彩陶器，叫新罗三彩。而这些国家至今还保持着作律诗的传统。我们有理由相信，出现这种情况绝非偶然。当年，这些国家都深受唐文化的影响，在吸纳唐三彩的同时，肯定也吸纳过唐王朝其他的艺术产品，当然也会包括诗歌。

其次，三彩造像的形体姿态丰富，与唐诗追求丰沛的意蕴是一致的。三彩的造型丰富多样，可分为人物俑、动物俑和生活用具三大类。人物俑包括贵妇仕女、文官武将、胡俑天王等。根据不同的社会地位，三彩中的人物也有迥然不同的体态和表情，体现出不同的诗情画意：贵妇和仕女俑的体态丰硕，高髻广袖，粉胸微露，服装色彩鲜艳，面部表情或矜持端庄，或悠然娴雅，一副"云想衣裳花想容"的效果；文官的穿戴规整，

---

[1]　胡伟希.中国哲学概论 [M].北京:北京大学出版社，2005。

[2]　张涵，史鸿文.中华美学史 [M].北京:西苑出版社，1995。

彬彬体态中大有儒雅之风，让人联想到"不薄古人爱今人"的渊博（图3-1）；武士肌肉发达，甲胄贴身，面目狰狞，大有"骁腾有如此，万里可横行"的气概；胡俑高鼻深目，髡发窄衣，人高马大，体现着"健儿须快马，快马须健儿"的勇武之美；天王俑则周身华服，配饰丰富，壮硕的体态上不乏"圣代复古元，垂衣贵清真"的超凡脱俗之气。可以说，每一类三彩人物造像都形神兼备，流露出与唐诗相当的文化气质。三彩中的动物俑以马和骆驼为多。但是，作为艺术品，三彩马已经不是交通工具的样子，有的扬足飞奔，有的徘徊伫立，有的引颈嘶鸣，个个神采飞扬，表现出动感十足的各种姿态，犹如诗歌韵律的悠扬起伏。另外，三彩马的塑像有的是单匹（图3-2），还有骑马狩猎俑、骑马武士俑、打马球俑以及妇女骑马俑。造型沿袭了秦汉写实主义的传统，也不乏西域风尚的影响。在造型的提炼概括和釉色的更新中，创造了富丽华贵的浪漫情调，有力地烘托了盛世气象。[1]

图 3-1　唐代文官三彩俑

　　如果说唐诗是以文字的形式直抒胸臆，三彩造像则是通过另一种形式将内心体验给予了立体塑造，同样具有诗情画意的特点。在一定程度上说，三彩的塑造者正是感应着诗性文化的气息构思造型、设计色彩，确定效果，将各种造像做出了韵味，

图 3-2　工艺精美、色彩绚丽的唐代三彩马

做出了动感，做出了精神，最终具有了诗的"意味"。在这样的语境中欣赏三彩，神态

---

[1]　李帆.唐三彩对唐代审美独特性的开掘[J].中国陶瓷，2009（7）。

各异的造像就不是一个简单的美字可以形容的，而流露着有唐一代特有的美学风尚——有李白所追求的"清真"，有杜甫孜孜以求的"凌云健笔"，有柳宗元构想的"奇味"，最终生成了司空图的"象外之象"。可能正是因为两者之间有着如此相像的文化基因，所以后人才将"诗"与"三彩"相提并论，给以"唐"的定性，视为唐代文化的代表之作。

三、唐代建筑

建筑是人类为自己建造的最有规模的产品，不管是城池还是居室，关乎着安全，影响着生活。所以，从古到今，不仅帝王们关注建筑，平民百姓也将住房视为生活中"悠悠万事，唯此为大"的事情。但是，要总结一个时代的建筑水平，归纳其中最有代表性的美学风范，帝王们的建筑显然要比平民百姓的更有优势。这样看来，唐都长安显然应当成为我们研究唐代建筑水平，归纳美学风范的样板。那么，唐代建筑可能在哪些方面打上时代的烙印，在技术与艺术的结合中显示出诗性文化的气息呢？

首先，工匠与文人的结合。被称为中国最早手工技术文献的《考工记》中就有"匠人营国，方九里，旁三门。国中九经九纬，经涂九轨。左祖右社，前朝后市，市朝一夫"的说法，指出了"匠人"是建造城池（当然也包括城池中的建筑）的主体。尽管没有说什么是匠人，但是从接下来如何丈量面积，如何设置门户，如何修整道路，如何安顿祖先牌位和祭祀的等等交代上不难看出，匠人是按照事先设定好的规划干活的人，即那些负责"审曲面势，以饬五材，以辨民器"的"百工"。[1] 在以"土筑草覆"方式来建造的年代，由于材料原始，工艺简单，像"营国"那样的大规模建造活动靠"百工"来完成就足够了。这些人充其量相当于后来的技术工人。不过相对于面朝黄土背朝天的"农人"还是有优势的，在当时也可以称为"圣人"。

周以后，砖瓦的出现和石材的大量使用，在提高建筑质量的同时也大大地增加了建筑的技术含量，房屋建筑的基本形式和工艺造法开始走向规范——由屋顶、墙身和基座三部分组成，基本呈现"三段式"的构造，每个部分又各自有其作用：屋顶在上，起覆盖作用的同时也对由柱子组成的屋体木构框架进行加固整合，是整个屋体结构中最复杂的所在；墙身居中，结构多采用柱网布局，决定着房屋的开间面积、门窗朝向，更重要的是柱网布局的情况既能显示房屋的规格，也直接影响到房屋的使用寿命，是最能体现建造质量的部位；基座在下，承载着整栋房屋的重量，其质量如何不仅关系到房屋建造的体量情况，还直接影响着建筑主体的稳定性。可见，随着建筑水平的提高，建造活动中每一个环节的技术含量都在增加，再依靠"百工"们单凭经验从事显然已经不合时宜，于是，从事建造活动的专门人才出现了。但是，在"做奇技奇器以疑众者杀"的年代（《礼记·王制篇》），这些专门人才的实际地位与"百工"并没有质的差别。中国历史上"四大发明"中活字印刷术发明人毕昇，造纸术发明人蔡伦生前都只是以技术立身，充其量也就是当时的"百工"。这种情况在建筑领域同样存在。秦以前，像修长城那样的建造工程只能是国家行为，载入史册的是秦始皇修长城，真正亲临第一线设计劳作的人是进不了史册的。但是，随着建造工艺的复杂，技术的决定作用日益突显，专门进行设计督造

---

[1] 闻人军. 考工记 [M]. 北京：中国国际广播出版社，2011。

的人员开始显露头角，出现了修造赵州桥的李春，修造大兴城的宇文恺等等。技术人员出现在史册中，既是这类人物社会地位提高的表现，也显示了建筑领域对技术的重视，当然，最重要的是，建造工程的技术化，必将极大地提高这些工程的质量水平。

　　唐代又出现了新情况，建筑领域除了"百工"以及专门的技术人员，还出现了像杜甫、王维、白居易那样的诗人身影。他们或建草堂，或修别墅，在建筑的周边环境、材料搭配、体量高低、外在装饰等等方面都会按照自己的审美理想进行选择，从而也为当地的建造活动增加了新的色彩。尤其是这些人物的诗歌成就在当时已经有了广泛的社会影响，上至天子，下至百姓，几乎家喻户晓。于是，他们参加建造活动所产生的影响就绝不限于房子本身，而有着更加广泛的人文内涵。今天，尽管已经见不到这些建筑的原貌，但是，从"湖上一回首，青山卷白云"的诗句中，我们仍然可以想见辋川别墅天高地阔的超然境况；"从安得广厦千万间，大庇天下寒士俱欢颜，风雨不动安如山"的感慨中，身处陋舍却心怀天下的强烈对比，使原本简陋的草堂也熠熠生辉，让我们在联想中充满了敬意。这些在今天看来都不同凡响的美学意象，是唐代社会诗性文化的一种表现，无疑会对当时的建筑领域注入新的基因，使原本纯体力或纯技术的营造活动获得了极大提升。

　　其次，技术与艺术的结合。从某种程度上说，技术与艺术从来都是一对孪生姊妹，而且存在着一定的正比例关系。这种情况在建筑上表现得尤其明显。与"土筑草覆"技术相匹配的只能是带有原始艺术的味道，而雕梁画栋的技术效果，显然是雕塑和绘画艺术进入建筑以后才可能出现。在中国建筑史上，唐代是一个十分重要的时期，以砖瓦为主体的垒砌技术，以斗栱为标志的木作技术，以柱础为代表的石刻技术，以壁画为滥觞的室内装饰技术等等都进入到了成熟阶段，并广泛地被运用在各种建筑活动中。新材料带来了新技术，新技术带来了新效果，应该说，中国建筑的许多传统造法与艺术品格都是在唐代成熟并定型下来的。因此，我们有理由相信，唐代建筑不管是技术上还是所达到的美学效果上，都达到了空前的水平，这样才可能与当时社会上蔚成风气的诗性文化氛围相一致。

　　需要说明的是，我们不同意将隋唐混而论之的做法。在我们看来，只存在了37年的隋朝不过是一个短暂的瞬间。跑马占荒式的营城建房，招摇过市般的四处巡游，穷奢极欲的生活方式，勾勒出这个王朝的基本形态——以最大限度地占有为特征的暴发户心理，急于求成，不计后果，既没有塑造出标志性的文化符号，也没有积累出可持续的发展后劲，最终在奢靡中百病缠身，走向灭亡。隋唐并论，很容易把隋朝带有野蛮性的做法和效果强加到了唐人身上，以至于一叶障目，看不到唐代独有的文化品质，更无法领会唐代建筑的风格所在。我们认为，真正能代表唐建筑水平，承载唐代文化气象的是贞观至开元年间的营造。这一百多年是唐代社会的全盛时期，安定的生活环境和充沛的物质条件为建筑领域的高水平发挥提供了条件，像大明宫、兴庆宫以及长安城内外的各种离宫别馆等高水平建筑也都出现在这一时段，足以反映有唐一代建筑方面的最高成就，而造成这种成就的一个重要标志就是技术与艺术的完美结合。以斗栱为例。这是一种用在柱子与屋顶之间的木构件，既是力量的象征，也是一种装饰，更重要的是使屋顶造型在延展中富于变化，增加了房屋顶部的韵律感。周代一些贵族的宫殿上已出现了斗栱，其作用主要是连接柱子与屋顶上的梁架。汉代的斗栱不仅是支撑，还起撑托屋檐的作用。

唐代是斗栱运用的新阶段，不仅构件更加丰富，日臻成熟，作用也从以往的支撑屋顶上的梁架，扩展到延续屋檐，增强了屋顶的艺术性。于是，斗栱的种类也大为丰富，有简单的一斗式，有常用于塔式建筑的把头绞项作（清代叫一斗三升），有用于大殿的双杪单栱，有辅助作用的人字形栱，又具有装饰性的双杪双下昂等等。唐代斗栱最明显的特点就是体积较大，造型简洁，风格奔放又不失典雅，再加上唐式建筑已经开始注重对建材比例的权衡，更使斗栱在结构的变化中蕴涵了一种韵味。值得一提的是，在山西佛光寺大殿平梁之上，没有发现宋《营造法式》中的侏儒柱，而是以"两叉手"相抵，状如人字形斗栱，说明唐代建筑的结构设计已经开始运用三角形稳定性，增加了建筑物的技术含量。

现存的山西五台山南禅寺大殿、佛光寺大殿，山西芮城县城北广仁王庙、山西平顺县天台庵，以及日本平城京奈良法隆寺东大殿等唐代木建筑，都很好地体现了技术与艺术结合。与元以后日渐华丽的建筑风格相比，处于技术与艺术日臻成熟阶段的唐代建筑，造型简洁明快，屋顶舒展平远，更加注重气势上的营造。斗栱技术的成熟与运用，对唐代建筑起到了"点睛之笔"的作用。可以肯定地说，当年大明宫内含元、宣政和紫宸三大殿，由前、中、后三殿相连覆压万余平方米的麟德殿，遍布长安城中的标志性建筑上，肯定使用过大量斗栱，使这些建筑在技术和美学效果上都达到了空前的水平，也让诗人们面对长安城中的建筑，发出了"不睹豪居壮，安知天子威"的感慨。

再次，继承与创新结合。继承是延续文明的前提，创新是发展文明的动力。唐代之所以在华夏文明中占有重要位置，正是因为这是一个充满创造激情并取得了许多奇迹的时代。具体到建筑，唐人之所以在这个领域能够独树一帜，彪炳千古，与对前朝经验的继承有关，但更在于继承基础上的推陈出新，将当时的建筑推向了一个新的高度。比如说讲究"大"就是一种继承。查看历史我们会发现，每一个朝代都会将"大"作为文化基本点来对待：立国方面讲究大，出现了大汉，大宋等等称谓，甚至连短命的秦朝也自命为大秦帝国；在审美方面，很早就出现了"以大为美"的总结，在水塘边啼鸣的"关关雎鸠"只能是作为陪衬出现，具有人生榜样意义的美是能够扶摇直上九万里的"大鹏"；在建筑领域，不管是建造城池还是村落，"象天法地"历来是选址的基本准则，同样体现出古人心目中宜居环境与"大"的关系……唐代确实继承了这一传统，也在立国、审美和建造方面出现了一系列以"大"相称的现象。但是，我们决不能将"大"作为唐代在立国、审美和建造方面的本质，作为唐代社会的基本文化精神来对待。因为，这种大而化之的认识，只涉及了唐代社会的一般属性，并没有涉及唐人对"大"的实际理解和实践情况，因而也不可能揭示唐代社会的根本。从实际情况看，每一个朝代所面临的历史阶段不同，对"大"的实际理解和实践也会有很大不同：秦统治者对"大"的理解集中在疆域上，通过"扫六合"的行为获得了大一统的版图；汉统治者对"大"的理解集中在精神上，通过"罢黜百家"达到了思想上的集中统一；隋统治者对"大"的理解集中在形式上，好大喜功的奢靡之风最终以短命而警示天下……如果我们今天不分青红皂白地认定唐代在立国、审美和建造方面追求的就是"大"，等于笼而统之地将唐朝与秦汉魏晋甚至是隋朝混淆在了一起，也等于说，唐人是在重蹈前人覆辙中混了近三百年！这样的结论，既抹杀了唐人的智慧，也曲解了唐代的历史，是不能容忍的常识性错误！在我们看来，唐人的可爱在于独有的诗性气质上，因为只有这样的气质才最适合创造。

以建筑为例，唐人确实从前人那里继承了许多选址、造型、材料和工艺方面的经验，但是更重要的是对这些经验进行了因地制宜，增加了新的成分：首先，在屋顶造型上，传统建筑屋顶在造型上注重等级，唐代建筑的屋顶更注重多样。在古人的心目中，屋顶犹如人身上的头，其重要性怎么强调也不会过分。于是，通过头上的装饰情况可以反映一个人的性别年龄、身份地位，屋顶的情况如何也有这种效果。如庑殿顶、歇山顶基本上是皇家贵族宫殿堂屋的专属，卷棚顶、悬山顶则被百姓家常用。唐代大体延续着这种情况，但是又以多样为主。山西五台山的佛光寺大殿为四阿顶（清式：庑殿顶），敦煌唐窟多为盝顶，内部做成四方形藻井样式；从壁画、石刻、文字等资料来看，唐代还有单檐或重檐的九脊顶（清式：歇山顶）、不厦两头（清式：悬山顶），带有清真寺风格的穹隆顶等。据梁思成先生考察，唐代的四角、八角形亭或塔顶，均用攒尖屋顶，各垂脊会于尖部，其上立刹或宝珠。[1] 这些，显然是受到了西域建筑的影响。其次，传统建筑在用料上注重实用，唐代建筑更注重美观。一直以来，屋顶的作用主要集中在防雨保温和加固房屋结构两个方面。到了唐代，一些特殊建筑除了防雨保温和加固房屋，屋顶的唯美倾向十分明显，用料也十分大胆。据《旧唐书》记载："五台山有夺金阁寺，铸铜为瓦，图金余上，照耀山谷。"这在当时应该说是顶级待遇了，反映了社会对宗教的重视。更多的屋顶用的是灰瓦、黑瓦和琉璃瓦三种。灰瓦较为疏松，用于一般建筑；黑瓦质地紧密，经过打磨，表面光滑，多使用于官邸和普通寺庙。皇家用瓦最讲究，唐大明宫遗址出土的琉璃瓦以绿色居多，蓝色次之，并发现了三彩瓦、绿琉璃砖等残片。此外，唐代还出现了以木为胎，外涂油漆的"漆瓦"和镂铜的"铜瓦"。[2] 再次，传统建筑墙体与地面比较单调，唐代建筑则尽其所能地加以美化。土木结构在中国有着悠久的历史。这种房屋的整体重量主要集中在梁架上，墙体只起着隔断的作用。于是，梁架是房屋的主体，不管是选择材质还是雕梁画栋，人们对木质构件的重视要远远大于墙体。唐代百业俱兴，陶瓷业、纺织业等都有很大的发展，为建筑的内外装饰提供了新材料。除了传统的灰砖，墙体上还有大量的花砖，在唐大明宫遗址就发现绿色琉璃砖残片。"殿堂的室内地面，均铺砖或铺石。铺地砖有一种边长 0.5m 的方形砖，表面呈磨光青蓝色，做工精细，为大明宫遗址发掘所罕见。"[3] 另外，为了美观，唐代建筑的墙体上还出现了大幅壁画，隔断中运用宽幅的帷幔，栏杆柱础上雕刻纹样等等，丰富生动的装饰使建筑的内部和外在都发生了质变，呈现出高贵的美学效果。

唐人王昌龄在归纳诗歌之美时提出了"物境"、"情境"、"意境"三种情况，他认为：一般的诗在于山水物象，以描写生动赢人；好的诗"深得其情"，以动人心情见长；优秀的诗则"张之于意，思之于心，则得其真矣"，给人以身心的双重震撼，水平由低到高。我们完全可以以此来评价唐代建筑的整体情况。普通建筑注重的是外形和功能，意在遮风挡雨；有档次的建筑除在外形和功能上完备外，还要讲究装饰，让人过目难忘；优秀

[1]　梁思成 . 梁思成谈建筑 [M]. 当代世界出版社，2006。

[2]　刘敦桢 . 中国古代建筑史 [M]. 第 2 版 . 北京：中国建筑工业出版社，1984。

[3]　杨玉贵，张元中 . 大明宫 [M]. 西安：陕西人民出版社，2002。

的建筑包含着更多的创造成分，因而给人的就不单是遮风挡雨的安全感和视觉上的冲击力，还在于设计的新颖、材质的品性、制作的讲究，使人在过目难忘中流连忘返，产生情满于怀，意溢于心的感觉。但不管怎么说，这些建筑都不可能是照猫画虎，粗制滥造的结果，而是匠人与文人、技术与艺术、传统与当下的结合体。显然，在认定唐代建筑水平的时候，我们应当着眼于那些由内到外都经过精工细作的精品，而不是那些普通的一般制作。这样得出的结论才可能与唐代社会物质与精神所达到的实际水平相一致，与诗性文化的时代属性相匹配。

通过对唐代社会的鸟瞰和细品，我们不难得出这样的结论：诗是唐代社会中存在的一种重要的精神营养，不但练就了唐人以少胜多，以物抒情的本领，还养育了唐人高屋建瓴、超越凡俗的思想境界；三彩是唐代社会塑造的一种精灵，尺余之间，不但记录着华夏民族审美取向的转型，还以充沛的想象力凝聚了唐人丰富多彩的创造智慧和能力；建筑是唐代文化精神的集大成者，唐代文化中所独有的恢弘气势、斑斓色彩、淳朴底色、情景交融的艺术氛围和中和协调的包容精神，都在建筑上有着精彩的表现，从而使得唐代的建筑不管是在技术水平还是艺术水平上，都在华夏历史上达到了空前绝后的境界，被世人所瞩目。这些，既是唐代诗性文化精神的具体反映，也是对诗性文化精神的强化，使唐代社会成为中国历史上最光辉灿烂的一段时光。

放眼世界，在建筑领域能够与唐长安城媲美的只有罗马城。历史上，罗马建筑以其高超的建造水平以及鲜明的美学效果走向了世界，成为了西方建筑文化的焦点；代表着中国传统建筑最高水平的唐代建筑也走向了世界，成为世界各地唐人街上的标志。应该说，罗马人是骄傲的，因为他们在西方文化尤其是在建筑文化方面占据着源头活水的地位；西安人也应当是骄傲的，因为这块土地也对悠久的华夏文化尤其是建筑文化作出过巨大贡献。面对祖先的遗存，罗马人显得小心翼翼、毕恭毕敬，哪怕是面对废墟也不敢有丝毫的造次，让祖先留下的一切在完好无损中成为了世界文化遗产；西安人显得雄心勃勃、摩拳擦掌，大有"待从头，收拾旧山河，朝天阙"的气势，哪怕像大雁塔那样的千年古刹也不在话下，要让这座有着千年高龄的古城旧貌换新颜，为当地招商引资作贡献。在刀下见菜与国际化视野十分纠结的今天，我们不妨真的超越一把，以罗马、奈良为参照系，来检验一下西安已经落成的五大遗址工程中的文化质量情况，看看这样做的结果与世界历史文化名城保护惯常做法之间的距离是拉大了，还是缩小了？

中国历史上不乏繁荣昌盛的时期，从周代的"百家争鸣"，到清代的"康乾盛世"，三千年的历史长河跌宕起伏、丰碑无数。唐代作为长河中最波澜壮阔的一个阶段，当然会容纳更丰富的历史信息，让不同身份的人们作出不同的猜想和选择。比较政治家感兴趣于治理谋略，商家感兴趣于经济活动，文人感兴趣于诗文书画，我们更喜欢从文化的角度来认定。在我们看来，唐代的繁荣当然少不了政治上的手段、经济上的富足和军事上的征战，但是更少不了以"以文教化"为目的的精神储备。比较起来，物质繁荣只是给诗性文化的形成提供着基础，而精神上的活跃才是催生诗性文化的直接动力。以这样的眼光来关照唐人留下的遗址，我们就不会只满足于面积的大小、金银的多少和曾经发生过的奇闻轶事，而会更专注于其中承载着的历史信息，比如大雁塔里的佛教灵光，芙蓉园中的道教气场，曲江两岸的文雅身影，西市上的市井文化，大明宫廷的儒家正统。

21世纪伊始，西安展开了声势浩大的"皇城复兴计划"，先后上马了五个唐遗址工程。这些由现代设计师和现代技术所打造出来的景观，考验着设计和施工的技术水平，更考验着所有直接或间接参与这些工程人员的历史水平。十年过去了，当对名人的迷信和对金钱的崇拜逐渐被时间平息下来，尤其是在知道了杭州西湖文化景观被评为"世界文化遗产"的时候，人们开始领悟到遗址工程保护原来有着更高的标准。于是，再次审视眼前那些已经旧貌换新颜的唐遗址，一些人开始有所比较，有所发现，自然也有了新的领悟。

城市品评

——以西安为例看异化的城市记忆

第四章　千年佛境难寻觅
——雁塔广场工程

慈恩寺曾经是长安城中最重要的佛教圣地，在国内占有核心的地位，在国际上也声名远扬。这么高的评价不是廉价的奉迎，而是历史确实给予的厚爱：这里曾经有过唐高宗赐名的荣耀，也受到过则天皇帝的恩宠，得到了一般佛门想都不敢想的政治待遇；这里曾是玄奘和尚藏经译经，开立新宗派的地方，在佛界的影响绝不亚于一次凤凰涅槃；这里曾是唐王朝佛事活动的中心，不管是开示佛骨那样的重大事件，还是接待外国佛界人士……然而，在网络上搜索中国佛教圣地，跃然纸上的是山西省五台县、浙江省丹山市、四川省峨眉山市和安徽省青阳县。我们不想细究这里的历史原委，更无心涉及佛门的教派差异，而是想立足当下，从文化的角度对这种情况作另一番解读。

第一节　历史回眸

佛教自东汉明帝永平十年（67 年）传入中国，并在当时的京城洛阳建造了白马寺，但是佛教真正得到全面复兴是在唐代。当时长安城的繁荣不止体现在川流不息的行人商客、鳞次栉比的里坊街市、富丽堂皇的宫殿宅院，更体现在这座城市丰富多样的宗教信仰上。唐统治者以空前博大与宽容的胸怀接纳着不同教派，于是，佛教、祆教、景教、摩尼教……各种异域宗教在这座城市里宣讲教义，发展信徒。与此同时，众多造型各异的宗教建筑也开始出现在长安城中。值得一提的是，有别于同时期欧洲大陆上出现的异教徒之间的讨伐争斗，长安城中各教派之间却能和平相处，很快与当地文化交融在一起，被民众所接受，散发出越来越多的中国文化气息，形成了以儒、释、道三家为主，各个宗教和平共处、共同发展的局面。当时的长安城寺庙林立，并相继出现了三论宗、唯识宗、华严宗、律宗、净土宗、禅宗、密宗等不同分支，声名远播到日本、朝鲜、斯里兰卡、印度尼西亚等国。慈恩寺不仅是佛教圣地，唐中宗年间（705 ~ 707 年），"进士登科皆赐游江（指曲江）上，题名雁塔下"的活动，使慈恩寺又成了进士及第后昭示天下的题名场所。佛教圣地的神秘与金榜题名的荣耀相结合，极大地增加了这里的文化气息，显然成为了长安城中的一处文化圣殿，是唐代长安城中最有魅力的地方之一。

一、唐代的慈恩寺

慈恩寺坐落在长安城东南方的晋昌坊。寺院最初建于隋代，名为无漏寺，唐朝建国初年曾经废弃。贞观二十二年（648 年），身为太子的唐高宗李治为了追念母亲文德皇后的养育之恩，对这座寺院进行了大规模的扩建，并赐名为"慈恩寺"。据中科院考古所勘测，晋昌坊是长安城最南边的一个里坊，东西长 1022m，南北宽 520m，面积应是 531440m² （折合 797.2 亩）。扩建后的慈恩寺占据一半的地方，其面积应是 398.5 亩。寺院临曲江，倚杏园，与终南山遥遥相望。为了增加风水色彩，僧人们还引来了黄渠水从寺门前缓缓而过，使环境更加清幽，是一处"水竹森邃，为京都之最"的好地方。慈恩寺内规划严整，重楼复殿，苍松翠柏，曲径通幽，一派雄浑气象。据《大慈恩寺三藏法师传》记载，寺内共有院落 13 座，建筑 1897 间。唐代著名画家阎立本、尉迟乙僧、吴道子、王维、郑虔、毕宏等都在这里留下过壁画真迹，内容以佛祖、菩萨、神鬼、行僧为主。[1] 这里是当时长安城中规模最大，同时也是最负盛名的一座皇家寺院。为了扩充僧众，唐太宗时期曾下令剃度 300 余位僧人入寺，并礼请 50 位高僧主持管理寺中日常事物，宣讲教义。当时著名的玄奘法师也受到邀请，由弘福寺移居到慈恩寺主持经书翻译工作，并出任主持。使这座寺院在佛界名声大振，成为了无数僧众心目中的圣地，与玄奘法师有直接关系。

佛教传入中国后，许多典籍在流传中出现了遗失和疏漏。在唐代，佛教近乎国教，备受重视，佛经中的遗漏缺失显然成为僧侣们的遗憾，也为研究带来了重重困难。于是，玄奘和尚挺身而出，决心排除万难，取得真经，并独自前往万里之外的佛教起源地——天竺。在遍访当地名寺，拜访高僧大德之后，玄奘终于得到了珍贵的佛教原典，又历经千难万险回到了长安城。这就是著名的玄奘西行取经的故事。回到长安城后，全力译经的同时他还口述并主持编写了著名的《大唐西域记》，书中记载了他在西行年间的亲身经历和见闻，成为中国历史上一部由僧人写就的历险奇书。

唐高宗永徽三年（652 年），玄奘法师打算在大慈恩寺中造一座石塔，一是用来供放从西域请回来的经书和佛像，以避免年久散失和火患；二是借此来显示国威，接受四方的顶礼膜拜；三是将石塔作为释迦牟尼的佛迹垂世，供世人瞻仰。据史书记载，高宗闻讯后立即答复玄奘法师并提出三条意见：其一、用石造塔，工程大，取石难，见效慢，因此改用砖造为宜；二、建塔所需一切开支皆以大内、东宫等后宫的亡人衣物折钱支付；三、建塔地点改在大慈恩寺西院。不管是有意为之还是歪打正着，高宗的意见既是对玄奘建塔工作的支持，也实际上是一次东土文化与西域文化的合璧——西域多为石塔，唐塔则多为砖木所造；西域寺院的建造经费多出自信众集资，官方的介入在中国才显得高贵；将塔建在慈恩寺院内的西部也很有意义，因为玄奘的真经就是从西边取回来的。这样看来，玄奘建塔的过程，实际上就是一次西域建筑中国化的过程，反映了统治者对外来文化的态度。自此，大慈恩寺正式形成了前寺后塔的格局。

建成后的大雁塔为长安城又增加了一处新的制高点，与城北的另一处制高点——大明宫内的含元殿，呈南北呼应之势。塔没有完全按照佛教旧制建造，样式是效仿天竺国的窣堵坡（英文 stupa）。"砖表土心"建筑材料无疑是本土的。这种做法起码有两个好处：一是不改变塔的外来文化属性，二是就地取材的建造手法容易使其打上当地文化的烙印。据《大慈恩寺三藏法师传》（卷七）记载："永徽三年春三月，法师欲于寺端门之阳造石浮图，

[1]　道宣，范祥雍．大慈恩寺三藏法师传释迦方志 [M]．北京：中华书局，2008。

安置西域所将经像。……其塔基面各一百四十尺。仿西域制度，不循此旧式也。塔有五级，并相轮露盘。凡高一百八十尺。层层中心皆有舍利。"[1] 由此可知，大雁塔塔身呈方锥形，平面宽各 140 尺。塔顶设有古印度佛教样式的相轮露盘，最初为 5 层，包括相轮露盘在内，总高度为 180 尺。每层中心都供有玄奘法师从天竺带回来的佛宝舍利子。最上层设有石室，用来收藏经书和佛像。塔的每层四面都设有石门，门楣上有线条流畅的阴线雕刻佛像。特别是大雁塔西门楣的《佛祖说法殿堂图》尤其精妙，是研究唐代建筑、绘画、雕刻艺术的重要资料。塔南门两侧的砖龛中，镶嵌有时任尚书右仆射的唐代著名书法家褚遂良书写的两面石碑。左侧为《大唐三藏圣教序》，是太宗李世民为玄奘所译佛经作的序言；另一个是《大唐三藏圣教序记》，为唐高宗李治在东宫时所作的记文，均为唐代碑刻中的精品。石碑还刻有佛祖、菩萨、四天王像，碑底刻有天人乐舞图。碑的左右刻有唐代蔓草花纹，雕刻笔法极为精细。另外，这两面石碑两侧的行文，可能是为了对称而合为一体，采用了东侧碑文从右向左读，而西侧的碑文自左向右读，这种格式在唐碑中不多见，可以说是别具一格。

后来武则天称帝，崇信佛教，于武周长安年间（701 ~ 704 年）施钱重修慈恩寺塔，又增加了新的建造理念。寺院是出家人的场所，历来以单数为尊，传统佛塔的层级也为单数。中国传统文化中视九为最大，因而塔是不能建到这个层数的。可当时的武则天却取用阴数，并且将塔加至为 10 层，其中的寓意实在耐人寻味。于是，大雁塔一度成为中国历史上唯一的一座非单级数的佛塔。唐代诗人章八元《题慈恩寺塔》中描述道："十层突兀在虚空，四十门开面面风。"后来，长安城遭遇战乱，佛塔被损坏，仅剩下 7 层。直到明代万历三十二年（1604 年）对大雁塔才再次加以修葺，恢复了 7 层的原貌，并将唐塔的外面又包了一层砖，一直存留至今。现存的大雁塔由底座、塔身和塔顶三部分组成，地平至塔顶总高 64.1m，底层边长 25m，塔身呈方形锥体，坐落在 42.5m×48.5m×4.2m 的方形砖台上，青砖砌成的塔身结构严整。各层的柱材、斗栱、栏额均为青砖加木结构，磨砖对缝砌成，大小由下而上按比例递减，塔内有螺旋木梯可盘登而上。每层的四面各有一个拱券门洞，可以凭栏远眺。塔顶已不见当年的相轮露盘，仅为一木质宝瓶。整个建筑气魄宏大，格调庄严古朴，造型简洁稳重，比例协调适度。

据称大雁塔在初建时以寺命名，为慈恩寺塔，后改称大雁塔。其名称由来主要有两种说法：据明代学者赵延端记载，古人视雁为吉祥之物，建造塔时下面曾埋过一只大雁，因而得名"雁塔"；[2] 另一说法是说"雁塔"之名是由"菩萨随机诱导"的佛教故事中得来的。据《大唐西域记》卷九《摩揭陀国下》云："有比丘经行，忽见群雁飞翔，戏言曰：'今日众僧中食不充，摩诃萨埵宜知是时。'言声未绝，一雁退飞，当其僧前，投身自殒。比丘见已，具白众僧。闻者悲感，咸相谓曰：'如来设法，导诱随机。我等守愚，遵行渐教……'于是建窣堵坡，式昭遗烈。"[3] 至于何时称雁塔，目前历史资料上没有明确的记述。而称其为"大"雁塔，则是为了与后来的荐福寺"小"雁塔相区别。

[1] 道宣，范祥雍.大慈恩寺三藏法师传释迦方志 [M].北京：中华书局 2008。

[2] 赵延端.陕西通志（九十九卷）[M].西安：三秦出版社，2008。

[3] 玄奘著.季羡林点校.大唐西域记 [M].长春：时代文艺出版社，2008。

二、佛教圣地

寺院的名气大小主要取决于僧众作出的贡献，慈恩寺的名声远播与玄奘法师有直接关系。玄奘法师回到长安城后，将慈恩寺作为主要译经场所，在此翻译佛经、弘扬佛法长达 11 年之久，并在这里开创了唯识宗。唯识宗又称法相宗，因源于慈恩寺，亦称慈恩宗，是中国佛教的宗派之一。唯识宗主张世界上各种事物和现象都是由人们心中的意识即"识"所演变、衍生出来的。不论是芸芸众生间的"法"，还是人类世界的"自我"，世间万事万物都不能离开"识"而独立存在。此心之外无独立的客观存在，一切唯识，万法唯识。

"四圣谛"是佛法的中心教义，即佛教中最基本的四个真理，分别为苦、集、灭、道。"苦"指的是人世间的疾苦，主要有八种，分别是：生苦、老苦、病苦、死苦、别离之苦（相爱的人不得不分离）、求而不得之苦（欲望得不到满足）、怨恨之苦（与不投机的人在一起相处）、五取蕴苦（追求虚幻不存在的目标）。在原始佛教看来，人生本身就是一个苦海，"集谛"就是向人们解释招致人生苦难的原因。佛教认为使人们陷入痛苦的最根本原因，在于贪、嗔、痴三个人性弱点：贪，即为贪婪，人们对声色名利的过分喜好和强烈的占有欲；嗔，原意是指生气时怒目圆睁的样子，佛法认为人们固执的时候就会听不进任何意见，从而引起愤怒；痴，即为痴迷，是指过分沉溺于某事，或因为对某物过分迷恋而丧失心智，迷失了自我。这三大弱点会让人做出以身试法、口出狂言、心乱意迷之事，生成三界轮回之苦。"苦海无边，回头是岸"，这里的"岸"是指佛教所说的"涅槃"，也就是释迦牟尼所说人生"苦集灭道"中的第三谛"灭"。"涅槃"是佛教教义中倡导的理想境界，达到涅槃境界就会和尘世间的一切痛苦、羁绊相脱离，即为"入灭"。想要脱离苦海，就必须掌握一定的途径和方法，这就是"道谛"。"道"的具体方法和措施有很多种，最基本的修行即为戒、定、慧"三学"，后来进一步发展为自成体系的修行准则。佛法认为，人人皆可成佛，只要依照佛法修行，就能够净化身心，洗脱罪孽，进入一种"常乐我净"的至高境界。

佛教自传入中国之后，很快就和本土文化相互融合，得到了新的发展。到了隋唐时期，佛教已经不单纯地是一种宗教信仰了，而更多的是在向人们传递人生的智慧和态度。佛教以置身事外的特殊视角、环环相扣的逻辑和简短却又意味深长的语言，来诠释万事万物之间的各种复杂关系。受儒家"入世"思想和道家"出世"思想的双重影响，原始佛教的"遁世"思想也出现了微妙的变化。一方面佛教告诫人们世间万物皆是空虚幻象：空即是色，色即是空，希望世人早日看破红尘；另一方面，佛教又告诉人们世间存在着六道轮回，因果报应，劝导人们应该弃恶扬善。因此，经过中国文化熏染后的佛教，除去了原始佛教萎靡消极的成分，变得更加适应中国的文化环境，因而也更容易被国人所接受。

具体来说，当人们遇到挫折，处于低谷时期，佛教的智慧可以帮人们排解苦闷，走出困顿，使人们心胸豁然开朗，在逆境中重新树立起生活的信心；当人们春风得意的时候，佛教又会从另一种视角来进行诠释，帮助人们抚平内心的浮躁，让人们在顺境中保持心智的冷静，不要迷失自我，始终保持一颗平常心，达到"宠辱不惊，看庭前花开花落；去留无意，望天上云卷云舒"的人生境界。这样一来，寺庙自然也就成了修身养性、超脱欲望、开释烦恼的地方，成为一个人人都愿意去的地方。同时，佛教还倡导众生平等，无贵贱等级，所以寺庙也是"普度众生"的场所，成为一个人人都找到自我价值，获得安慰的地方。可能正是凭借这样的社会功能，佛教才在中国社会深入人心，历久不衰。据史书记载，唐时的大慈恩寺，香火旺盛，上至王公贵族，下至平民百姓，平日里都喜欢到这里聆听佛音，接受精神洗礼，每逢节日庆典，这里更是人来人往。

不过，面对宝殿、佛像、钟鼓、木鱼、经声以及满园松柏间萦绕的香火，人们还要心存敬畏与虔诚——势必这里不是凡俗之地，些许的放肆都可能惊动佛祖，亵渎神灵，有可能遭到莫名的报应。这就是宗教场所与一般场所的最大不同，也是慈恩寺的最大魅力之所在。当时长安城里像这样具有神圣意味的文化场所，北有大明宫，南有慈恩寺。

三、雁塔题名

另一件使慈恩寺名声远播的事情是雁塔题名。在唐代，慈恩寺的神圣除了来源于宗教，还来源于雁塔题名。如果说宗教带给人们的是慰藉，雁塔题名则给人们带来的是希望。唐代推行科举制，统治者通过科举制来为国家选拔人才，文人士子只要通过考试就可以进身仕途，实现自己的人生价值。因此每年的科举考试都被视为一件关乎个人前途、家族荣誉、国家前景的重大事件，令不少人心驰神往。尤其到了放榜的日子，金榜题名者欣喜若狂，举家欢庆，同时也为长安城带来了喜庆的氛围。

通常新科进士们会举行各种各样的庆祝活动，而庆典的最高潮当属在大慈恩寺内举行的"雁塔题名"活动。相传在唐中宗神龙年间，一名新科进士高兴之余突然心血来潮，把自己的名字刻在大雁塔下，这一举动很快就被人们争相效仿。后来中宗皇帝下令对此进行规范，并逐渐形成了一套固定的庆典流程：放榜之后，新科进士们被组织共赴曲江游览，然后在杏园举行"探花宴"，宴后再被人们簇拥到慈恩寺，进行"雁塔题名"仪式。这期间要推举善书者将他们的姓名、籍贯和及第时间用墨笔题在墙壁上。这些人中若有谁日后能官至卿相，还要将姓名改为红色。至此盛事，不少才子抚今追昔，感慨万千，即兴赋诗以记之。进士徐夤在《曲江宴日呈诸同年》中就留下了这样的诗句：

> 鹡鸰惊与凤凰同，
> 忽向中兴遇至公。
> 金榜连名升碧落，
> 紫花封敕出琼宫。
> 天知惜日迟迟暮，
> 春为催花旋旋红。
> 好是慈恩题了望，
> 白云飞尽塔连空。

在道出内心喜悦的同时，也记录了雁塔题名的盛况。年年如此，题名已经不只是塔壁上，连寺院的墙壁上也留下了痕迹，形成了"塔院小屋四壁，皆是卿相题名"的情景。这些春风得意的才子们肯定难料日后的仕途坎坷、宦海沉浮，但是，雁塔题名却肯定是终生难忘的美好回忆。

唐代为什么会将大雁塔作为进士题名的地方，多年来学术界对此一直众说纷纭，逐渐形成了以下几种意见：

其一，寓意说。雁塔巍峨耸立，是长安城的地标式建筑。慈恩寺位于长安城的里坊之间，在唐代，平民的建筑多为单层，体量普遍低矮。与之比较，雁塔的高度优势极为明显，大有鹤立鸡群之势。在教育相对落后的年代，能够通过寒窗苦读出人头地者微乎其微，在寻常百姓中无异于也是一种鹤立鸡群。雁塔题名使人因塔而高，塔因人而名，两者之间相互呼应，形成了新的寓意。

其二，环境说。慈恩寺一带原是秦汉时期皇家园林宜春苑的旧址，山水秀美，植被茂密，深受人们的喜爱。隋唐时期，这里与曲江流域为邻，与杏园一线之隔，自然景观与人文景观俱佳，一直是长安民众的游览场所，也吸引着各方文人墨客们来此悠游与唱和。他们在这里或借景抒情，或托物咏志，或寄语述怀，形成了独特的文化气场。在这样的气场中留名作诗，与环境相合，与人心相映，无疑增添了无穷的魅力。

其三，圣地说。雁塔是用来储藏经书佛像的地方，自然会有几分神圣。佛法体现出的睿智和理性，也与知识分子的文化气质相符合，形成某种默契。再有，进士们就是即将上任的官员，自然时刻要将百姓疾苦放在心间，也和佛法中的普度众生之间存在着一定关系。对百姓来说，佛教在精神上高高在上，但生活中却无处不在，具有一定的亲和力。进士们在佛教圣地题名，既是对佛教精神的承接，也是对百姓的一种态度，人文气息与人情味道得到了双重体现。

我们并不想参与这方面的讨论，而对这些观点中所体现出来的睿智颇有敬佩。不管是寓意说还是环境说、圣地说，都发现了人与塔之间存在着某种内在联系，并将塔或作为了人生榜样，或作为了人文环境，或作为了一方圣地，这些拟人的解释将雁塔活化了，将佛教活化了，既体现出对佛教教义的深刻领会，也迎合了人们友爱向善的本性，无疑会对当时的社会心理和社会风气产生重要影响。

经过这样的回望不难看出，历史上的慈恩寺是一个佛文化十分浓郁的地方。值得注意的是，唐人也对慈恩寺进行了扩建和改造，但不管是雁塔的落成还是后来的雁塔题名，都是沿着佛文化的基本精神展开的，以对佛文化的尊重为前提，从而也显示出设计这些项目的人们从善如流的朴素用心。这样看来，长安时期的大雁塔和慈恩寺不仅仅只是一个普通的宗教场所，还是一个以净化心灵、催人励志的场所。唐王朝到底不同于隋王朝，即使是在国泰民安的盛世，也不忘给子民们营造一处精神家园，让人们在享乐中有所追求，在清淡中不忘励志。不过，这样的效果是在不事张扬中完成的，既符合佛教空静为怀的宗旨，也符合国人内敛含蓄的性格特征。

第二节　边走边看

从唐贞观二十二年（648年）建成至今，慈恩寺已经走过了一千四百余年的历史。这期间的天灾人祸屡次给慈恩寺带来毁灭性的灾难，也有五代后唐时期的局部修葺，明朝天顺年间的整体修建，尤其是清朝的康熙、道光和光绪年间的三次大修，使这里始终努力保持着唐代的遗貌。21世纪伊始，在"皇城复兴计划"的推动下，由国内外著名的建筑设计机构对慈恩寺周边进行了大规模的规划重建，由国内外引入的资金从几个亿，到几十个亿，数额越来越大，先后形成了北广场、南广场、东苑、西苑、不夜城等一系列"遗址工程"。人们注意到，这些广场、公园和商业街的总占地面积达几千亩，与占地只有50余亩的慈恩寺形成巨大反差；这些广场、公园和商业街上无处不在的商业气氛，与佛教圣地的名分形成鲜明对比；这些广场、公园和商业街带来的市场连锁效应促使周边土地与房价的双重上涨，使这里越来越像开发商的乐园。社会各界对此早有褒贬，而且特别渴望听听建筑界的态度。然而这种良好的愿望本身也有强人所难之嫌，原因在于，这里的建筑和规划在技术上并没有出大问题，而是文化定位上出了问题。让从事技术的人回答文化问题，显然有跨专业的难度。我们下面所谈也只是在边走边看中的一些发现，但愿能为习惯了从物理和空间上审视慈恩寺周边环境的人们提供一个新思路。

第一站　雁塔北广场

可以肯定地说，雁塔周边新建的广场，不少就是在当年慈恩寺近400亩的占地范围之内。北广场建成于2003年12月31日。这里距慈恩寺只一墙之隔，最显眼的景观是大雁塔（图4-1），不管是从距离上，还是从主体景观上，都应该是一处地道的佛教文化广场。但实际情况又怎样呢？

新建的广场总占地252亩，东西宽480m，南北长350m，由水景喷泉、雕塑小品、园林景观和仿古建筑组成。广场的东西两侧是两层的仿古建筑，形成两道屏障，与最北面的雁塔形成两翼。广场从南至北有一个9m的天然落差，利用地势，在地面铺设时分出了9个巨大的台阶，每阶逐层升高5步，由北向南成逐步拾级而上的形式。据说这样的设计

图4-1　大雁塔北广场

是为了体现"九五之尊"的寓意，以对大雁塔形成膜拜之势。

广场是开放性的公共空间，因此没有设置围墙和门，而是采用人造景观来进行标示。在古代，在开放性的空间上设置标志常用的方法是设立牌坊，作为人们进村、进镇的入口景观。有些地方的寺庙或村落也有以牌坊作为山门的，或者直接用来标明地名。大雁塔北广场就采取了这种办法，一共设有四座牌坊，东西各一座，北边并列两座。这些牌坊的造型统一，都是传统的四柱三间样式，表面是石材贴面，上面分别刻有仿颜真卿、王羲之、王献之的笔体书写的匾额和对联。牌坊又名牌楼，是古代门洞式纪念性建筑物，成书于先秦的《诗经》中已有牌坊的记载，汉代用于祭祀，唐宋时期更趋成熟，被广泛用于旌表功德、标榜荣耀和标示地址。不仅置于郊外，还普遍用于宫殿、庙宇、陵墓、祠堂、衙署和园林前，以及主要街道的起点、交叉口、桥梁等处。不过，传统的牌坊大多一地一设，排列的顺序也多为纵向一字排开，以增加气势。牌坊的景观性很强，能起到点题、框景、借景等效果，比如古徽州府歙县郑村镇棠樾村东大道

上的牌坊依路而建，纵向排开，形成气势，很有震撼力。作为标志，古代牌坊的高度往往要高于周边的建筑物，即使是处在陵墓等有高度的建筑物旁的牌坊，一般也会采取拉大空间距离的做法，以起到凸显昭示的作用。大雁塔北广场的牌坊却没有一座是高过周边建筑的（图4-2）。可能是为了与广场整体形式上的对称，竟将两座牌坊设计成并列一排的样式，也算是对传统牌坊设置上的一种"以旧换新"。

图4-2　牌坊与建筑

　　广场北面的两座牌坊之间是一组红色砂岩材质的文化柱和两个方锥形佛塔，两座佛塔的中间是一部长约5m、宽4m多，呈翻开状的铜铸巨书。这部铜书雕塑是广场中轴线的起点，直对着大雁塔。这一造型很有创意，一来对广场的文化氛围起烘托作用，二来将车来车往的现代景观和仿古景观区分开来，是现代进入古代的转折点。广场东西两侧仿古建筑的体量都很大，外表红柱、白墙，一柱到顶，上面做成悬山或攒尖两种顶，出檐深远，全部青瓦。尽管全部是准备用来招商的，但外表上还尽量做得古色古香。总体看去，广场入口处的景观构成了高低起伏的轮廓线条，连同东西两侧的仿古建筑，形成了内部古典、外部现代的区域划分。

　　不过，雁塔北广场的中央喷泉却做得十分现代。南北长350m，东西宽110m的面积上有8个大型音乐喷水池，由南向北呈阶梯式下降，形成水面。每个水池既可以按照一定的音乐节奏自行喷水，也可以协同动作，合并成巨大的叠水景观。先进的音响系统和灯光照明，在这里形成了有声有色、光电一体的现代景观，给人以强烈的视觉冲击力。广场的最南端就是慈恩寺塔院的北山墙。原来这里是寺院的北门，与南门形成通透之势，以体现传统建筑文化中"气通则活"的讲究。现在这里是一幅近3m高，长百余米的巨型浮雕墙，将原来的寺门彻底封堵了起来（图4-3）。浮雕上有帝王出游，有宫女嬉戏，有胡商西至……设计者仿佛并不知道帝王到佛门圣地叫礼佛，不能叫"出游"，也不知道那些平日里随便惯了的宫女们，也是不敢在这样的地方随意嬉戏的，更不知道将慈恩寺的北门堵上，犯了风水上的"气阻则死"的大忌讳。

图4-3　封堵寺门的浮雕墙

如果说我们搞设计的人，为了视觉效果而无力顾及文化来解释这道浮雕墙的出现，那么，紧邻的观景平台下的又一道足有110m长，名为《丝绸之路》的浮雕墙，则大有穿靴戴帽的嫌疑（图4-4）。十几米的距离，上下叠加了两道巨幅浮雕，不管出于什么样的考虑，好像都不太符合中国传统艺术设计的惯常性原理，而有点儿随意而为的张扬味道。

图4-4 又一组浮雕墙

这样大尺度的开放水景空间，对内陆城市的人们来说无疑具有极强的吸引力。设计者好像也考虑到了这一点，为了尽可能地调动人们的亲水性，平常，池中的水深度只有22cm，水池底部的石材还经过防滑处理，意味着人们到这里来嬉戏也无妨。设计者好像并没有考虑到水池中景观灯的带电因素，更没有想到成群结队的人们在水池中追逐打闹，给广场将带来怎样的效果。没几年时间，水池的周边便架设了护栏，可是，早已习以为常的人们对此并不买账。时至今日，池中有水便有人，夏天会时常出现池中的人比池外的人还要多的局面。我们不想将造成这种局面的原因推卸给市民，而更关注当年设计人员的实际水平。因为，从专业的角度说，任何一个设计都不可能仅仅是个形式问题，还会影响到人们的行为养成。于是，高水平的设计往往能举一反三，将产品的功能与人们的生活习惯和行为养成结合起来，成为通常所说的人性化设计。而急于求成的设计往往单刀直入于功能或形式，顾头顾不了尾。

其实，喷水池在北广场依然是个辅景区，应该是雁塔整个景区的一个部分。我们所以这样说，一是出于对古迹遗址的尊重，二是出于这里"塔势如涌出，孤高耸天空"（岑参《与高适薛据登慈恩寺浮图》）的实际情况。两者都考验着设计师的文化水准。从现在的情况看，围观在喷泉跟前的人们，首先看到的是水柱，是色彩变化的水景，很少会注意到塔的存在。尤其是喷水表演时形成的水景效果，大大地压倒了佛塔。原因很简单，眼前的喷泉水柱时而连成水幕，时而跳跃起伏，时而冲天而起，最高可达 15m，虽然绝对高度低于大雁塔，但是，喷泉就在眼前。按照基本的视觉规律，近处的喷泉水柱显然要比远处的大雁塔更有吸引力。这种在写作上叫偏离主题，在设计上叫喧宾夺主的情况，不知是设计者的笔误，还是另有他想的有意而为？

除了看，还有听。喷水池两侧架设的箱式高音喇叭犹如两座窄身的集装箱，摞在那里有一丈多高（图 4-5）。20 世纪中期这种现象在中国大地上极为普遍，后来随着城市化水平的提高，除了少数农村地区还有在村子里架设高音喇叭，大城市里是严禁在人口密集的地方这样做的。不过，北广场上成集装箱模样的音柱比农村架在电线杆上的高音喇叭要好看得多，震撼几平方公里的音量也比村口电线杆上的喇叭有着更出色的覆盖力。平日里每天中午和晚上放音两次，双休日和节日里从中午 12 点到下午 9 点每两个小时放音一次，每次 20min。高音喇叭所播放的曲目也很有国际色彩，从严肃的交响曲《命运》，到激越的《西班牙斗牛士》、《卡门组曲》；从随性的民间小调《喜洋洋》，到哀怨低回的《梁祝》、《阿哥阿妹情意长》……跌宕起伏的旋律很能影响人们的情绪，但是可以肯定地说，此时此刻谁也不会想到身边还有个历史上的佛教圣地。每当音乐响起的时候水池周边也最热闹，孩子们在水柱之间嬉闹穿梭，围站水池台阶上的大人们冲着孩子们在大喊大叫。其实，此时此刻在震耳欲聋的音乐中，无法倾听，更无法思索，人们不过是用大叫在发泄亢奋的情绪，就犹如进入到迪斯科舞厅人人都会不由自主一样……

图 4-5　箱式高音喇叭

地上是看得见的，地下还有看不见的。这样一个大型的人工喷泉，必须有相配的蓄水池。据百度百科网 2010 年 12 月资料显示，在广场表面 20cm 厚的水泥板下，就是喷泉的蓄水池，上面的水池有多大，蓄水池就有多大，水深 1.5m，总面积相当于两个足球场，池子用钢筋混凝土浇筑而成，具有很好的防渗透性。总蓄水量达 2 万 m³。按每天每人需要摄入 1.5～2L 的水，西安市总人口为 800 万，这个"水库"的容量至少可以供西安人喝一天还要多。操控这个庞大喷泉表演的动力是电，每次为 20 多分钟，总耗电量高达1000 多度。而这样的表演，每天都会准时进行。大致算来，不算景观照明，仅喷泉表演一项，每周的耗电量就达到 2 万度还要多。这样的数字，无疑是令人触目惊心的。古城西安是一个严重缺水的城市，纵然这些都是景观用水，不能供人饮用，可这些喷泉表演每一次的正常耗水量，如果都用来进行西安市的道路绿化、街道清扫、空气净化，又会让多少人受益。更重要的是，佛门圣地也会因此而安静，使整个景观多少带有些宗教意义。再说电能，近年来几乎每到夏天用电高峰时期，很多城市都不得不进行拉闸限电，就连人们的正常生活用电都无法得到保证。据测算，水景表演和景观照明的日耗电量，足以维持一所普通中学的学生们一周上课、自习的用电量！我们并不想通过算经济账来否定这个工程，而是对这个工程设计者的时代意识表示怀疑。2010 年 12 月 7～18 日，在哥本哈根召开的联合国气候变化大会将"减少全球的碳排放量"作为会议的首要议题。雁塔是古都西安的地标性建筑，雁塔广场也被一些人视为 21 世纪西安的"国际会客厅"，而这样高耗能、高碳排放的"会客厅"将会带给国际游客什么样的心理感受？我们不禁在心里捏了一把冷汗。

当然，那座屹立在北广场尽头的雁塔也会偶尔进入人们的眼帘。岁月的侵蚀尤其是人为的破坏，雁塔看上去已经非常脆弱。尽管历经修葺，但是犹如一位百岁老人，即使有着非常好的外部条件，肌体内在情况的全面衰退无论如何也是不能抗拒的。早在 1719年人们就发现塔身有所倾斜，清朝政府也采取了修缮措施。但是，内忧外患加之当时的技术局限，人们甚至连造成倾斜的原因都没找到。直到 20 世纪末，人们才终于发现了导致古塔倾斜的缘由所在：一、基础处理得不好，导致周边的防水、排水不畅，是古塔倾斜的先天原因；二、过量开采地下水导致地面下沉，是古塔倾斜的后天原因。明清时期的修缮主要集中在古塔的外在加固上，地面上的处理也仅仅是更换石板。当时慈恩寺周边散布的是村落，所消耗的地下水足以通过自然降水来补充。20 世纪中期以来，城市的扩张使地下水开采量激增，加上大面积的建房屋、铺道路对地面的硬覆盖，阻断了天然降水对地下水的补充，更加剧了雁塔周边地面的下沉。据资料显示，1985 年，大雁塔已经倾斜了 998mm，至 1996 年，古塔向西北方向倾斜达 1010.5mm，平均每年倾斜1mm。后经有关部门采取多种措施，雁塔的倾斜状况才有所缓解。2005 年的实测显示，塔的倾斜量为 1001.9mm。毫不夸张地说，雁塔就是中国的"比萨斜塔"。随着"遗址开发工程"的全面展开，雁塔周边的地面或盖上了房子，或成了硬质路面，雨水回流问题早已无人问津。出现在雁塔身边的巨型蓄水池和大面积的硬质覆盖，产生的影响是双重的，一是阻断了雨水回流，二是改变了古塔周边原有的地面平衡。这些分析确实细微到挑剔的程度了，与如火如荼的遗址工程所追求的速度格格不入。所以，当年的规划和设计人员肯定也顾不得考虑这些因素。

为了增加北广场的文化氛围，雕塑小品和地面浮雕也值得一看。在喷水池的两侧分布着一块块绿地，南北九行，东西各两列，形成 36 个单元空间。每个空间的长宽都是27m，遍植草坪。其中的 8 个单元中矗立着唐代的人像雕塑，分别是"诗仙"李白、"诗圣"

杜甫、"茶圣"陆羽、"诗佛"王维、"唐宋八大家之首"韩愈、"书法家"怀素、"天文学家"僧一行和"药王"孙思邈。精英创造文明的主题得到充分体现。此外，另有一组单元的景观是由锻铜、不锈钢、花岗石做成的现代主义的抽象水景雕塑（图4-6），意向性的造型没有具体所指，风格与传统文化毫无关联。在同样的空间里布置截然不同的两种效果的雕塑景观，不知设计师的用心何在。其余的24个单位空间全部采用石材硬覆盖，间或留出的地坑里种有银杏树，树下是来自泰国的西柚实木座凳四面围合，形成上有树荫、下有座凳的休息空间。银杏树被誉为树木中的"活化石"，是一种珍贵的品种；泰国西柚木也因具备耐晒、不开裂的特征而价格不菲。这些造价高昂的物品，除了满足人们的休息需求，实际为广场加上了"奢华"的外衣。

图 4-6　抽象水景雕塑

　　更"奢华"的还不在这里，而是由4组16块书法组成的地景浮雕。这些浮雕上临摹的是唐代书法家欧阳询、颜真卿、柳公权、虞世南、褚遂良、怀素、张旭的书帖。在文化圈里，这些人物犹如西方的达·芬奇、拉斐尔和米开朗琪罗，如雷贯耳，其作品也都价值连城，是受到顶礼膜拜的人物。而眼下雕刻于红砂石上的名家之作，仅仅是作为一种地面上的装饰来对待，与鹅卵石一样任人践踏（图4-7）。看来，当年的设计者是将这些作品与地面上的涂鸦相提并论了，更不知道中国古代有"敬惜字纸"的习俗。"敬惜字纸"说的是古人对汉字的敬畏：写了字的纸只能烧掉，不能乱扔，否则就是对写字者的亵渎，表现了礼仪之邦对文化的敬畏。"江南出才子"，今天一些江南古镇上还能看到"化纸炉"的身影，就是专门用来焚烧字纸的。非专业的人士可能对这样的传统不甚了了，一些文化学者对这样有失斯文的事情已经有所不满，并发出了亡羊补牢之见：中国书法一直都是作为艺术品被珍藏着，像这样将古代优秀的书法作品作为地面装饰让人踩踏，确实不符合中国人千百年来形成的文化心理，同时也是一件很不雅观的事情。[1]

[1]　王学理. 文化遗产上的"没文化"之举——仅通过西安大雁塔北广场"书法地景"这一窗口看城市造景之谬误 [J]. 现代城市研究 , 2005(10)。

图4-7　任人踩踏的名人手迹

　　总而言之，我们在北广场确实没有看见多少与佛教文化相配的景观。据说这里的设计是想充分突出气势恢弘。的确，除了广场中央主景水道的超大尺度之外，设计者还利用宽达162m的台阶（九级平台上的台阶）将主景水道与两侧的小广场连为一体，形成贯穿东西之势。据设计人员解释，这一设计灵感源自于唐代长安城中的中央大道。[1] 历史上确有那条大道，名叫朱雀，宽160m，是长安城中的主干线，可以直通皇城。可是，设计师忽略了一点，朱雀大道是长安城的中轴线，超宽的尺度是为了凸显长安城北端的太极宫，以凸显皇家之气；而历史上的慈恩寺建在长安城的里坊之内，周边是平民百姓居住的地方。在等级严明的古代社会，在里坊内采用中央大道的尺度，即使真的有那样的空间，设计者恐怕也没有犯上的胆量。再有，历史上的"九五"之尊历来为皇家所独享，慈恩寺尽管享有皇家厚爱，到底还是个佛门之地，是讲经念佛的地方，可能有不食人间烟火的超脱，但是，无论如何还不会糊涂到不知尊卑的程度！

第二站　雁塔南广场

　　顾名思义，南广场位于雁塔的南端，也是慈恩寺的正门所在。按照中国传统建筑思想，北为阴，南为阳，所以南边多为建筑的正向，往往也是重点景观及其装饰的所在。当年太极宫前宽达160m的朱雀大道，紫禁城前宽敞气派的正阳门及其主干线，都是建在主体建筑的南面。而太极宫和紫禁城的北面则显得要简单得多，一个背靠北城墙，一个背靠景山。按照这样的传统建筑精神，南广场显然是慈恩寺景区的主题所在，应该比北广场有更多的看点。

---

[1]　徐华，（日）山根格.历史文脉和现代城市广场的结合——西安大雁塔北广场概念方案设计[J].建筑学报，2005(7)。

　　眼前的雁塔南广场是 2001 年初建成开放的，是人们进入慈恩寺的必经之处。据史籍记载，唐代的慈恩寺周边绿树成荫，有烟水明媚的曲江流水，有景色旖旎的杏园叠翠，有清澈的黄渠从寺门前潺潺流过，在正门前形成了"挟带林泉，各尽形胜"的优美景色，与寺内的缭绕香烟、琅琅经声交相呼应，一派佛教圣地的气氛。据记载，当年的太宗皇帝李世民为玄奘和尚举行隆重的入寺升座仪式，太子李治在百官的陪同下到大慈恩寺礼佛，都是从正门进入寺中的。尽管这些辉煌已经被历史所尘封，但是，皇室起居行动的众多讲究，车骑仪仗的煌煌阵势，对普通人来说都不是什么深奥之事，对从事古建筑规划设计的人士来说更应当是常识性的东西。依照现代设计手段和技术，将这种场面以空间的形式再现出来不应该算是难事，只要尊重历史，一般不会出现什么大的差错。然而，比起宽大气派的北广场，南广场占地只有 32.6 亩，无法再现历史上绿树成荫、流水潺潺的境况，寺门前依次是一条宽 40m 左右的路面，东西并排、宽约 15 米的水池与拱桥，最南面是一个千余平方米的场地。由于逐级抬高，路面、拱桥和场地各自独立，既形不成开阔的气势，也给车和人的分流造成不便。看来，当年在规划这块空间时是受到一定限制的，设计中也没有将这里作为主景区来定位，于是便形成了慈恩寺正门景观反而不如后门的反常局面。不知是因为当时经济上的拮据所致，还是因为设计人员文化准备上的不足。

　　雁塔南广场顺承了北广场的景观规划秩序，仍然采用中轴对称式布局。广场中央是方形的石材铺地，两侧分别搭配一个自由式的园林。在寺门前道路和硬质铺地广场的交界处设计了水池和过桥，以模仿唐代黄渠水绕寺门经过的情景。只是新修的水池小且浅，而且是死水，根本不足以再现当年的景致。在十余米宽的水池上架上小桥，与其说是供游人体验"人从桥上过，鱼在水中游"的自在，不如说是个不成比例的摆设。花岗石铺地广场的面积有千余平方米，两侧园林的占地面积与其相仿。为了追求视觉效果，设计

人员将中央的硬质铺地广场提升了高度，使其高于寺门前的道路。这样一来，慈恩寺门前的道路就成了游人及车辆的共用之地，每遇节假日，人在车中走，车在人中行，拥挤与危险同在（图 4-8）。秩序混乱自不必说，当年的设计水平情况也可见一斑。

　　花岗石铺地广场的中心处是一尊玄奘法师的全身塑像，连同底座高约 7m 左右，与慈恩寺中的大雁塔形成呼应。应该说这里才是与佛教圣地最相匹配的一处

图 4-8　慈恩寺门前道路

景观，也是最能昭示佛教精神的处所。雕像的体态端庄，面部表情平和，左手五指并拢，悬在胸前，右手握着九环禅杖，加之目视前方，身体略向前倾，增添了几分动感，很容易使人想起当年西天取经的壮举。然而，眼前的玄奘法师已经不是西去，而是正欲举步

南行，目光所向也不再是"真经"，而是一个叫"大唐不夜城"的地方——那里灯红酒绿，美女如云，设置有太多挡不住的诱惑（图4-9）。显然，设计师在这里开了一个天大的玩笑，安排这处景观时不仅改写了历史，而且改变了那位得道高僧的性质，以空间的形式向世人暗示：玄奘苦行取经不过是一个天方夜谭式的缥缈故事，实际上，这位老和尚不过长了一副端庄的皮相，最终也抵挡不住金钱的诱惑，还是投奔了人欲横流的"不夜城"！

图 4-9 走向"大唐不夜城"的玄奘法师塑像

其实，但凡成为"形象工程"的工程都不会缺钱。南广场当然也在其列。大面积采用花岗石铺装地面，就很能证明当时的财力。其实，在当地居住的人都知道，西安属于典型的北方城市，冬冷夏热，四季分明。石材的蓄热系数很低，作为露天装饰存在许多隐患。南广场属于露天性质，几乎没有任何遮挡设施。为了不遮挡视野这里种植的植物也主要以草坪、灌木以及体量较小的果木为主，无法起到遮阳挡雨的作用（图4-10）。这样一来，夏日正午，

图 4-10 南广场上的花岗石地面

头上的烈日与地面的反光相呼应，形成热对流；到了傍晚，晒了一天的石材开始散热，整个广场又变成了一个大蒸笼。冬天的情况也好不了哪去，寒冷的天气与冰冷的石材配

合，使这里成为一个四面开阔的天然"冰窖"。最糟糕的是花岗石几乎没有防滑性，雨雪天气这里自然又成了光滑如镜的地方。为了与地面保持一致，环绕广场的座凳也采用了花岗石，同样冬冷夏热，同样华而不实。这些还是从实用角度看问题，要是从文化角度看，追求质朴、反对奢华历来是佛门的价值取向，如果当年项目上马的时候听听慈恩寺众僧的意见，可能就不会留下如此明显的"只用贵的，不用对的"的暴发户烙印。

第三站　不夜城

可以肯定地说，酝酿并最终推出"不夜城"这个名字的人具有一些西方文化背景。因为，历史上的中国，"日出而作，日暮而息"是基本的生活准则，不要说社会上的"仕"阶层要依照这样的节奏安排作息，地位更低的"工商"人士也只能依照这一节奏安排经营起居。在这样的文化背景上，"夜不归宿"、"昼伏夜出"等词语往往带有一定的贬义。深究起来，西方世界真正意义上的"不夜城"是随着美国的拉斯维加斯、南非的太阳城、澳门的博彩业而出现的。这些地方一年四季都是 24 小时开门营业，是地地道道的"不夜城"，与其他行业的按部就班形成反差。也就是说，即使是在西方文化中，"不夜城"的名字也不可能随便什么地方都可以用。

被称为"不夜城"的地方就规划在玄奘和尚的眼皮底下：北起雁塔南广场，南至唐城墙遗址公园，东起慈恩东路，西至慈恩西路。南北长 1500m，东西宽 480m，总占地面积 967 亩，总建筑面积 65 万 m²。位于街中心位置的是横贯南北的中央雕塑群，其上分布着帝王将相、历史人物、英雄故事等九组群雕。其中贞观纪念碑是不夜城的地标性雕塑，由李世民骑马铜像及周围的附属雕塑组成：中间，李世民端跨高头大马之上，手抖缰绳催马前行，意气风发，四周的号手、旗手共 24 人以及文臣武将们紧密相随。碑体正面雕刻"贞观之治"四字，背面是贞观时期众多政要的名字。有人将这处景观称为由李世民、李隆基、武则天等一代帝王组成的"群英谱"，将英雄创造历史的史学观作了形象的展现。几个帝王是否能创造出有唐一代近三百年丰富多彩的文化是个颇为深刻的问题，不在本文的讨论之列。我们更关心的是，即使这些帝王们在唐代的政治、军事、经济、外交、艺术等等国家大事上功勋卓著，在包括像盖房种地、货运经商、丝织印染、游戏杂耍、烹炸炖煮等等方面都事必躬亲，他们也应该是一副日理万机的样子，办公场所也应该在大明宫那样的地方，不太应该被安排在佛门之外的空地上，跨马游街、雨淋日晒。当然，为帝王树碑立传是中国历史上御用文人们的最爱，也是邀功买好的最好方式。不过，历史上为了对得起花了银子的衙门，尤其是不至于给后人留下耻笑，御用文人们还是有所顾忌的，在动笔之前一般都会翻看一下历史。

其实，南广场前被称为"贞观文化"、"开元庆典"的两个广场不过是由一个个雕塑群排列起来的景观巨阵，由北往南一字排开，挤在这里的街道中心，在占地近千亩的面积上不过只是窄窄的一条。两侧街道上的音乐厅、美术馆、大剧院、电影城等一座座高大雄伟的宫殿式建筑才是这里的主角。宫殿是中国古代最高规格的建筑，从秦时的阿房宫、汉代的未央宫、唐时的大明宫、明清时紫禁城中的三大殿，都是当时建筑规格最高的地方。搞古建筑的人都知道，古时对宫殿式建筑有严格的规定，一般为歇山顶或庑殿顶，如果是皇上登基大典、正式办公的场所还要造成重檐顶，以显气势。为了显示高度，宫殿一般都要建在石阶上，使人们在沿阶而上的过程中体验皇权在上的威严。为了显示正统，宫殿一般都会坐北朝南，大门要开在正南方向，其他任何方向属于歪门"斜"道，是对皇上的大不敬。总之，宫殿已经成为中国古代正统文化的象征。"不夜城"里的临街建筑确实是按照宫殿规格设计的：双层歇山顶，下面有高高的石台阶，正脸也正朝南而立。为了显示华丽，这里还有飞檐斗栱，甚至连屋脊两端的鸱尾都要做成金灿灿的。不过，站在这些宫殿面前的感觉，无论如何与站在紫禁城宫殿面前不一样。这里的宫殿座座相连，挤在一起，很像南京路上的店铺；这里的宫殿前人来人往，很像商业街上的门市；这里的宫殿竟然敢在山墙的部位上开门（图4-11）——山花上的垂鱼还隐约可见！

当然，最有创意的还不在宫殿本身，而是宫殿外的景象：那些高低错落的群雕中，有被群臣簇拥的皇帝，有身份极高的宫女，有爵位级别不凡的官吏，竟然全部成了宫殿外的人物，站在大街上任人观瞻。此情此景，不由得让人想起一些商业场所前经常出现的"门迎"（图4-12）。

图4-11　山墙上开门的宫殿

图4-12　雕像成了门迎

最吸引人气的地方在六个仿唐街区。这里不属于临街，也不用再有什么忌讳，清一色由水泥浇筑起来的仿古建筑全部为招商而建，算是唐文化的些许痕迹。其实，除了必胜客、味千、冰雪皇后等洋品牌，全国各地的各式营生都可以在这里求租经营，哪有什么唐不唐的标准。据说，这里要着力打造集购物、餐饮、娱乐、休闲、旅游、商务为一体的一站式消费天堂，以期形成日日歌舞、夜夜升平的景象。提出这种创意的人肯定是商人，而不太可能是文化人。因为在所有熙熙攘攘的地方开设商铺是商人们梦寐以求的，近年来就不乏对紫禁城、中山陵、杭州西湖动开店念头的人，不过，这些地方的决策者都显得保守封闭，把历史看得比金钱重，直到今天也没有允许商业进驻这些地方。西安显然冲在了前面，只要满足当下的需要，重造历史又有何妨！比如说，唐代的长安城就很保守，不仅城区规划死板，功能区分也死板，买卖东西主要集中到专门的集市才行，像大慈恩寺这样香火旺盛的地方竟然不开集设市，显然有碍民生。而且，唐代里坊间竟然还实行"宵禁"制度，晚上禁止人们出行活动，纵然是盛唐时期出现了"夜市"也有固定的地方，绝不敢在大慈恩寺周边干扰佛门弟子的清修。这么多的清规戒律，这么多的烦琐讲究，又怎能与日日歌舞、夜夜升平的"盛世"名号相配呢？

1797 年，作为征服者的拿破仑来到了威尼斯的圣马可广场。面对广场上瑰丽庄严的建筑，这位叱咤风云的人物竟然恭恭敬敬地弯下了腰。英国的狄更斯在描写罗马帝国时期留下的"大斗兽场"的时候，也将其赞叹为"最具震撼力的"地方。[1] 可能正是因为建筑具有凸显历史精神，体现营造智慧的作用，所以才获得"石头的史书"、"凝固的音乐"等等美誉，像威尼斯、罗马那样的城市也因为有了这样的建筑而提升了格调。

应当承认，"不夜城"的建筑确实也达到了令人"震撼"的地步。不过，这种"震撼"既不同于拿破仑的，也与狄更斯的截然有别，而是一种近乎诧异的感觉：

放眼长街两侧，首先是建筑材质混乱得让人诧异，明明写着"贞观"、"开元"的字样，附着在周边建筑上的少有石材、木材，更多的是水泥、合金、玻璃和LED屏幕。其次是建筑造型混乱得让人诧异。这里有古代宫殿常用的重檐庑殿顶、歇山顶，也有黎民百姓常用的硬山顶、悬山顶；有洋味十足的钢架玻璃拼接起来的"穹顶"，也不乏现实生活中常见的平顶（图 4-13）。而且是

图 4-13　拥挤在一起的屋顶

顶挨着顶，几乎是肩并肩地挤在一起，远远望去参差错落，杂乱无章。

再次是一些创意莫名其妙得令人诧异。在"不夜城"南端的开元庆典广场上，立着

[1]　陈志华 . 外国古建筑二十讲 [M]. 北京：生活·读书·新知三联书店，2004。

8 根直径 2m 的 LED 灯柱，柱础、柱身以及柱子上端硕大的斗栱，构成了传统柱式的基本造型，其用意可能是想展示一下传统建筑的承重技巧。斗栱是中国建筑的独有部件，历史上的大屋顶所以能够成形，关键就在于柱子以及柱子上面的斗栱。因而，在这个以古建筑为主的地方一展斗栱的风姿，等于在弘扬中华建筑文化，是个不错的创意。可是，这里的柱子却有身无头，硕大的斗栱如张开的五指，等待着屋顶的到来

图 4-14　充当灯柱的柱子和斗栱

（图 4-14）。这样的"等待"让不懂建筑的人看着无趣，让经常搞建筑的人浮想联翩，难免会产生这样的猜想：即使在开元盛世，在唐帝国辉煌的都城里，由于种种原因竟然都存在着"半拉子工程"。

"不夜城"处在与雁塔南广场最近的地方，也是继北广场后打造出来的又一个热闹的地方。但是细细地推敲起来，两个地方的规划设计还是各有特点的：北广场的"闹"，闹在声、光、电交相混杂的形式上；"不夜城"的"闹"，闹在文化的混乱上——这里有拔地而起的皇帝骑马雕像，但是比起更加高大耀眼的"新乐汇"广告牌，顿时会黯然失色；这里有创造了三百年辉煌的帝王将相、才子佳人和众多能工巧匠的身影，但是比起霓虹闪烁、灯红酒绿的一座座消费场所来，不过起着招牌和门迎的作用；这里集中着中国历史上所有堪称经典的建筑形式，但是经过胡乱的拼接和无厘头的创意，最终都实际地沦为了出租门面房！

尾　声

与重建的工程比较，慈恩寺的面积确实不大。与原来环境比较，大雁塔周边的变化却很大。但是，演化出来的东西到底不是古迹遗址，也很难给人以回归历史的感觉。行文中我们有意隐去了"大"二字，尽量直呼"唐"和"不夜城"。在我们看来，唐代的强盛绝不是一个"大"就能囊括的。大小不过是表面形式，是中国任何一个朝代都可以用的形容词。而真正使唐人扬眉吐气并流芳百世的是政治、经济、外交，尤其是艺术上的丰硕成就，以及将这些方面全部诗化处理的勇气与才情。而导致唐人达到如此水平的恰恰是对自身文化的高度自信。通过现代技术，工匠们完全可以用金钱转化出光明，让一个地方变得灯火辉煌，产生"不夜"的效果。但是，如果没有相应的人文积淀，这些用钱堆积起来的景观却很难准确反映唐人的文化精神。没有文化精神的遗址工程可以好看，可以很大，但是，也可能因为徒有其表而曲解了历史，亵渎了祖先，不但不能成为"凝固的音乐"，反而会成为"凝固的遗憾"。

第三节　"佛"文化的异化

德国的哲学家费尔巴哈认为"宗教根源于人跟动物的本质区别——意识"[1]也就是说，宗教是人类开始拥有意识活动的一种标志，也是和动物相区别的一道分水岭。我们并不想对这一观点展开论证，而是对哲人的高屋建瓴颇有兴趣。的确，人们只有在超越了生理本能，开始追求精神上的东西时，才可能关注生命的价值，寻找自身与动物的区别，进而按照理想的状态去塑造自己。佛教主张"跳出三界外，不在五行中"恰恰就是让人们在超脱中获得精神的自由和完满。当社会富裕到一定程度的时候，都会给人们提供这样的场所，中外古今，概莫能外。为了营造相应的环境，佛门圣地往往都选在青山绿水之间。被称为佛教第一圣地的五台山有方圆几百公里的五座山峰环抱，位于浙江舟山群岛上的"南海普陀"更以海天一色而著名，成都的普贤菩萨道场，也是选中了"天下秀"的峨眉山修殿造屋。即使是在都市，佛门往往也会远离闹市，独处为静，便于僧众们修身养性。

唐长安是富足的，慈恩寺就是给人们提供的一处这样的场所。不管是 400 亩大的宽敞面积，还是花木叠翠的内外环境，既是出家师徒的归宿，也是世俗百姓的圣殿。进入 21 世纪，这里发生了翻天覆地的变化。空间上的，我们在边走边看中已经有所领教。其实，如此大规模的扩建改建不仅改变了慈恩寺周边的环境，也势必会改变慈恩寺的原本性质和在人们心目中的地位，导致佛教文化精神在这一地区的整体变异。

一、从精神畅游到感官刺激

佛教的基本精神，可以归结为"如实"二字。在佛教看来，众生所以被生老病死、功名利禄所累，其根本原因在于不能看透社会本真，直面人生真谛，将身外之物作为了生命价值的衡量标准。所以，摆脱一切痛苦，获得常乐的根本是超越身外之物的诱惑，将生死置之度外，达到四大皆空的境界。对有限的生命而言，一切都是"空"的。当年的释迦牟尼就是达到了这种境界才"大彻大悟"，烦恼尽除，终成正果。与儒学比较，佛教关注的不是社会的功名利禄，而是自我精神的完善，进而达到人人友善的社会效果。在佛教看来，要达到这样的目的最好的方法是禅思内求，从宏观到微观，对身心世界作冷静的考察，在修行实践中度己度人。这样看来，学佛修行，其实也是一场生命的变革和升华——不是停留在吃喝玩乐的感官满足上，而是将为人向善、功德予人作为最大满足。

历史上的慈恩寺所以受到人们的顶礼膜拜，正是因为体现着这样的境界才成为人们扪心自省、修身向善的场所。首先是寺院的名字就让人感到温暖。"慈恩寺"，源自于儿子感念母亲"昊天罔极"的恩德，将感恩精神铭刻于庙宇，与佛教精神相融通，大有将母爱霍然于天下的用意。加之这个母亲不是一般的山野农妇，而是地位显赫的长孙皇后，使这种精神在民间具有了更加巨大的感召力。其次是高高耸立的雁塔也意义非常。塔因藏经而建，因译经而名，因造型坚固而流芳百世，以建筑的形式向世人宣告，在唐代，

---

[1]　费尔巴哈. 基督教的本质 [M]. 北京: 商务印书馆, 1984。

曾经有一个虔诚的僧人为了信仰而跋山涉水、不畏艰险，最终为佛教事业做出了彪炳千古的伟大善举。再次是应试中榜的文人士子们的题名留念，更将个人功名提高到了普度众生的境界，既是寒窗苦读学子们心中的美好希望，又是对即将走上仕途的得志男儿的一种鞭策。可以说，历史上的慈恩寺原本就是一个充分体现大慈大悲的地方：教子感恩，励民向善，将六道轮回、因果报应作为修身静心的动力，进而获得了上至王公贵族，下至平民百姓的共同敬仰。在这样的氛围中，慈恩寺实际上已经成为了一个精神符号，是人们找寻精神慰藉的地方——许愿，是为了给自己的精神寻找一个方向；还愿，是心愿实现后的一种感恩；虔诚的参拜是在广播善种，以期望得到善果，荫及他人；诵经礼佛是平静内心，抚平世俗生活中的浮躁和焦虑，实现心灵上的超脱与畅游，走向精神的完满。

　　遗憾的是，雁塔广场的设计者并没有将此作为精神财富来继承，而是根据时下的流行另起了炉灶式。来到雁塔广场，我们的第一感受就是"大"——大大的广场、大大的喷泉、大大的建筑、大大的装饰浮雕……这样的设计本无可厚非，佛教圣地也不乏因大而扬名的地方。比如，山西五台山的文殊菩萨道场，鼎盛时期寺院达300余座，规模之大可见一斑。目前大部分寺院都已经毁坏，但是旧址犹在，气势犹存。有"香火甲天下"美誉的安徽九华山地藏菩萨道场，80余座寺庙坐落在$120km^2$的层山叠翠之中，也显大气磅礴。这些地方的"大"，大得空灵，大得超脱，对寺庙起烘托作用，突出四大皆空的氛围，实际上起着帮助人们体验佛教教义，衬托佛祖清高的主题。而在慈恩寺周边的大广场、大喷泉、大浮雕和大市场中，不但看不到与佛教有关的内容，反之，震撼的音乐和熙攘的人群恰恰有悖于佛教的主题。尤其是在几千亩被现代化景观装点一新的广场包围下，巨大的反差中，仅有50余亩的慈恩寺，其处境之可怜，恐怕是每一个游人都能看得见的。

　　与其他佛教场所注重给人以精神影响不同，雁塔广场设计人员则更在乎给人们以感官上的刺激。除了一个个"大景观"很能刺激人的眼球，建筑上普遍使用白墙红柱的色彩对比，大屋顶上的黑瓦与地面青白色石材形成的巨大反差，大雁塔的静穆身姿与车水马龙的不夜城之间的各自为政……都可以在对比中刺激人们的感官。当然，仅有视觉上的刺激还远远不够，听觉上的刺激也很有震撼力，在这方面当首推高音喇叭播放的震耳之音。其实，完全市场化的做法与慈恩寺原有氛围之间所形成的巨大对立，才是最具有刺激性的，以至于千年古刹的所在地，竟然出现了不少近乎现代派艺术的效果。正如美学家所总结的："强烈的主体意识、历史意识消解了，历史神话破产了，主体地位失落了，中心化价值体系崩溃了。一代文化英雄灰飞烟灭，欲望的英雄却'你方唱罢我登场'，宁愿在集体狂欢中实现一种残忍的自虐。结果，美与艺术进入到一种严重的失语状态，成为与其意志断裂的无聊的游戏，颠覆了世界的因果顺序，颠覆了在场的真理性，颠覆了使真理和秩序合法化的那个绝对支点。"[1]

　　"慈恩寺的风水走了。"这是老百姓的语言。尽管没有学者说得那么深刻，但是也能多少反映出佛教圣地的今非昔比。也有人大而化之地将这里称为休闲娱乐的场所，供人优哉游哉。殊不知，佛教圣地给人的是精神上的提升，从感官而灵魂；娱乐场所给人的是心智的松弛，从感官而欲望。两者之间有着质的不同，就犹如去自由市场无论如何也

[1]　潘知常.反美学[M].上海：学林出版社，1995。

找不到去教堂的感觉一样。

二、从宁静到喧哗

　　"据说在佛教创立之初，佛陀率领出家僧侣，离开家庭的束缚，过着居无定所、露宿树下的生活。然而，印度的雨季长达三四个月，数量不断增多的僧众无法长期露宿树下，佛陀首先接受了毗邻婆罗王布施在郊外的竹林作为僧众休息的地方，叫做竹林游园。后来又接受了舍卫城外的祇园。园内树木森森，是建造居所的好地方，于是，众僧们开始大兴土木，陆续修建起一些房舍，为佛陀和自己找到了休息和弘法的场所，称为'伽蓝'，也就是后来的'寺院'、'精舍'等称呼的最早来源。这样看来，最早的寺院只是一棵能够遮风挡雨的树，是佛陀的专用；后来发展成了竹园，是僧众们休息与修行的场所；最后才出现了寺院，是佛门信徒的家园。"[1] 从这样的渊源不难看出，与佛教所追求的"六根清净"的理想境界相一致，清静是佛教选址修庙的重要标准，印度的佛陀是这样，中国的长老们也是这样，于是才出现了五台山、南普陀那样能体现四大皆空精神的佛教圣地（图 4-15）。可以肯定地说，像慈恩寺这样既有皇家背景，又有高僧大德的地方，当年也是严格按照这个标准来选址建造的。

图 4-15　佛教圣地九华山天台寺

　　我们不妨回顾一下古人为慈恩寺选址时所花费的良苦用心。唐代的长安城大体保持了前朝的布局，经纬严整，功能明晰。北部为皇室所在，宫殿俨然，官员云集，戒备森严，显然没有建寺庙的气场。中部有东市和西市，也是长安城中人口密度最大、最繁华的地方，小型的寺庙在这里多有分布。长安城西部为商业区，居民多为城市的中下等平民及一部分来自西域的胡人，人来人往，货运繁忙，也不是建造大型寺庙的合适场所。长安城东部主要居住的是一些达官显贵，知书达理，文化素养较高，李隆基的行宫就建在这里，肯定也会有不少小型寺庙，像八仙庵、罔极寺至今香火不断。长安城的南部是历史上留下来的皇家御苑区，自然景色最为优美，绿树成荫，鸟语花香，流水潺潺，人文环境与自然环境俱佳，因而是建造大型寺庙的好地方。由此可见，唐人为慈恩寺选址的时候起码有三个遵循：首先是本着佛教清净为本的原则，讲究周边环境与佛教宗旨的相一

[1]　祁嘉华.醉眼看建筑 [M].上海：同济大学出版社，2010。

致；其次是注重突出修行功能，为长安城营造一处精神家园；再次是继承历史，慈恩寺的前身是隋人留下来的。在此基础上营造出来的慈恩寺，远离功名利禄，远离都市喧哗，有六根清净的僻静，有历史文脉的衔接，寺庙内外自然也形成了一种神圣的氛围，使身临其境的人在清静中进入精神的世界，祈福预知，辨别善恶，在因果轮回中去求索人生的终极问题。

这样的氛围在当时是极为可贵的。作为唐代的都城，不仅拥有百万的人口，还有高低贵贱的巨大反差，功名利禄的多种诱惑，给人们心中造成的冲击和压力也是不言而喻的。穷则思变的躁动，利益得失的算计，荣辱贵贱的争夺，是生活的魅力所在，也是生活的痛苦之源，即使"机关算尽"也难解分晓，搅扰得人心疲惫。大慈恩寺就为大众提供了一处修养身心的清静之地。钟声、树声、经声、水声、鸟声……构成了慈恩寺中的主旋律，慰藉心灵，升腾魂魄，让人忘掉世间的烦扰。当时的慈恩寺肯定是长安城中最著名的香火佛国。不要说平民百姓向往这里，就连唐朝的最高统治者在城北修建大明宫的时候，也要将含元殿的地基抬高，形成城中的第二个制高点，试图要在殿堂之上也能够看见巍巍而立的大雁塔。这样的城市布局是隋大兴城所没有的，出现在唐长安城很耐人寻味。古人云："儒教治国，道教治身，佛教治心。"唐代的统治者深知这一古训，更深知繁荣富足之后国民精神营造的重要。这样看来，皇城中的殿堂与寺庙中的宝塔遥遥相对而建绝不是偶然的巧合，而是唐王朝"儒教治国"和"佛教治心"大政方针在城市建设中的形象体现。

对个体而言，宁静是修身养性，培育高贵气质的必要条件，心浮气躁不仅不能成事，也与温文尔雅相悖，从来都是轻浮浅薄的代名词。这样看来，唐代之所以没有像隋那样在富足后迅速沦落，反而在文化上出现洋洋大观，孕育出"诗仙"、"茶圣"、"药王"等等出类拔萃的杰出人才，与心境坦然的社会风气营造有很大关系。据不完全统计，长安城中当时有195座寺院，慈恩寺仅仅是其中的代表之一。今天，众多寺庙已经淹没在历史的长河中，侥幸存留下来的慈恩寺成为我们管窥唐代佛教建筑、习俗和影响等文化现象的唯一样板，是我们揣摩佛教对唐代社会的精神形成，进而影响审美心理的珍贵教材。也就是说，慈恩寺的建筑是珍贵的历史文物，慈恩寺所独有的脱俗气质和氛围同样也是一种文物。当年人们之所以对这里趋之若鹜，将其视为圣地，不仅仅是因为那里有房子和僧人，更在于那里独具的文化氛围。搞建筑或景观设计的人都明白一个道理，在设计实践中，营造一个喧闹的环境很容易，营造一个能让人感到身心平静的空间则很难。

对纯粹搞空间设计的人来说，更加看重寺院对唐长安城环境绿化所起到的作用，因为一座寺院就是一座园林，寺院多了等于绿色就多了；对搞建筑文化的人来说，更加在意寺院对唐长安城文化氛围的影响，因为一座寺院就是一处静谧的所在，寺院多了等于安静也就多了。这样看来，唐时的长安城不仅是绿色的，还是安静的。前者的美给人以视觉上的影响，后者的美则直接作用于人的心灵。当然，作为都城，长安城的建设还具有榜样的作用，全国的城市都会加以效法，构成有唐一代的城市风格和品位。可能正是因为有了这样的环境，唐人的生活中才多了几分从容，多了几分淡定，也多了几分做诗的心境。

其实，古遗址犹如一位年事已高的老人，比较婴幼儿的喜怒无常、大喊大叫无疑是安静的。于是想方设法地让古遗址及其所在的地区安静下来，是文明水平达到一定程度国家的共同追求。像罗马、奈良这样的世界历史文化名城是安静的，像卢佛尔宫、科隆大教堂、东宫、紫禁城这样的世界文化遗产所处的地区也是安静的，应该说，给历史性地区营造一个安静的周边环境在业内早已形成了共识。早在 20 世纪初期，国外对遗址保护的认定就已经从局部扩大到了周边。1931 年国际建筑师协会就制定了《关于历史性纪念物修复的雅典宪章》，其中明确规定："应注意对历史古迹周边地区的保护。"此外，还特别加以注明："一些特殊的建筑群和风景如画的眺望景观也需要加以保护。"[1] 这样看来，古遗址及其周边环境是喧闹还是安静，足以显示一个地区对遗址保护问题的认识水平，显示这个地区的文明程度。也就是说，同样古老的西安，同样古老的慈恩寺，同样有资格获得与罗马和科隆大教堂一样的待遇！

三、从非功利到营利

在现代社会环境中，历史遗址几乎已经完全丧失了使用功能，其价值主要是精神上的。于是，同样具有真善美，现代产品主要体现在符合科学规律、功能良好和外观漂亮上，历史遗址主要体现在历史信息的完好程度，以及具有的教育意义和对心灵的影响上。前者主要以物质的形式来体现，后者主要以精神的形式来完成。在通常情况下，现代的东西因为能够给人们带来具体的利益而必不可少，古代的东西则因为承载着祖先的信息而显得神圣。两者各有其存在的领域，各有其价值取向，彼此之间完全可以井水不犯河水。为了保持这种状态，世界各国都颁布了对现代产品和对古遗址的不同法律条款，严禁两者之间的相互影响。当然，这还是从理论上看问题，实际生活中很难如此泾渭分明地将两者区分开来。比如说，搞现代产品设计的也会从古遗址所透露的传统智慧中汲取营养，搞古遗址保护的也需要借助现代技术才能更好地工作。这里就存在一个尺度的问题，避免犯"真理逾越一步也可能成为谬误"的错位。

现在的问题是，围绕在大雁塔周边的广场工程就没有把握好这个尺度，以至于从根本上改变了佛教圣地的性质。50 亩的慈恩寺与几千亩的人造景观之间的巨大反差自不必说，强大的现代化气息更将这里的历史信息、教育意义和对心灵的影响情况进行了肢解和变异：先看外观，霓虹闪烁下的商业场所显然要比陈旧的历史遗址光彩照人，慈恩寺在赢人眼球方面肯定不占优势；再看氛围，具有震撼力的音乐，来来往往的叫卖，特殊车辆的刺耳鸣叫……早已压过了僧侣们诵经之声，哪里还有佛教圣地的影子（图 4-16）。如今的西安人，当然更包括外地人，说起大雁塔首先想到的是音乐喷泉，是全身西式打扮的美女护卫队，是肯德基和三皇三家这样的西餐厅，有谁还会把这里视为历史遗址，还会把这里和佛门圣地联系起来！那么，耗费巨资修建这些广场的目的到底何在呢？

首先，最常听到的答案是环境得到了改善，为市民修建了一处休闲娱乐的场所。这是宣传性的语言，无懈可击，但是没有多少实质性的内容。其次，改善了投资环境，有助于招商引资。这是商家的观点，流露出发现商机随时准备刀下见菜的急切。再次，将传统建筑文化以空间形式来表达，将古建筑设计与现代城市规划结合的大胆尝试。这是设计师的见解，在没有文化标准衡量的情况下，参与著名遗址工程设计无疑是一个名利

---

[1] 张松. 城市文化遗产保护国际宪章与国内法规选编 [M]. 上海：同济大学出版社 2007。

双收而没有任何风险的事情。无形的利益链将各行业连接在了一起，促使这个项目从设计到施工，前后只用了一年多的时间。千余亩的土地上，有土方开挖，有三通一平，有主体成形，有绿化种植和地面硬化等等工程，如此的高速度使人很难与"精工细作"、"百年大计"相联系。由于没有比较，人们普遍认为古遗址工程和普通的地产工程并没有什么不同，深圳当年就创造过一个礼拜一层楼的速度，成为全国高速度建设的样板。

图 4-16　商业圈包围下的慈恩寺与大雁塔

2009 年 10 月 31 日，中央电视台的《新闻调查》专门介绍了日本奈良市对唐招提寺的修建情况。这座建筑也建于唐代，与大雁塔同龄。围绕修缮工程，从由各界人士参加的论证会，到由专家动手制订方案；从讨论修正方案，到检验古建所用材料；从一次次的工艺试验，到真正动手开工；从反复检查，到最终的全面验收，从开工到完工整整用了十年的时间。十年，只修复了一座千余平方米的殿堂，而且是每一片瓦每一根木材都被拆下来，经过修复后再重新组装起来，即使是需要替换的构件，也必须采用原产地的材料进行加工。用十年的时间完成的工程到底有什么不同呢？央视主持人用两个词语来概括"历史感"和"精密度"。因为这样修复起来的招提寺几乎和原来一模一样，而且建筑的整体误差以毫米计，反映出后人对祖先留下遗物的敬重。"让这个建筑通过我们的修复，再走上一千年。"这是采访中日本工程技术人员说得最多的一句话，反映出他们要给子孙后代留下唐代真迹的负责态度。作为同龄人，招提寺显然要比慈恩寺幸运。同是经历了千年的沧桑，一个在备受尊重中受到精心的呵护，一个则担当起了为当地改变自然和投资环境服务的重任；一个经过修整后身强力壮，可能成为世界的历史文化遗产，并信心十足地要再走上一千年，一个则在大刀阔斧中变形变态，不知还能保留多少原有的文化基因！

　　不过，如果我们换一个角度看问题，也能得出另一番解读：慈恩寺的变化确实给当地带来了立竿见影的效果，周边盖起来的门面房收取的高额房租自不必说，十年时间里周边的房价翻着跟头地往上涨，直接带动了当地的地产经济，更是有目共睹的事实。更重要的是，慈恩寺周边环境的改造还提供了一种利用古遗址彰显政绩、发财致富的合法模式——以保护古遗迹的名义圈地或拆迁，这样得到土地容易而且极为便宜。再在这里盖上一些仿古建筑，造一些景观，然后以高出原来几倍的价钱出让给开发商，进而制造出城市扩张、经济繁荣的政绩景象。以遗址换土地，以土地换钞票。这样的思路不但在国内独树一帜，显然也超过日本，在世界范围内都会独领风骚。"假古董"是不值钱的，所以造假古董的人肯定不会太用心，也绝对不敢拿到"佳士得"那样的市场上去拍卖。然而，在遗址上做"假古董"是个例外，由于是和真古董混在一起，再加上些捕风捉影宣传炒作，足以产生"假作真时真亦假"的效果，让上至中央，下至百姓分不清真假，辨不出好坏，即使不去"佳士得"，也能够换来"佳士得"的效益，达到以最小的成本攫取做大利益的目的！

　　当初大雁塔广场的设计规划也有日本建筑师的参与。在这里，他们用了不过一两年的时间就完成了全部任务，用水泥、玻璃、花岗石和不锈钢在慈恩寺身边修建了大量经不起推敲的仿古建筑。可是，在自己的国家，建筑师们却花了十年的时间来修复一座大殿，而且每一个部件都要做到原汁原味、一丝不苟。试想，如果日本的设计师们拿出对待慈恩寺的态度对待招提寺，奈良政府和人民将会怎样对待他们，日本的历史将会怎样评价他们。可是在中国，在唐代的都城，在曾经让鉴真和尚都顶礼膜拜过的慈恩寺下，他们找到了一处几乎不设防的"工程"，可以放心一搏。令人不解的是，这个有着厚重的历史积淀并人才济济的城市并没有表示异议，不但使整个工程一路绿灯，还将这些做出来的"假古董"当成了名片，挂上了"由国际著名设计师进行规划，参与设计"的招牌。

　　写到这里，我们不由得想起了"晏子使楚"的古老故事，"橘生淮南则为橘，生于淮北则为枳"的应答，反映了这位大儒为尊严而战的勇气和机智，也形象地揭示了环境造人的道理。唐人是深刻的，在富足之后便在京城修建了以慈恩寺为代表的精神家园，营造出宁静、超然为主体的社会环境——尽管唐人不会像费尔巴哈那样将这项工程提升到人与动物的本质界限的高度来认定；比较之下，今人是浮躁的，不但不理睬古人的经验，竟然还将本来具有神圣意义的地方用来娱乐消遣——尽管还打着"保护"的招牌。在边走边看中，我们不仅看到了慈恩寺及其周边环境发生了质变，看到了一处传统精神家园的被消解，也看到了因为急功近利给民族文化尊严带来的影响。看来，我们不能一味地埋怨日本的建筑师们，也应当扪心自问，看看自己对祖先留下的传统文化，有几分了解，有多少尊重，有几许真诚！日本建筑师所以发生了由"橘"到"枳"的变化，不是技术上有问题，而是环境上出了问题。作为主人都敢在祖先留下的圣地上娱乐消遣，作为客人还有必要在这些古迹面前小心翼翼、诚惶诚恐吗？

第五章　芙蓉清逸方有韵

——芙蓉园遗址工程

　　"国人震撼，世界惊奇"。这是 2005 年西安芙蓉园遗址公园开园时打出的广告语。在市场经济的社会环境下，打造出旅游景点的过人之处，不仅关系到社会对景点的认知程度，也关系到前期投资的回报情况，俨然是个生杀予夺的大问题。然而，芙蓉园是遗址，而且早已成了村社和农田；新建的是公园，却又如此年轻，以什么来引起世人的关注。这些问题考验着投资人的胆量，也挑战着设计者的智慧。到底用什么来震撼国人，让世界惊奇，这明显带有商业炒作味道的广告语本身就很吊人胃口。历史上的芙蓉园远没有曲江的名气大。曲江出现于隋，一度兴盛于唐，曾经是皇家御苑。21 世纪伊始，西安在"皇城复兴计划"的推动下，实施了一系列的以唐文化为主题的遗址工程，重建芙蓉园就是其中的一个项目。可能是以古遗址保护的名义征地拆迁更有优势，为了这处工程，原本只是在古书中偶有涉及的一处遗址，一下子被扩大到千亩的规模，其中绝大部分是农田。由于这里没有一处国家认定的文物保护标志，所以在这里大兴土木也就少了许多顾忌。加之"展示盛唐文化风貌"的笼统定位，更是给设计者留下了巨大的空间，决定了这处遗址工程从一开始就是在一张白纸上任凭设计者来安排。当13亿资金陆续到位之后，从设计到完工，一年多的时间便成就了这座"中国第一个全方位展示盛唐风貌的大型皇家园林式文化主题公园"。

　　几年过去了，这座耗巨资修建的遗址公园是否做到了名实相符，在公众心目中留下的是怎样的记忆，尤其是作为皇家公园的主题是否得到了充分展示，是否得到社会的认可等等问题确实应该有所反思，有所总结。然而，这些问题直指文化层面，绝不是靠几次权威发布、领导讲话或商业炒作就能做出来的。文化工程的质量好坏不能仅靠工程质量检测来体现，更不能只看眼前利益，而应有文化本身的尺度。然而，到目前为止，还没有学者从唐文化的角度对这座主题园林进行审视，得出文化方面的质量检测，使得这座园林一直处在商业与文化的焦灼中难分伯仲。我们试图从建筑文化的角度作一尝试。

第一节　历史品读

　　如何对待遗址，取决于后人对先辈的态度。历史上确实出现过像唐人对隋大兴城，明人对元大都那样的包容和继承，将前人的遗留拿来一用；也出现过像"火烧阿房宫"、"破四旧"那样的行为，对前人的遗存进行彻底铲除。那么，在唐遗址上修建文化主题公园是一件古为今用的事情，显然不能属于后者。从芙蓉园建成开放到如今已经快七个年头了，这里的空间环境上也确实发生了翻天覆地的变化，不过，当我们置身在音乐喷

107

泉、水幕电影、激光灯和比比皆是的用水泥浇筑起来的建筑空间里,扑面而来的现代味道,使我们不能不对这里的遗址性质产生怀疑,对当年不惜重金建造这一出景点的真正目的作出新的认定。这些想法不是猜测,更不是空穴来风,而是在古今的对照中产生的。

遗址是历史留下的印记,铭刻着祖先的功业与智慧。

历史上的芙蓉园位于长安城东南角曲江一带,这里地势起伏,常年荒僻,是个不便营造的地方。但是也形成了茂密的植被覆盖,风景优美。早在秦汉时期,这里就有宜春宫、宜春苑等皇家宫苑,后来都毁灭于战火。到了隋代,这里已是一片荒草丛生的旷野。宇文恺设计规划大兴城时,化腐朽为神奇,在这里因势利导,开辟出一块地方作为皇室离宫,以供赏玩之用。同时还利用地形修了一条名为黄渠的水道,从南面秦岭的大峪引来水,在低洼处形成了一处池塘。值得注意的是,这个池塘并不是死水,而是引出了不同走向的分支,直通长安城里,在城东南形成向西向北的两条水道——向西的从慈恩寺前经过,向北的一条流向了青龙寺。也就是说,历史上"曲江"和"曲江池"并不是一回事,一个指黄渠之水逶迤而来,婉转而去,成"流水屈曲"之势,谓之"曲江";一个指长安城东南角上的聚水之处,谓之"曲江池"。由"江"到"池",水势见小,不符合隋王朝好大喜功的虚荣心理,于是有人在曲江池中遍植芙蓉花(即荷花)。芙蓉花的叶大、花高,很快便将小小的池塘覆盖起来,演化出另一番景象,很能夺人眼目,引来隋文帝的欢心,赐名"芙蓉园"。到了唐代,在芙蓉园的基础上又修建过紫云楼、彩霞亭、尚书省亭子等建筑,形成"亭馆连接"之势。"芙蓉园"的名气也大过了"流水屈曲"的曲江。但是,安史之乱以后,这里的建筑"尽灭于兵火",已是一片废墟。直到唐文宗李昂的太和年间(835年)才又下令营造"曲江亭馆"。[1]

一、皇家园林

秦汉时期的皇家宫苑已经无从可考,现在人们常常引用《太平御览》中记载的文字来体会芙蓉园当年的规模:"芙蓉园,本隋氏之离宫,居地三十顷,周回十七里。"[2]并将这段文字作为勾勒唐代芙蓉园的依据。殊不知,这段文字记载的是隋朝的情况,与唐代的情况并不相符。据《长安志》记载,当年曲江"仅仅是'流水屈曲',并非浩瀚的波池"。[3]当代的学者也提出,"根据考古工作者的探查,曲江池实际只占有城东南隅一坊[4]余地。"[5]由此我们可以得出,芙蓉园在修建之初就是以皇家离宫的规格进行规划设计的。既然是供帝王游乐赏玩的场所,那么其景观的设置、建筑的布局自然就会与一般的山水园林有所不同,从建筑的规格、选材、色彩、装饰上也会遵照定例行事,以显示其皇室地位的尊贵。"宇文恺营建京城,以罗城东南地高不便,故缺此隅头一坊之地,穿入芙蓉园以虚之。"[6]说明唐代芙蓉园就在长安城的东南角上,一部分还进入了城墙内,占地面积并不是很大。在古代,人们极为重视建筑与环境的比例关系,以建筑为阳,山水植被为阴,

[1]　全唐文 [M]. 上海:上海古籍出版社,1990。

[2]　李昉等. 太平御览 [M]. 上海:上海古籍出版社,2008。

[3]　宋敏求. 长安志 [M]. 北京:中华书局,1991。

[4]　坊在唐代为四面用墙合围的空间,1坊约400亩。

[5]　辛德勇. 隋唐两京丛考 [M]. 西安:三秦出版社,2006。

[6]　李昉等. 太平御览 [M]. 上海:上海古籍出版社,2008。

在进行布局规划时，十分讲究二者之间的阴阳平衡。芙蓉园的占地面积不过区区的"一坊余地"，加之"地高不便"，由此可以推测，唐代的芙蓉园内并没有建造大规模的宫殿群，院内建筑应该是以便于观景、供人休憩的园林建筑，诸如亭、台、轩、榭为主。为了和环境协调统一，园内最大的建筑形式应该是些楼、阁而已，断然不会出现像大明宫那样的殿堂等高规格、大规模的建筑。受到地形和面积限制，园内也并不适宜采用唐代大型建筑群中常见的中轴对称式布局，不然，空间上会显得局促，与周边的环境也不相称。最符合当时文化背景的营造应该是依据地势情况，随地形势高低自然布局，同时遵循古老的建造传统。其实，从学者提供的资料看，芙蓉园里当年的建造情况大概也正是这样布局的——宋人司马光在编撰《资治通鉴》时，就用"青林重复，绿水弥漫"来形容芙蓉园以植被为主，房屋建筑为辅的大致格局。可以肯定地说，唐时的芙蓉园绝不是楼阁殿堂覆压的场所，而是一处以精致、优美取胜的自然之地。

既然不能借助宫殿式的建筑群，又要彰显皇家气象，那么就只能在建筑造型、色彩和装饰等细节方面下工夫了。古时的礼仪很重，与皇家有关的活动代表的是国家形象，更要有所讲究，有所遵循，有所示范，不能有丝毫的马虎。一部《周礼》就囊括了社会生活中衣食住行的各种礼仪制度。《考工记》中就对城池的大小、墙体的高低、道路的宽窄、门户的开设等等细节都作了严格规定，使建筑符合礼仪规范，为后来历朝历代的建筑活动提供了依据。以建筑色彩为例，中国古代社会就有明确规定，儒家经典之一的《春秋谷梁传》就记载："楹：天子丹，诸侯黝，大夫苍，士黄。"[1] 意思是说：柱子的颜色只有皇帝才可用红色，诸侯用黑色，大夫用青色，普通的知识分子只能用土黄色。这是汉代的讲究。由于汉是继周之后又一个文化复兴时期，对后来的华夏文化的影响十分深远，动乱的年代里"匡扶汉室"的政治理想，文人墨客中广为流传"文必秦汉"的写作主张，都集中反映了汉代文化对中国古代社会的影响。到了明代，规定皇室可用"朱门金环"，公主府邸正门用"绿油铜环"，公侯府邸用"金漆锡环"，一品二品官员府邸用"绿油锡环"，三至五品官用"黑油锡环"，六至九品官用"黑门铁环"。到了清代，为体现正统，清朝政府也严格地按照历史上的讲究来规定建筑色彩，将明黄色限用于与皇家有关的建筑，王公府邸只能用绿色的琉璃瓦。自此，黄色琉璃瓦屋顶成为了一种特有的尊严。唐代的社会开放也直接表现在建筑色彩上，既有对前朝的尊重，也有大胆的创新，当然也会在建造芙蓉园时有所体现。在这方面最为经典的例子莫过于三彩瓦的运用了（图5-1）。据考古发现，当时的大明宫中的建筑就使用了蓝、绿、黄三彩琉璃瓦、镏金兽首等建筑装饰构件。由此可以断定，作为皇家园林，芙蓉园内的建筑可能会更加精美绝伦。今天，我们虽然已经看不到这座园林的原有样态，但是，仅从"紫云楼"、"彩霞亭"等建筑的名字上，就能推断出当年这些建筑在用色上的多样与丰富——"紫云"、"彩霞"的形容都来自于天上的云彩，而且带有色彩。这样的命名绝不会是偶然巧合，而是这些建筑大胆用色的真实写照。可以肯定地说，历史上的芙蓉园应该是一处美轮美奂的场所，不仅绿荫弥漫，建筑也很精巧，丰富多彩、富于变化的色彩凸显了这里浪漫的主题。

---

[1]　顾馨，徐明．春秋谷梁传 [M]．沈阳：辽宁教育出版社，1997。

图 5-1　黄、绿、蓝三彩琉璃瓦实景，拍摄自陕西榆林白云山白云观，修建于明代

　　据考古发现，唐代的长安城东侧有一道神秘的夹城，起点是大明宫，另一端则是通向城东南的芙蓉园。大明宫是唐代帝王处理政事和日常起居的地方，芙蓉园与大明宫相连，说明这里应该是帝王生活的有机补充。那么，芙蓉园的尊贵与华丽应该不亚于大明宫，同时，二者之间的区别也应该是明显的。大明宫是国家的最高权力中心，而芙蓉园仅是帝王的娱乐场所。相比于大明宫，芙蓉园里不仅少了钩心斗角、权势阴谋，也会更多一些优雅安详、悠游自在。从外形上看，大明宫占地面积大，建筑体量宏伟，单是含元殿前的龙尾道就长达 70 余米。纵然是后宫太液池周围的御花园，其建筑体量也会较一般的园林建筑高大，例如太液池一侧的麟德殿。而芙蓉园地处风景秀丽的曲江，占地面积有限，内部如果还像大明宫那样高堂大屋、富丽堂皇，既与园林的主旨不相符合，也达不到让帝王换个环境，放松心情的作用。从紫云楼、彩霞亭等精巧、别致的名字上看，也能反映出这些建筑精致而绚丽的美学定位。暗道直通的特殊设计，更彰显了芙蓉园这处帝王私人空间的神秘。不要说平民百姓，一般的臣子若不是受到皇帝召见，也不能随意进园。既然是私人空间，又是专供帝王放松身心的地方，那么，芙蓉园里不需要过多的奢华排场，而是一个舒适和安逸的场所。在一定程度上说，大明宫是皇帝治国安邦平天下的地方，芙蓉园则为这些帝国的统治者们提供了一片可以修身养性的乐园。

二、芙蓉佳景

　　遗址的魅力在于能够再现历史，使人们徜徉其中便可以遥想当年，在抚今追昔中体会祖先的荣耀与智慧。所以说，一处遗址就是一部历史的教科书。尽管今天已经看不到唐代芙蓉园的容貌，我们却可以通过各种线索和资料来还原它的原有形象，品读其中的文化意蕴。

芙蓉园，这个名字是隋文帝钦定的，灵感源自于园内水池中亭亭玉立的芙蓉花。芙蓉又称芙蕖、荷花、莲花等，在中国传统文化中素来有"花中君子"之美誉。唐代诗人李白有诗赞云："清水出芙蓉，天然去雕饰。"宋人周敦颐也在名篇《爱莲说》中发出了"予独爱莲之出污泥而不染，濯清涟而不妖。中通外直，不蔓不枝，香远益清，亭亭净植，可远观而不可亵玩焉"的赞美。由此我们可以看出，在古人眼中，芙蓉花既清新自然，又"不可亵玩"，是一种美而不艳，具有高贵气质的生命存在。显然，以"芙蓉"而命名的园林也应该体现出这样的文化品位。

古人对芙蓉花的审美已经不仅仅停留在赏其形、观其色、品其味，而是由表及里，以拟人化的手法去感受其中的文化精神。这样的审美体验其实也是一种精神的升华过程。沿着这样的思路，我们很容易将对花的认识上升到宗教的层面，发现芙蓉花的空灵、静寂和圣洁，体验到儒、释、道三教对芙蓉花的共同理解，以及中国古代社会无处不在的尚洁精神。

儒和道是中国本土养育出来的宗教。在儒教经典里，《诗经》中就有"灼灼芙蕖"的语言来赞美芙蓉花的美丽外形；毕生求索的屈原也在《离骚》中有"制芰荷为衣兮，集芙蓉以为裳"的句子，盛赞芙蓉花的高洁。在中国道教文化中，莲花同样地位非凡，代表着超脱世俗，具有净化精神的作用。传说中云游四海的八仙之一何仙姑手中的法器就是莲花。亦僧亦道的大画家朱耷，选择的居住环境也是"竹外茅斋橡下亭，半池莲叶半池菱"（《题荷花》）。唐代大诗人李白一生热爱自由，喜欢遍游名山，寻仙问道，给自己起的名号即为"青莲居士"。

在佛教文化中，莲花被尊为圣花，在诸多经幡或庙堂的装饰中，都可以看到莲花的纹样，甚至连佛陀、菩萨等高僧大德才有资格坐在莲花宝座上，以衬托其圣洁、尊贵的形象。据《佛传》记载，"达摩祖师出世后，向东南西北四方各行七步，步步生莲"。可见，在佛教世界中，莲花一直被视为佛祖的化身。佛教还有"花开见佛性"的说法，说的是人有了花的心境，就出现了佛性，认为花能够起到净化人心灵的作用。这里的"花"指的也是莲花。

据此，我们不难揣摩到，当年隋文帝以"芙蓉"命名长安城边上的这座园子，绝不是望文生义那样简单，而是有着深刻的文化所指。这位颇具才气的帝王可能正是从芙蓉花的文化精神中，看到了儒、释、道三家文化交融一体的大境界。遗憾的是，他的理想因为其后人的骄奢淫逸、误国误民而化成了泡影，却成就了唐人在园林建造中的审美追求。

根据史籍资料，我们可以确定唐人在芙蓉园内建造有紫云楼和彩霞亭。楼，是中国传统建筑的一种形式，广泛地运用于各种场合。汉代许慎在《说文解字》中就有"楼，重屋也"的说法，说明楼这种建筑形式在汉代已十分普遍，其特点是有一定高度的建筑。东汉末年的《古诗十九首·之五》中就写道："西北有高楼，上与浮云齐。"因此，芙蓉园中的紫云楼，应该也是以高而著名。唐代诗人李山甫在《曲江二首》中就写道："南山低对紫云楼，翠影红阴瑞气浮。"诗中说到巍峨的终南山，在紫云楼面前也变得低了。当然，这里有角度远近造成的视觉误差，也有诗人惯用的夸张手法。但是，在以单层建筑为主的年代里，能够叠楼架屋的人家势必少之又少，偶有楼房出现势必会给人鹤立鸡群的感觉。紫，取紫气东来之意，细究起来也与道教的祖师老子有关。传说当年函谷关令尹喜一日望见东面有紫气升腾，认定一定会有贵人到此，不出半日，果然见到一位骑着青牛路过的老者。此人正是得道高人老子。世传老子姓李名耳，李唐王朝的统治者们便穿凿附会，将自己视为老子的后人，并将道教尊为国教，奉老子为太上老君。唐人将紫气东来的典故用来命名，足见对国教精神的心领神会。据《唐要会卷三十》记载，大和九年七月，"修紫云楼于芙蓉北垣"。也就是说，紫云楼的名字体现着道家气象，连建筑方位上也严格遵循着坐北朝南的传统习俗。这样一来，高耸的紫云楼才可能直望终南山，形成"南山低对紫云楼"的视觉效果，与终南山上著名的道教寺观——楼观台成遥望之势。不难看出，紫云楼本身就是一座充满道教色彩的建筑。

史籍上彩霞亭"在曲江池南岸，"与紫云楼相对，布局上存在着一定的呼应关系。亭，也是一种传统建筑形式，一般为开敞性结构，没有围墙，攒尖顶，可分为四角、六角、八角、圆形等多种形状，初期多建于路旁，供行人休息、乘凉或观景用。魏晋时期，园林兴盛，园中建亭成为一种时尚。花红叶绿之间有亭子出现，既是观景的处所，也是景点的标志，可谓画龙点睛，一举两得。因此，为了与周边的美景相配，古时的亭子是很讲究艺术形式的。明代著名的造园家计成在《园冶》中就有精辟的论述："……亭胡拘水际，通泉竹里，按景山颠，或翠筠茂密之阿，苍松蟠郁之麓。"可见在山顶、水畔、湖心、松荫、竹丛、花间都是建造亭子的合适地点。可以说，亭子是园林中最能与自然景观融为一体的建筑形式，构成园林中最美好的景观效果。这样看来，彩霞亭所以用"彩霞"命名也是有所根据的：一种可能是其地势较高，人们在亭中便能够观看到日起日落的彩霞；另一种可能是亭子本身就色彩绚丽，富于变化，可与天上的彩霞相媲美。

三、逍遥之境

逍遥之境是中国园林追求的一种美学效果。用明代园林大家计成的话说就是："园地唯有山林最胜。有高有凹，有曲有深，有峻有悬，有平而坦，自成天然之趣，不烦人事之工。"[1] 也就是说，在古人看来，好的园林是有"意境"的园林，而衡量有无意境的重要标准是"自成天然之趣，不烦人事之工"。这是一种只可意会，难以言传的美感——体现在山明水秀之间，植被茂密之处，通过山水、建筑、植物相搭配，创造出一种自然天成的氛围。拥有意境的园林带给人的审美感受，不仅仅是视觉、听觉、嗅觉上的惬意，更重要的是能让人游目而畅心，实现心灵上的真正解脱，体验到"心与物游"的精神释然。历数中国的古代园林，无一不是在意境的营造上下足了工夫。例如，苏州拙政园中的"与谁同坐轩"就是一处"意境"十足的景观。建筑整体为扇形顶，墙上留有扇形窗，窗下一张半月桌，左右各设一张椅子。陈列简单，却能将苏东坡的名句"与谁同坐？明月、清风、我"中的意境表现得淋漓尽致——半圆形的桌子象征着明月，扇形窗象征着清风，两把椅子正好方便主人休息，扇形屋顶所营造出的特有弧度，正好有迎合自然之趣。

[1]　陈植.园冶校注 [M]. 南京：江苏科技出版社，1984。

此轩正对湖面，大有"人在轩中坐，美景扑面来"的意境，很容易产生与自然之美共处的感觉。民间的园林如此，皇家园林也不例外。清代著名的皇家园林避暑山庄也在意境营造上下足了工夫。这里远离京城，多有不便，康熙皇帝却钦定这里建造园林。从他留下的诗句中不难看出，吸引他的仍然是"四围秀岭，十里澄湖，致有爽气"的自然景色。这里也修建了一些楼阁亭台，但是，这位深谙古典园林营造奥妙的帝王并没有用人工取代天然，而是"命匠先开芝径堤，随山依水揉福奇"，保证令人陶醉的是四下里的自然风光，而不是那些人工斧凿的东西。这一点在康熙游览避暑山庄的诗句中几乎无处不在："万机少暇出丹阙，乐山乐水好难歇。避暑漠北土脉肥，访问村老寻石碣。……草木茂，绝蚊蝎，泉水佳，人少疾。因而乘骑阅河隈，弯弯曲曲满林樾。测量荒野阅水平，庄田勿动树勿发。自然天成就地势，不待人力假虚设。"[1] 这种自然天成的美感是带有永恒性的，能让古人陶醉，也令今人倾心，正所谓"古人不见今时月，今月曾经照古人"。只有置身于这样的境地，人们才可能进入到思想的"逍遥之境"，在思接千载中乐心，在人与物游中畅神。明清时期的园林是这样，唐时的园林自然也应该是这样。

逍遥之境，传达的是精神上的自由，可以让人在繁忙中忘掉烦恼，实现精神上的回归，找回自我本性。我们应看到，唐人在给园林起名字的时候都考虑到了这一点，依照芙蓉带有的文化气息命名，使这座园林的整体气氛也与其他园林相区别，成为一个不同凡响的场所。那么，与大明宫、兴庆宫比较，芙蓉园的景致中更应该凸显怎样的文化气象呢？儒教倡导"仁"的思想，利于治国；道教倡导"逍遥"的自由精神，利于治身；佛教倡导"普度众生"的慈悲胸怀，利于治心。这样看来，道教的文化色彩可能更加符合芙蓉园的历史本色。这一点，既可以从出淤泥而不染的芙蓉精神体会，也可从"紫云楼"、"彩霞亭"等充满道家美学意味的建筑命名上得到印证。

"逍遥思想"是道家庄子哲学思想的灵魂。《庄子》一书开篇即为《逍遥游》。所谓"逍遥"，就是摆脱各种窠臼束缚，实现精神自由。由于这种自由主要限于心灵或精神领域，而非现实生活中的自由，因而被称为"境界"。这种逍遥之境，可以为人们传递以下文化信息：其一，超越主客对立，超越有限自我。[2] 这是让人们寄情于山水之间，沉醉在大自然中忘却尘世间的一切羁绊与烦恼，通过审美"移情"来实现精神上自由的一种心理状态。正如庄子所描绘的"天地与我并生，万物与我为一"（《庄子·齐物论》）。其二，解脱各种心灵重负。唐朝的 290 年，宫廷内各种钩心斗角、争权夺利的斗争从未停止。皇子为争夺皇位，后宫为争当皇后，宦官重臣为争夺权力，相互之间以及与皇帝之间的斗争是唐朝宫廷里不变的主旋律，"城头变幻大王旗"的景象时有发生，大的宫廷纷争就有 20 余次，其间的血腥和混乱为历朝历代所少有。帝王是王朝社会最高权力的拥有者，也是各种矛盾的焦点。从唐代初年的"玄武门之变"开始，各种宫闱内斗、权势之争就一直缠绕着李唐王朝的统治者。生活在这种氛围中，人们难免压抑与苦闷；又由于皇位的高高在上，旁人很难走进他们的内心世界。所以，压在帝王心灵上的各种"枷锁"就更加难以解脱。在这种情况下，道家的"逍遥思想"就犹如一味灵丹妙药，通过"坐忘"、"游

---

[1]　御制避暑山庄诗 [M].天津：天津古籍出版社，1987。

[2]　胡伟希.中国哲学概论 [M].北京：北京大学出版社，2005。

心"的方式来让人们的内心实现解脱。其三，"心斋"。中国传统文化推崇个人的修身养性，认为人们应该不断提升自身的人格修养，以实现"内圣外王"的至高境界。这种观念可以理解为对内心世界的构建。在庄子看来，人若想要实现"逍遥游"，需要一个从"游心"到"游世"的过程，所谓"心无天游，则六凿相攘"（《庄子·外物》）。"心斋"，顾名思义，就是为"心"找到一个住所。庄子在《庄子·人世间》一文中就有"唯道集虚。虚者，心斋也"的说法。既然为"虚"，则避免了许多不必要的奢华排场与视听刺激，也只有这种"虚"所带来的内心的平静与安宁，才是营造"心斋"中最为重要的条件。而这种"虚"从何而来？庄子指出"唯道集虚"（《庄子·人世间》），说明，统领"心斋"最主要的文化元素在于"道"。而这种形而上的"道"文化，应该是前人营造芙蓉园"逍遥"意境的文化根脉所在。

由上面的内容不难看出，与大明宫里的后花园、兴庆宫里的兴庆池比较，芙蓉园的营造应该更加具有道家的风范。这里没有供帝王居住的场所，却与慈恩寺、宗正寺、普济寺等寺庙紧密相连；这里远离朱雀大街那样的皇家御道，却有专门供皇家享用的暗道往来；这里就在供百姓游乐的曲江美景的包围之中，却不失皇家园林的高贵气象。我们有理由相信，唐时的芙蓉园不会像大明宫那样殿堂林立，也不会像兴庆宫那样华丽多姿，而是以自然天成的姿态吸引着帝王们的游览兴趣。与长安城东南的自然环境比较，芙蓉园应该是一处清逸自然的场所，有自然之美景，有人文之底蕴，有建筑之点缀，是一处"高壤傍去涯，芸芸动植皆。含生适真性，妙趣托澄怀"[1]的好地方。这样才可能为唐时的长安城营造一处个性鲜明的景观，也为当年的帝王们提供一处足以慰藉心灵的场所。

第二节　边走边看

品读历史是为了更好地理解今天。如今的芙蓉园已经不是"城东南隅一坊余地"，而是占地面积为 998 亩的广大地域；如今的芙蓉池也不是荷花覆压、"绿水弥漫"的处所，而成为了殿堂高耸、庭馆深深的另一番景象；如今的芙蓉园已经不是只有皇室贵族才能享用的特殊场所，而是古城西安的一个新的旅游公园……为了吸引游客，公园里还专门在不同时段不同场所安排了各式各样的演出活动，从帝王形象到载歌载舞，从民间饮食，到女性活动，从品茶斗酒，到宗教信仰，从外交使节，到科举状元……几乎所有古代的生活内容都能在这里找到舞台。尤其是傍晚时分在紫云楼前上演的水幕电影，更开创了在古遗址上进行现代科技娱乐的先河。这些令人眼花缭乱的节目确实给人们的视觉、听觉带来了新感觉。但是，作为唐朝的遗址，是否能将唐代的诗性文化精神真实地展现出来？作为传统园林，是否能达到"自然天成就地势，不待人力假虚设"的巧夺天工？作为皇家御苑，是否能营造出"人在轩中坐，美景扑面来"的美学意境？尤其是作为古城新的旅游景点，这里又能否承担起张扬古城深厚文化底蕴的使命？想要解开这些疑问，我们恐怕只有亲自走进芙蓉园，仔细品读古遗址上的各种景观，让事实来说话了。

---

[1]　张涵，史鸿文.中华美学史 [M].北京:西苑出版社，1995。

第一站　正门

正门相当于脸面，是迎接八方之客的地方，一般都会作为重点来对待，因而也是最能体现设计者设计水平和审美追求的所在。芙蓉园的正门也是这样。但是，与一体两翼式仿古三阙门比较，芙蓉园门前留出来的面积可不能算大。高大的门楼前，有分列大门两侧的彩旗阵，图案正面为龙，背面为凤，共有四行七列，色彩艳丽很有声势，基本上占去了门两侧的空场；居中是巨幅的玻璃雕塑，阳光下熠熠生辉很是耀眼，加上基座以及周边的水池，基本上将正门前的核心位置全占满了；靠近大路的地方是地标式公园名字，一个字一个造型，横向排开，很有阵势，形成一道屏障。经过这样的安排，门前广场华丽但是已显拥挤，只有玻璃雕塑两侧各有一块场地可以供游人往来了。场地一块有200多平方米，可以四通八达，倒也可以起到疏散的作用。但是，地下整齐分布的出水口表明，设计师还是见缝插针，在这里安插了喷泉。可能后来也想到了游人往来疏散的问题，喷泉四周没有设置护栏。不喷水的时候行人可以在这里通行……很明显，为了尽显排场，此门的设计者已经达到了无所不用其极的程度，甚至不怕牺牲了门前广场的疏散功能。

这里的大门为"御苑门"，造型是仿古三阙门（图5-2）。正中的门楼高两层，庑殿顶造型，面阔七间，进深四间。两侧的三阙门楼也采用歇山顶，与正中的门楼由甬道连接。建筑通体采用红柱白墙，上覆清一色的黑色筒瓦，屋脊两头的螭尾为金色。正中的门楼坐落在约有1m高的水泥台阶上，四周设有汉白玉护栏，正中为三组踏步，地面铺设全部为天然花岗石。门前广场的景观供游人拍照留念之用，正中是一列三组的玻璃人像，最中间的人物穿着和体态都很有特点，据说是唐玄宗和杨贵妃，周边分别为两个宫女造型的人像（图5-3），后面是宫人、贵妇簇拥。这组人像景观利用玻璃的透光性，营造出一种虚幻的效果，与后面的仿古建筑相比，一实一虚，形成反差。

图5-2　隔着马路拍摄到的芙蓉园正门，造型为一体两翼三阙门

图 5-3　大唐芙蓉园正门前的玻璃人像景观

　　这样的正门，看上去确实好看，但仅仅是感官上的，而非专业的。因为，如果提升到文化的层面看，其中会显出不少的问题。

　　首先，三阙门在中国古代是等级尊贵的建筑造型，多用于皇家的办公或者帝王陵寝等正式场所，后面常常配有正殿，以显示庄重和气派，比如大明宫那样的大型皇家宫殿等。而芙蓉园原本是一个供帝王游玩放松的地方，将三阙门放在这里，犹如穿着西装革履的正装去旅游，与园林的文化定位不符，也与休闲的主题有所冲突。

　　此外，和谐是中国文化的主题，也是古人进行营造时极为注重的美学标准。门楼的体量大小绝不能随意而为，而是要与其他建筑特别是周围的环境成比例。历史上的芙蓉园紧邻长安东南角上的城墙，门楼如果选用高大的一体两翼式三阙门造型，势必与近在咫尺的城墙一比高低，不仅有失体统，也与芙蓉园的内环境不相符合。

　　还有，芙蓉园门前大面积的花岗石铺地也欠缺人性化考虑。花岗石质地坚硬而光滑，烈日炎炎的时候会形成强烈的反光，盛夏时节会令游客难以驻足停留；西安夏秋多雨水，这样大面积的花岗石地面很容易积水，殃及四邻；到了冬天雨雪天气，地面的积雪结冰，路面又会变得极为光滑，给游客的安全埋下隐患；特别是那两处大面积的地面喷泉设计，周边无遮拦，喷起的水柱会直接影响过往的游人。因此，除了特殊人物光临时偶尔开一下助阵，平日里就是个摆设。

　　当然，最让人感到蹊跷的是以唐玄宗和杨贵妃为领队的玻璃雕像群，尽管各个衣冠楚楚，姿态绰约，由前到后也很有阵势，但是，站在"御苑门"外，仿佛是在迎接什么贵客——让皇帝出门迎客，也算是这处景观设计者的一个大胆创意吧。

中门楼的第二层悬挂着一个黑底金字的牌匾，上面用颜体写着"大唐芙蓉园"五个大字，十分醒目。不知与几十米开外、临街上由巨幅单体字构成的"大唐芙蓉园"是什么关系。下层的正中写着"御苑门"三个字，两侧柱子上还有两组对联。其中一组上联是"曲水风光冠九州，忆盛世贤君，览胜怡情游御苑"，下联是"大唐文化传千载，看殊方众彦，探奇挟奥进西门"。对历史上圣明君主的赞美之意溢于言外，但是，"探奇挟奥进西门"一句又让人感到迷惑。仔细端详，芙蓉园的正门确实是面向西方，而将南门作为了偏门。中国传统文化里不乏对方位的解释：风水将西方视为肃杀之地，佛教将西方视为极乐世界，民间则将这些思想与自己的家园建筑结合，总结出"有钱不买东西房"的朴素谚语，将面西的建筑视为一种无可奈何的选择。历史上的芙蓉园正门开在何方早已无从可考，但是在中国历史上，面南背北的建筑传统是下自百姓上至帝王都明白的常识，甚至在一些特殊场合更是与帝王有关建筑的专属。芙蓉园的规划设计者好像既不知道坐北朝南在传统文化中的意义，也不知道这样的朝向对北方建筑采光通风可能产生的影响，因而才对这座遗址公园的大门朝向采取了不以为然的态度。

看来，设计者过于关注御苑门的外在效果了，试图通过大体量、大色块、大造型，当然还包括大布置来刺激人们的感官，形成视觉冲击，甚至顾不上这些制作是否阻碍了疏散游客，是否影响了雨天排水，以及在不同季节里可能产生的后果等问题。确实，这些问题只有在工程投入使用后才能显现出来，设计时因工期紧、任务重、人手少等客观原因而考虑不周好像也情有可原。可是，对于敢于担当古遗址公园设计的人来说，像门楼的高低要与周边环境相和谐，大门朝向方面的传统讲究，门头招牌不能够重复等等常识性问题如果也顾及不到，导致文化上的漏洞百出，就真的有点说不过去了。但不管怎么说，御苑门还是建成了现在的样子，还是作为芙蓉园的第一眼，而且一点也没有影响获得这样那样的好评。的确，在经济至上的社会阶段，人们更习惯着眼于当下效果，顾不上遵循历史，顾不上深究文化，当然也就顾不上对子孙后代的影响了。

第二站 紫云楼

从御苑门进入芙蓉园后，会看到银桥飞瀑等人造园林景观。由此向北走上几百米，就看到了芙蓉园中最重要的建筑——紫云楼。历史上的紫云楼建造于唐玄宗开元初年（713年）左右，时值曲江皇家园林建设的鼎盛时期。每逢曲江大会，唐玄宗便会携带妃嫔登临此楼，凭栏观望臣民游曲江的盛况。安史之乱期间，芙蓉园毁于一旦，紫云楼也不能幸免。唐文宗太和九年（835年），渐复元气的唐王室重修紫云楼，据《唐要会·卷三十》记载："太和九年七月，重修紫云楼于芙蓉园北垣。"虽然没有详细描写此楼的形制和规模，遵循传统的建筑规范，讲究皇家的基本格调是毋庸置疑的。从文宗时代建成，到唐末的天佑年间（公元904年）发生的"毁长安宫室百司"[1]的大劫难，紫云楼在芙蓉园北边至少矗立了一百余年。

---

[1] 司马光.资治通鉴[M].北京：中华书局，2009.

　　现在的紫云楼被建在了芙蓉园的南面。地点没有依照历史，建筑造型恐怕也多有创新。紫云楼主楼高四层，二三层面阔九间，纵深五间，主楼高 39m，建筑面积达 8632m²，比紫禁城中的太和殿（高 35.05m，面积 2377m²）大得多，属于园林中的超大型建筑。不过，紫云楼的基本形式和御苑门相比并无大变化，仍然是红柱白墙黑色筒瓦，重檐庑殿顶，屋顶上的兽吻最初与瓦色一样，后来又进行了金色装饰，十分耀眼。主楼的下半部分是水泥包砖

图 5-4　新修建的紫云楼，由于建筑坐南朝北，因此建筑正立面始终笼罩在阴影当中

的梯形台基，高 7m 有余，主要对建筑主体起抬高作用，由下到上有近 60 级台阶相连，在台基的正前方，没有采用传统建筑的开间形式，也没有一字排开的柱子和门窗，而是在墙上开有三个方形门洞，人们由此进入后再行登楼。门框尽管作了金色处理，与高大宽敞的石头墙面比较还是小了许多，隐约给人以窑洞的感觉。为了与高大的体量相配，主楼的四角上分别有一座角楼，上部是一个四角攒尖顶的亭子造型，下部是梯形的水泥包砖台基。四座角楼和主楼之间由拱形悬桥连接，成四角护卫之势，对主楼起烘托作用，形成主楼高耸，四角延伸的大阵势（图 5-4）。

　　紫云楼在芙蓉园中确实占据着核心地位，应该是设计者花费心思较多的地方。然而，细细品来，现代工程的设计思路与传统建筑文化之间的脱节之处依稀可见。

　　先看楼体的整体结构。紫云楼大体上由主体和基座两个大部分组成。基座是基础，起承载建筑主体的作用；主体是人居空间，用于各种活动。在工程设计上，基座与主体泾渭有别，分工十分明确。可以说，历史上的中国宫殿式建筑都是这样的结构布局，属于最一般的营造传统。紫云楼试图借鉴这种传统，但是，为了满足某些需要又没有完全按照传统行事。比如说，基座的主要作用是承受建筑主体，也有抬高建筑体量的作用。前者关乎建筑的质量，后者决定着建筑的形式。孰轻孰重，设计师自有一番考虑。紫云楼基座部位的三个门洞说明其中是有空间的，可以允许人们从这里进入其中，再行登楼。也就是说，紫云楼的主体并没有落实在基座上，而是建在了基座中的一个巨大空间上。这样的设计显然不是从承重上考虑，而是为了给超高的基座派上用场，既辟出了千余平方米的使用空间，也极大地抬高了建筑的体量，可谓一举两得。

　　再看楼的正立面处理。由于楼的主体距离地面过高，如何从地面登楼就成了问题。楼的造型在中外历史上可谓由来已久，家喻户晓。由于文化背景不同，中国历史上的楼在凸显体量的同时也不忘含蓄的特点，不管是城墙上的门楼，还是私家小院里的绣楼，甚至像少数民族在荒山野岭之间修造的土楼、碉楼，都是将上楼的地方安排在私密处——有安全方面的考虑，也是为了楼体外立面的完整好看。紫云楼的上楼之处却安排在了楼

体基座的外立面上。为了保障大
众的通行，楼梯十分宽大，几乎
占据了基座北边的整个立面。仔
细观看，这样的设计确实有标新
立异之处，但也体现了设计者的
实用方面的考虑——白天这里是
大众登楼的台阶，晚上楼前湖面
上放映水幕电影时，台阶则是大
众们就座的地方（图5-5）。这样
看来，将登楼之处建在基座的外
立面上的确满足了使用方面的要
求，就是这处墙体外立面的完整
性被彻底破坏了。这样将实用为

图 5-5　紫云楼夜景，巨大的台阶成为游客观看水幕电影的观众席

主的设计放在皇家园林的主体建筑上，不论对建筑的外观形象，还是对皇家建筑的高贵
品位，好像都有点说不过去，看着也有些别扭。当然，设计师这样处理可能也有自己的
历史考虑，别有一番文化追求。紫云楼在历史上经历了唐代盛衰两个时期，肯定也会有
风格不同的两个版本：开元时期建造过，当时正处盛世，充裕的国库完全可以允许在皇
家建筑上讲究一些。可是，"安史之乱"后的情况就不同了，此时的唐王室已经元气大伤，
经济实力肯定大不如前，加之造的是园林而不是宫殿，由于经济上的制约，紫云楼在建
造过程中重实用、轻外观，在顾此失彼中出现些问题也是在所难免的。

　　作为仿古建筑，我们还注意到了紫云楼的朝向。史书上关于紫云楼建于"芙蓉园北
垣"的记载绝不是偶然的随笔，而是有着必然的文化遵循。中国古代没有建筑学科，但
是中国古代的建筑水平却堪称一流。形成这种情况不能不说与古老的风水讲究有直接的
关系。阴阳关系是风水思想的核心，山南水北为阳，反之为阴。阳宅，尤其是重要的阳
宅，断然不会出现正脸向阴的现象。其实，朴素的阴阳关系也暗含了深刻的人居科学意识。
中国位于北温带，属于季风气候，建筑朝南则有利于采光、通风；每到冬季，西伯利亚
寒流来自北方，也给民居建造带来一定挑战。因此，地处北方的建筑北面通常为厚厚的
背墙，尽量不作正脸处理。进入封建社会后，原本出于居住舒适考虑的人居环境意识融
入了等级观念，"面南背北"也成了皇帝的专有，意思是贵为天子的皇帝，不要说房子，
连御座都要保证坐北朝南，以顺天意。今天，在北京故宫的众多建筑中，我们仍然可以
看到朝向上的严格讲究，无论是前朝部分的五门三大殿，还是后寝部分的三小殿，甚至
于东西六宫诸多院落中的正堂，无一不是遵循着坐北朝南的建筑传统。这样看来，史书
上关于紫云楼建在"芙蓉园北垣"的记载是有所依据的——这样一来，紫云楼既严格遵
照了坐北朝南的古老传统，也保证了登楼远眺，近览曲江美景，远看秦岭风光，是最佳
的观赏角度。今天的设计师不仅将紫云楼建在了芙蓉池的南岸，正脸也朝向了北方，不
要说与史书上的记载大相径庭，也与古老的华夏建筑传统不相符合。在唐代典籍中，确
实有帝王登临紫云楼观看曲江大会的记载。假设时光倒流，让千年前的帝王登上这样的
建筑，此楼的设计者不但要不到工钱，恐怕连身家性命都难保了。

第三站　芳林苑

芳林苑是芙蓉园中一处由仿古建筑构成的豪华酒店。只要上网一查，就可以看到这样的介绍：

"西安大唐芙蓉园芳林苑酒店，隶属西安大唐芙蓉园旅游发展有限公司，位于西安城南 10 公里处，大唐芙蓉园东翼，坐落在风景秀丽的芙蓉湖畔。总建筑面积为 13000 平方米，总投资 9300 万人民币，拥有豪华仿唐式客房，所有房间配备液晶等离子电视、笔记本电脑宽带上网、国内国际直拨电话、国际卫星电视频道、中央空调等各种高档设施一应俱全。

西安大唐芙蓉园芳林苑酒店是大唐芙蓉园内一个独具特色的集商务接待、宾馆住宿、休闲娱乐为一体的唐文化主题精品酒店。"

据说，自开园至今，这座隐藏于园林中的酒店接待过的政界、商界、学界等各领域名流多达百余位，成了芙蓉园中最具名人效应的地方。2010 年 7 月，这里因接待过德国总理默克尔，举行了中德两国总理的座谈，更成为该酒店所有者的骄傲。

芳林苑位于园区芙蓉池东岸，周边景色秀丽。左侧可以看到紫云楼，右边是彩霞亭、仕女馆等建筑，正面是一片湖水，园中美景一览无余。这里的建筑一律采用低层组团式布局，造型以楼、馆、舍、亭为主，彼此之间由回廊、甬道相连接，每隔几步就会有一处景观小品进行点缀，环境优雅。苑内的建筑最大限度地发挥临近水面的景观优势，入口处是一组木道折桥，周边是大片的由草坪、灌木和树木构成的绿地，使来客们产生走进大自然的感觉（图 5-6）。显然，这里的建筑规划也与豪华相配，近乎奢侈，一点没有用地上的顾虑。

在旅游景点建造豪华酒店风起于 20 世纪末，而且再将景点的经营权由个人承包，收益状况与当地经济发展相结合以后，不少景点利用制约上的空缺，采用了见钱最快的方式——将景区的土地出租或转让给地产商。于是，没用几年的工夫，像黄山、峨眉

图 5-6　芳林苑的入口景观

山、张家界这样的自然景区出现了大批豪华酒店，甚至还有人对南京的中山陵、广州的辛亥革命遗址等地的周边土地打起了算盘。在景点上建酒店，和在集市边上建造酒店一样不愁客源，是一个绝好的挣钱良策。业内人士还将这样的做法戏称为"借鸡下蛋"。不过，这里所说的"鸡"指的不是宾馆本身，而是周边的环境。由于四下里的环境铺垫，冠以"豪华"的酒店可以名正言顺地借景来提价，而且不必有名实不符之虞，即使是偷工减料也不会影响客源，降低房价。于是，这样的酒店"豪华"多体现在看得见的地方。外表上看，芳林苑酒店确实豪华，用地、布景等设计定位都在靠拢周边的环境。然而，酒店到底不

同于旅游景点，在走马观花中获得感官上的满足就行了。酒店是住的地方，一旦居住下来，其中的每一个细节都会给人留下深刻的印象——尤其是对那些自掏腰包住宿的人，会从切身的每一个感受中去甄别"豪华"背后的东西（图5-7）。

图 5-7　芳林苑的室内一景，现代化的室内装饰

内行人一看便知，芳林苑的建筑都是批量生产出来的，与居民小区的住宅、商业网点商铺、大街上的楼堂馆所一样，属于水泥浇筑的产物。了解一些中国传统建筑的人都知道，传统建筑以土木为主，石材为辅。芳林苑中的建筑空间全是由钢筋混凝土浇筑，铝合金镶嵌玻璃围合而成的，根本看不到土木工艺的踪迹（图5-8）。完美的细节可以让作品不朽，粗糙的细节，也足以让作品大打折扣。况且，从主体到隔断的大面积现代化处理，已经使这里的建筑体现不出古建筑中常有的细节了。比较起来，还是古人对建筑的态度来得实在，像苏州园林，绝不是以花草山水

图 5-8　芳林苑内的甬道，水泥浇筑出的仿古建筑空间

之美赢人，精工细作的建筑也将传统的土木工艺再现得令人叹服。尤其是木质门窗上的隔扇、隔心、双交四椀、三交六椀、裙板、落地明造隔扇等各式细木作上的图案，或雕，或凿，或刻，或画，无不丝丝入扣，精美绝伦，不仅起到了良好的装饰作用，还展现着营造者不俗的美学品位。

芳林苑中的建筑造型也显得很单调。首先，这里的建筑主体全部统一浇筑，是大工业制作的产物，不仅墙体的高度、开间完全一样，顶部造型也仅仅是单檐庑殿顶和四角攒尖顶两种而已，与曲江遗址公园里的情况并无二致。事实上，历史上的建筑到了唐代已经十分发达，屋顶造型样式丰富，据梁思成先生考证，宋代《营造法式》上提到的众多屋顶造型，在唐代基本上都已经出现了，[1]绝不是仅有一两种屋顶造型可供选择，尤其是与皇家有关的

---

[1]　梁思成.梁思成谈建筑[M].北京：当代世界出版社，2004。

建筑。其次，建筑的结构处理也没有考虑历史情况。从山西大佛寺的殿堂看，唐代建筑的结构十分讲究，单是斗栱造型就多达数十种，反映出中国古代在大木作上的高超水平。可是反观芳林苑的柱头与屋顶之间，用水泥浇筑出的斗栱造型简单而生硬，不过是做做样子；有的则干脆省略，柱头直接承载屋顶，犹如现在建筑中常见的墙体与屋顶的直接连接。搞古建筑的人都知道，斗栱是中国建筑中最具特色的构件。四面分张的造型扩大了梁柱相接的受力面，既可以对屋顶的压力起分解作用，也可以将屋顶延伸，构成优美造型的。可以说，斗栱既是中华建筑工艺水平的绝好体现，也是民族审美智慧在建筑上的结晶，是最能代表中国传统建筑水平的所在。芳林苑中的建筑与周边的其他建筑一样全是仿制品，不同的是唯独这里被冠以"豪华"，而且是需要花上大价钱才允许享用的。所以，到这里来的人自觉或不自觉地都会对这里的一切多看上一看，既是满足好奇心，也是在寻找"豪华"的依据。

结论是，作为宾馆，芳林苑中的设施可能是豪华的；作为仿造出来的皇家园林，这里的建筑是粗糙的，不仅不能表现出中国传统建筑的工艺水平，也很难体现出传统匠人们精工细作、一丝不苟的工作态度。置身于这样的人居环境中，当然也很难给游人以历史感。没有精心的营造，建筑就无法做到神形兼备，更难以承担传递唐代建筑文化韵味的重任。

第四站　彩霞亭·仕女馆

离开芳林苑，绕湖前行不出百米，便来到了沿湖的一道长廊。长廊总长 270m，由东向北倚湖水延伸，其间有亭子点缀。亭廊结合，这一段景观设计得很容易让游客联想到北京颐和园里的长廊。不过，真的对比起来，这里的长廊可要逊色多了——没有颐和园长廊里那样丰富多彩的石雕和木刻，而是清一色的白石地面加青灰瓦盖顶；没有颐和园长廊中多达两千余幅内容各异的装饰彩画，而是从头到尾一色的红漆木栏杆；没有颐和园长廊一边湖光山色，一边亭台楼榭的古色古香，而是一边湖水荡漾，一边高层建筑围合的尴尬景象（图5-9）。很明显，这处景观的设计者试图再现颐和园长廊的效果，再

图 5-9　新修建的"彩霞亭"，亭廊结合，一面是自然风光，一面是"水泥森林"

现当年的古色古香，但是，由于立意的不同，所花费的心思，所选择的材料，所使用的工艺，尤其是所处的社会大环境都大相径庭，当然也很难产生相同的美学效果了。

走完这一段后，再看看导游图，才发现原来这一段长廊里居然就有新修建的"彩霞亭"。在唐史研究者看来，这座亭子"在曲江南岸，见于吕大防长安图残石"[1]，也就是说，"彩霞亭"与紫云楼一样，也是当年曲江一带的实有建筑，并进入了史册。这样看来，再建的"彩霞亭"尽管不在了原来的位置上，也应当属于一座仿古建筑才对。身临其境才发现，"彩霞亭"并不相对独立，自成一家，而是与长廊连接在一起，仅仅是长廊一个拐角上的衔接点。与两百来米长的走廊比较，拐角上的亭子只能是个点缀，加之没有匾额标志，通常情况下大多数人都会在毫无察觉中擦身而过。是什么原因让设计者将这座亭子处理得如此轻描淡写？好歹这也是一处有所记载的古建筑啊！

在给游客发的宣传彩页上，我们找到了答案。印刷精美的彩页上有一段文字是关于"彩霞亭"的："重建的彩霞亭是与仕女馆相连而又相对独立的亭、廊结合式的仿唐建筑……如一抹彩霞……以其展示'大唐巾帼，风情万种'为主题的唐代百位杰出女性的诗画组合。"尽管这段文字未必就恰到好处地道出了设计师的本意，但是面对眼前的造型，一个事实是无法回避的——设计师确实是想将"亭"与"廊"连接起来，构成婉转逶迤的彩虹之状，而没有将重点放在亭子本身，在形式上做文章，以至于使历史上的"彩霞亭"变成了"廊"的一部分。且不说这样婉转逶迤的造型与亭子的造型差距有多大，让莫须有的建筑淹没了历史上有过的建筑倒是不争的事实。其实，在中国传统建筑中，"亭"和"廊"属于截然不同的两种园林建筑，在外形上的差异也很大。"亭"是指有柱有顶无墙的建筑物，顶部可分为六角、八角、圆形等多种形状，通体上下可以用色彩装饰，在古典园林中通常起着画龙点睛的作用。明末造园家计成在《园冶》中说，亭"造式无定，自三角、四角、五角、梅花、六角、横圭、八角到十字，随意合宜则制，惟地图可略式也"[2]。也就是说，亭子的造型以因地制宜为原则，只要平面确定，其外观形式可以多种多样。"廊"是指屋檐下的过道、房屋内的通道或独立有顶的通道，包括回廊和游廊，具有遮阳、防雨、小憩等功能，在园林中主要发挥分景、引景的作用。《园冶》中也有："廊者，庑出一步也，宜曲宜长则胜。古之曲廊，俱曲尺曲。"[3]可见，亭是以自身的造型优美，与环境相和谐取胜；廊则是以曲折、延长为美。在古人眼里，这两种建筑从造型功用到美学效果都存在着很大的差异，不太会将两者相混淆，建出"宜曲宜长"的亭子来。

让建筑融于环境，让环境服务于建筑，是传统建筑的常用方法。同样，文化人也从这种微妙的关系中获得灵感，为建筑命名。唐时长安城兴庆宫内的"沉香亭"，就是因为建筑材料采用了大量珍贵的沉香木而得名。诗人王之涣也是在细品了黄河上鹳雀楼的傲岸独立，才写出了"欲穷千里目，更上一层楼"的千古名句，折射出诗人壮志未酬的大气势。由物命名，由景抒情，这是中国文化人常用的手法。这样看来，芙蓉园里"彩霞亭"的名字绝不会是空穴来风，而与亭子本身的外观特点有着某种关系，后人完全可以从名字去推断亭子当年的模样。"彩霞"是天上的绚丽之物，因此可以推断，唐人仿

---

[1]　辛德勇.隋唐两京业考[M].西安:三秦出版社,2006。

[2]　(明)计成.园冶[M].重庆:重庆出版社,2006。

[3]　(明)计成.园冶[M].重庆:重庆出版社,2006。

照彩霞的绚烂色彩来建亭子是完全可能的。从唐代的壁画、雕塑中我们也可以发现，不管是人物的上下服饰，还是人物所处的周边环境，都有追求色彩绚丽的共同特点，反映出唐人使用色彩的无拘无束。从技术的角度说，今人要想重现"彩霞亭"的绚烂外观应该并不是件难事。但是，芙蓉园里的彩霞亭整体不过是红柱黑瓦两种颜色（图5-10），算不得色彩丰富，更与绚烂相去甚远，显然与"彩霞"的名号有相当的距离。至于将"彩霞亭"理解为彩霞状的建筑，用"宜曲宜长"的回廊来再现，不仅是对"亭"的曲解，也反映了设计者对中华民族的审美心理，尤其是对中国人"象思维"传统，以及由这种思维方式演化出来的诗性智慧几乎是一无所知。

图5-10　"彩霞亭"内部单一的色彩与装饰

　　在"彩霞亭"里，并没有看到宣传册上介绍的"大唐巾帼，风情万种"的元素，而是只有红柱黑瓦两种颜色组成的廊式建筑。真正与"风情万种"有关系的是一处叫"仕女馆"的地方，四周墙壁上悬挂着几十幅表现唐代女子生活的水墨画像。据学者研究，"曲江两岸是修有大量亭馆的，'尚书省亭子'、'宗正寺亭子'当即其中之一"[1]。这样的建筑类别应该说是符合历史情况的。仕女馆的东北角还建有一座四层高的楼阁，名为"望春阁"（图5-11）。真正将"风情万种"形象化

图5-11　仕女馆与望春阁

的是"望春阁"里展示的内容：一层是由蜡像模型等手法展示的女性服饰；二层是由雕塑等手法展示的唐代女性的议政场面。尽管这里所展现的主题是唐代丰富多样的女性文化，可是无论是角度立意、表现手法还是具体细节，都无法让人感受到唐代女性文化的

---

[1]　辛德勇.隋唐两京业考[M].西安：三秦出版社，2006。

多元，反而觉得单调和乏味。

当然，更能引发我们关注的还是这里的建筑外观，以及由建筑外观所展示出来的文化内涵。在唐代出土展品中，无论是壁画还是泥俑，我们都可以看到唐代的妇女有着丰富的服装、头饰可供选择，色彩艳丽而且形式多样，与唐代开放的社会环境相匹配（图5-12）。另外，唐代社会"胡风"甚重，妇女们也以穿胡服、化胡妆为美。"时世妆，时世妆，出自城中传四方。时世流行无远近，腮不施朱面无粉"的诗句，就形象地记录了这种情况。应当说，如此的审美风尚，应该在仕女馆的建筑上也有所体现才对。这样的要求并不是强设计师所难，而是有所依据的。不要说皇家重地的建筑应该注重男女有别，连民间稍有条件的大户人家，也会在家园中专门建造场所专供女子使用，或称之为"绣楼"，或称之为"闺房"。这些地方特点鲜明，往往没有专门的说明也让人一眼便知，因为，这些建筑的

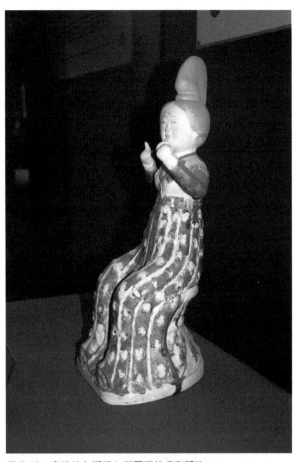

图 5-12　唐代仕女塑像上所展示的多彩服饰

外在形式就有所不同。然而，仕女馆的设计者仿佛并没有这方面的考虑，偌大一片由廊阁建筑构成的园子里，所有建筑与芙蓉园里其他地方并无二致，即使是冠以"望春阁"的建筑，在造型、装饰，尤其是色彩方面都没有改变，依旧重复着四角攒尖顶的造型，重复着红柱白墙黑瓦的单调色彩，传统女性建筑中常用的小巧造型、梁柱彩绘、门窗雕花、布幔遮挡、花草弥漫等等手法统统没有体现，不要说与唐代女性文化不相匹配，如果没有匾额上的名号提示，将这里的建筑混同于园子里的任何地方都是可以的。

尾　声

对搞惯了现代建筑设计的人来说，如此的分析鉴别未免有些过分了。在当下的社会环境中，建筑不过是一种产品，与衣食住行一样只要满足能吃、能穿、能住、能用的基本功用就足够了，何况，芙蓉园里的建筑还做了大屋顶，还配置了一些像斗栱、柱础、梁架等等配件，比起一般地产商干的活要有水平多了。而我们恰恰没有把这里当成一般性的营利场所来对待，而是更加看重这块土地上埋藏的历史，遗留的唐代生存智慧——到底这里还是一处古遗址。然而，从现在的情况看，从拿出图纸到决定施工，恐怕没有

一个环节引入过人文学者，尤其是建筑文化学者的意见。不然，像"御苑门"前就不会被弄得那样花枝招展，"仕女馆"那样的地方肯定不会千篇一律地单调乏味，作为主体建筑的"紫云楼"前脸也不会朝向阴面……如果真的将这里的建筑当成一种历史文化来营造，芙蓉园里的建筑风格可能会更加丰富多彩一些，更加具有历史的真实性，自然也会产生一种独特的美学效果。因为，唐代毕竟只有一个芙蓉园，任何一个城市都不会像西安一样拥有这份荣幸。依靠现代技术，将唐代的建筑复原出来是容易的，难的是精神上的把握与传承。这便决定了古遗址恢复工程绝不只是个技术问题，而是一个文化问题，需要在传统文化的主宰下运行才对。当然，从有所意识到有所行动，人文学者的呼吁仅仅是第一步，反映的是文化精英的意志；决策者的觉悟是第二步，决定着古遗址的命运；设计者的文化修养情况是第三步，关乎着所恢复的古遗址工程的水平与寿命；老百姓的意见与监督是第四步，决定着不惜重金恢复出来的遗址工程在民众心目中的地位与影响。要恢复一处经得起历史推敲的遗址工程，这四大步不但缺一不可，而且可以在有机统一中把握好保护与发展的关系，避免以物质上的奢华掩盖文化上贫乏的庸俗化做法，也可以从不同角度体现出一座城市的总体文化水平。

第三节　"道"文化的异化

在中国古代，大凡建都城的地方都有供帝王游玩放松的场所，汉代有上林苑，唐代有芙蓉园，宋代有艮岳，清代有避暑山庄、颐和园等。与森严规整的办公场所比较，这些地方亭台楼阁掩映在山清水秀之间，人影绰约与鸟语花香为伴，一派返璞归真的大场面，凸显的是道家文化的味道。当年的乾隆皇帝在避暑山庄发出的"无忧天然之趣，人忘尘世之怀"感慨，画龙点睛般地指出了园林中出世的意境以及与之相配的美学效果，成为我们遥想当年皇家园林效果的依据。在一定程度上说，是否能够以"天然之趣"使人忘掉"尘世之怀"，达到道家物我两忘的境界，不仅是古人营造园林的最高追求，也是今天重新恢复园林时必要的遵循。我们就是本着这样的思想来认定芙蓉园的。

这座皇家园林修建于隋唐，至今已有千余年的历史；北京城的颐和园修建于清朝末年，迄今为止不过二百余年。如果用人的年龄比喻建筑的历史，那么，芙蓉园显然年迈得多，同样属于皇家园林的颐和园只能是个"小字辈"。不过，从实际情况看，颐和园是凝重的，给人更多的是沧桑感；芙蓉园是崭新的，更像是一个打扮出来的后生。其实，对搞建筑的人来说，将遗址恢复得古色古香并不是一件新鲜事，当年的梁思成先生就曾提出过，恢复古建筑要"修旧如旧"。这种思想指出了修复古建筑的基本原则是"旧"，强调保留历史感的重要。那么对古代园林的恢复建造，自然也应该遵循这个思路。如果是因为年代久远，无法从外形上再现唐代建筑的风貌，那么至少也应该本着尊重历史的态度，将史书典籍中记载的建筑体积尺度、方位布局以及所承载的基本文化特征表现出来。也就是说，在遗址上恢复出来的园林不应该以外在的鲜亮赢人，而是应当以对历史负责为重，尽量担负起传递历史信息的重任。那么，建在唐遗址上的芙蓉园在这方面又做得怎样呢？

一、风水的盲区

　　风水是中国传统建筑经验的总结，其思想渗透在古代营造活动的方方面面。在一定程度上说，不懂得风水，就无法弄懂中国古代建筑中的许多奥妙。普通的民居建筑是这样，皇家建筑更是如此。由于风水思想的基本原则是"师法自然"，与道家"人法地，地法天，天法道，道法自然"的精神如出一辙。因而，在某种程度上说，道家为风水思想提供哲学依据，风水实践则给道家哲学提供第一手材料。这一点在古典园林中表现得尤其明显。大凡优秀的园林，必然会遵循风水思想来规划建造，在一定程度上说，只要涉及中国古典园林就无法回避风水问题。

　　风水古称"堪舆术"，是中国古人不断总结居住环境的结果，后来逐渐形成了一套人居环境思想。风水起源于原始社会后期，雏形于尧舜，成熟于汉唐，鼎盛于明清。对风水进行理性总结是"罢黜百家"之后，汉代的文字学家许慎在《说文解字》中就有解释："堪，天道；舆，地道"。[1] 说明风水思想在汉代已经十分流行，人们对风水的认识已经不是经验性的，而是对其开始进行内涵式的分析。同时还说明了风水关注的对象在天地之间，核心是指导人与大自然的和谐相处，达到天人合一。到了晋代，人们对风水的认识更加深入，开始探索风水产生的原因，一位叫郭璞的人还专门写了《葬经》一书，研究风水的基本规律："夫阴阳之气，噫而为风，升而为云，降而为雨，行乎地中为生气。生气行乎地中，发而生乎万物……气乘风则散，界水则止，古人聚之使不散，行之使有止，故谓之风水"。[2] 将"阴阳之气"作为风水的本质，显示了风水与道家哲学之间的渊源关系，也等于将道家哲学运用到了人居环境之中。早期的风水主要用在阴宅上，后来扩展到了宫殿、院落、住宅、村舍、园林等等方面，成为人们选址、规划、坐向、摆设时的方法及原则，使所建造的人居空间具有朝阳光、避风雨、防火灾、近水源、利出行的特点，有效地增加了居住环境的舒适度和美学效果。

　　根据风水思想，"坐北朝南"通常是建筑的最好朝向，一方面是利于建筑的采光和通风，另一方面也流露着中国人特殊的文化心理。阴阳五行是中国传统文化的核心，既是五种物质，也是五种文化现象。比如，将金、木、水、火、土与东、南、西、北、中五大方位相联系，并赋予不同的人文意义：木代表东方，呈欣欣向荣之态，因此颐和园的正门为东大门，暗含着"颐养冲和"之义。金代表西方，有利刃凶杀之意，因此古时建筑多要避免这个朝向。火代表南方，是至阳之物，能够带给人们光明和温暖，因此重要的建筑物大多向南。北方属水，水为至阴之物，有滋润孕育的功效，然而却极易流动，所以中国传统建筑的北面通常都建成一道厚厚的背墙，利于抵挡严冬时节来自西伯利亚的寒流。正中属土，中国古代社会长期以来都是一个以农业为主的国家，因此土地在中国人心中有着特殊的地位，这也就决定了一个区域的中央位置往往是最尊贵的，成为人们向往的地方。进入阶级社会，原本朴素的人居环境观念融入了伦理等级的因素，成为人们营造人居环境时别贵贱、辨等级的依据。例如，在中国古代，官方的宫殿式建筑经

---

[1]　许慎. 说文解字 [M]. 北京：当代世界出版社，2008。
[2]　王其亨. 风水理论研究 [M]. 天津：天津大学出版社，2005。

常采用中轴对称式布局，重要的建筑都被安排在了中轴线上，以突出中心地位；而在园林营造上，中心位置又往往以水面或者山石为主，重点凸显自然之美。同时，在四个方位的布局上还形成了东宫为上，西宫为下，居北为君，南面称臣的礼教等级规范。

在已经全盘西化了的当代建筑领域，传统的建筑讲究已经难登大雅，被绝大多数建筑师所不屑。从实际需要看，这是时代进步使然；从文化角度看，这是中国建筑设计走向浅薄的根源。在这样的设计环境下，长官意志和金钱至上主导设计也就成了必然。一般的规划设计是这样，像以凸显政绩、拉动经济为目的的遗址恢复工程，是否也会打上这样的烙印呢？

对于有着千余年建都史的西安来说，用遍地都是古遗址来形容一点也不为过。但是这仅仅是再现历史，恢复传统文化气息的硬件条件，要真实地再现历史，让恢复出来的建筑有传统文化气息，更需要以历史知识和民族意识为内容的文化积淀和修养。芙蓉园的不少设计恰恰是在软件方面出现了问题。比如，将芙蓉园的西大门作为正门，就显示出规划者不懂得古老的五行学说，误把皇家园林的大门朝向了肃杀之位，也无端地给游人们增添了暴晒之苦。再有，作为主建筑的紫云楼尽管高大，但坐南朝北，既可以理解为是臣下庶民的朝向方位，也可以按风水思想将其视为"阴宅"。此外，我们再来看看芙蓉园的中心景观是如何设计的。芙蓉园的名字来自于隋炀帝，原因是这里的水面上遍植芙蓉花，翠绿如盖，花枝招展。因此我们可以推测，芙蓉花是当时芙蓉园里的视觉中心。由此不难看出，历史上的芙蓉园是将自然美作为审美重点来对待的。新建的芙蓉园也有水面，池内也种有荷花，不过是池边岸旁的一些点缀，稀稀拉拉，难成规模。居于中心位置的水面上设置了大面积的喷水头，为晚间的水上放映做着准备。很显然，水面已经不是一个自然美的地方，另有他用，成为放映"水幕电影"的地方了。显然，设计者是按照现代都市的标准来安排这一切的，以视听刺激替代了传统的自然美营造，根本没考虑历史遗址的因素。

凡此种种，说明了设计者在构思规划芙蓉园时，可能顾不上去仔细翻阅像《唐要会》、《长安志》、《资治通鉴》之类的历史文献，也没时间去重温《营造法式》、《园冶》中的那些古建知识，更不太可能去思考风水传统对中国园林美学精神的深层次影响，而是按照平时的设计习惯，根据当下的市场需要就动起手来。于是，出现将园林的大门修得比长安城墙还要高，把遗址上的主景观设计得现代味十足，让紫云楼的正脸朝向阴面等等问题，当然也就在情理之中了。对急于营造政绩和拉动经济的人们来说，这样的设计叫高速度；对于文化人士来说，这样的设计是对传统文化的不负责任；对于真正以古都为荣的人来说，这样的设计无异于对唐文化的曲解与篡改。

二、"道"家精神的消解

整体上看，中国古典美学没有太多的理论总结，更多的是关于人生经验方面的感悟，以形象的方式表述内心的审美体验，在平易亲和中阐释道理，同样能够给人以振聋发聩的启迪。道家对美的阐释同样具有这个特点，尤其是喜欢将人的审美感悟与自然相结合，不管是法地、法天、法道、法自然的基本审美过程，还是"天地与我并生,而万物与我为一"的切身体验，都将物我两忘作为审美的大境界。于是就有学者作出了这样的总结：中国古典园林所传递的美具有道家美学的特点，所体现的哲学思想也主要是以老庄为代表的道家自然哲学。[1] 的确，中国古典园林所遵循的最高法则是"自然"，无论是具体的造园实践，或是《园冶》中"虽由人作，宛自天开"的总结，都是在告诫人们自然天成的重要。也就是说，保持天然本性，使人进入一种心与物游、超然忘我的境界，获得精神上的解脱，才是古人造园的根本目的。早期的山水园林就是人们对自然景观的模仿，后来营造的园林也一直保持着这种传统。中国古典园林一个最重要的特征，就是将人文景观和自然环境相协调，实现人文效果和自然效果的相得益彰。

遗址上修建的芙蓉园也在试图遵循这一传统，宽敞的水面、翠绿的草坪、游荡的锦鲤、摇曳的岸边垂柳……无不给这里增加着自然色彩。但是，总体来说，自然景观为人造景观让步，自然景观当人文景观陪衬的感觉仍然十分明显。比如，紫云楼前的湖面居于园子的中心位置，本身就是一处极为珍贵的自然景观。可是这片偌大的湖面并没有再现唐人赞美的"莲动下渔舟"的美丽画面，而是水幕电影的所在地。水幕电影集音乐喷泉、激光、火焰、水雷、水雾为一体，的确能给游人带来极大的感官刺激，可是，短暂的视听过后，留给人们的感受又是什么呢？震耳欲聋的音乐，朦胧不清的图像，突然降临的火光，不过是将电影院里的场面搬到了湖面上。但是，由于没有相应的周边环境对声光素材进行遮挡、环绕、补偿等等加工，尤其是水幕反光性差等等原因，声音是震耳的，光影是朦胧的，远远达不到影城中光影鲜明、余音绕耳的效果。观赏这样的节目，充其量是给人们以视觉和听觉的刺激而已。只能尝鲜，不能久留。从园林环境的角度看，水幕电影的设置对水面的景观效果也有所改变。展示电影需要巨大的水幕，于是紫云楼前的水面上设置了长达 120m 的喷水装置，下面架设了密如蛛网的线路和设施。为了营造视觉效果，表演中还增添了激光、水雷、焰火等，意味着还有大量的设备被埋在湖底。表面上看，这里还是一汪静水，可是下面却已经成了一个巨型的"集成线路板"。由于这片水域处在湖面的中心位置，四周还有三个石头小岛陪衬，于是，湖泊里的很大一片水面既不可能种植荷花，产生"莲动"的效果，也不可能在上面泛舟，出现"莲动下渔舟"的当年美景。所以说芙蓉园里自然景观为人文景观作陪衬，是因为园林四周林立的高层建筑。这些全新的建筑外观上各自为政，没有因为地处古遗址而在造型、色彩、体量上就有所顾忌，而是建得密不透风，层层叠叠，如围墙一般将这片园子包围了起来。可能这才是建造芙蓉园的真正目的所在——为周边的地价卖出好价钱服务。这样的造园动机肯定是古人所没有的。可能正是因为这种原因，人们游芙蓉园不管是远看还是近瞧，总是找不到游西子湖、颐和园的那种感觉。

追求与自然和谐相处是古典园林的最高境界。颐和园无疑是一个优秀的范例。万寿山上的佛香阁是园中最重要的建筑之一，按照清代的惯例，皇家的屋顶可以使用明黄色的琉璃瓦，以显示其地位的尊贵。可是佛香阁的设计者对此却持谨慎的态度。包括主建筑及周边的所有建筑并没有黄瓦遍布，而是绿瓦为主，黄瓦为辅。显然，设计者是充分考虑到了建筑与自然的关系。如果大面积使用明黄色琉璃，屋顶在周围的绿树丛中就会显得格外耀眼，与自然环境难以融合。再者，中华祖先历来有注重内敛不事张扬的性格，佛香阁的做法正符合这样的文化心理。为了保持皇家园林的高贵，又不失对自然环境的

---

[1]　曹林娣. 中国园林文化 [M]. 北京：中国建筑工业出版社，2005。

敬重，聪明的古人在明黄色的琉璃屋顶周围加上了一圈绿色的琉璃瓦，产生出了"黄顶镶绿边"的美丽造型（图 5-13），一方面缩小了明黄琉璃瓦的面积，使其耀眼的程度降低；另一方面，绿色的琉璃瓦又恰好和周边茂密植被的颜色相衔接，使观看者在视觉上有了过渡。其实这种造型在故宫里的"乾隆花园"中也可以看到，说明古人在营造园林的时候，更加注重的是将建筑融于自然，力图将人文美与自然美达到某种契合，而不是让自然来陪衬人的需要，哪怕是皇家园林也不能含糊。这可能正是中国古典园林特有的一种意境，让人们在审美的过程中不知不觉地走进自然，体味情趣，实现精神上的逍遥游。

图 5-13　颐和园的佛香阁，绿色的琉璃瓦与周边自然环境更加协调

　　"清水出芙蓉，天然去雕饰。"诗人李白在诗中近乎直白地表达了对芙蓉花的赞美，同时也表现出唐人对自然美的至高评价。由此我们可以得出，唐代芙蓉园所展现出的美学效果，也应该如同清水芙蓉一般是清逸自然的。可是，由于失去了"道法自然"的文化根脉，如今的芙蓉园，很难找到如此的美学意境了。细数芙蓉园中大大小小的仿古建筑，论及建筑材质，已经脱离了传统的土木结构，而改为水泥、玻璃、板材等复合材料，加之油漆、贴面、做旧等手法的简单粗糙，仍然遮挡不了这些建筑的现代痕迹。在大面积使用的情况下，足以产生从根本上改变环境美学效果的作用。论及建筑造型，多次重复出现的四角攒尖顶，使园林的天际线失去了一份变化和精致，也很容易给人造成视觉上的疲劳。论及建筑色彩，园内清一色的红柱白墙黑瓦也给人单调之感。红与黑，黑与白都属于强烈的色彩对比，在视觉心理学中，这样的配色，带给人的是跳跃不安的感觉，很难让人心态平和，平心静气。这样的色彩掩映在绿树花丛之中，形成强烈的对比，不仅无法实现与环境的完美融合，也使得建筑与环境形成反差。更有甚者，芙蓉园内建筑

的轮廓上全部都装饰了灯光，到了夜晚，一片绚烂夺目。殊不知，古人可能更喜欢在夜色的笼罩下进入寂静的状态，和周围的自然山水融为一体。而霓虹灯闪烁的场景，会让人们更多联想到酒吧、不夜城等娱乐场所，和古老的皇家园林很难画上等号。在一定程度上说，五颜六色的霓虹灯让芙蓉园漂亮了，同时也将这里的历史感大大抵消了。

古人在园林营造上尽力"师法自然"，纵然是对建筑等人文景观的营建，也以能和自然环境的和谐共生为最高法则。明末造园家计成的一句"虽由人作，宛自天开"，说出了古人造园的最高境界。对今人来说，所设计的园林如果无法达到"宛自天开"的境界，给人回归自然的感觉，就很难说是真正意义上的传统园林。如果说，一座园林为了满足人们的感官娱乐，为了吸引众人关注，而不惜消解"道法自然"的文化根脉，那么，纵然耗资巨大，纵然有名人捧场，也很难帮助人们找回那种"天然去雕饰"的美感。对整日处在浮躁和焦虑中的城市人来说，这样的美感可能才是他们最渴望得到的。

三、降解了的尊贵

中国园林是有格调的。依据不同的用场和条件，古人在建造园林时，既可以因地制宜，也可以量身定做，将皇家园林的尊贵、私家园林的精巧、文人园林的气质、宗教园林的神秘、公共园林的敞亮区分得清清楚楚，建造得风格迥异，形成不同的美学效果，反映出极高的营造智慧和技巧。历史上芙蓉园的定位无疑也会以尊贵为尚。立于秦汉时期的古遗址，兴盛于隋唐的特别经历，使芙蓉园在中国园林史上的地位无疑是不同凡响的。《资治通鉴》上记载的太宗临幸，[1]《全唐诗》中盛赞唐玄宗登临紫云楼观看"曲江大会"的诗句，都给这座园林增添了皇家的高贵。古人有"桃李不言，下自成蹊"之说，芙蓉园与皇家的紧密关系，肯定会引起民众的无限向往。可是，这里到底不是"西市"和"东市"那样的自由市场，不仅有高墙围合，还有专门的夹城供皇家往来，不是等闲之辈可以随便出入的。即使是金榜题名的文人士子们，也只能是在高墙之外眺望紫云楼，靠"白鹿原头回猎骑，紫云楼下醉江花"，"欲问神仙在何处，紫云楼阁向空虚"的假设，来想象芙蓉园内的美妙景象。

这种高贵，仍然是道家美学的展现。庄子提出，真正的逍遥游是一种"无所待"的境界，保持独立自我，不需要凭借外力，更不必迎合什么，所谓"若夫乘天地之正，而御六气之辩，以游无穷者，彼且恶乎待哉"（《庄子·逍遥游》）。这是道家思想最可贵的地方——追求独与自然往来的大境界。而芙蓉园恰好体现出这样的特点。据考古发现，位于长安城北大明宫中心位置的太液池，东西500m，南北320m，规模不能称之为大。位于城东的兴庆宫里也有园林，整个面积也不过两坊之地。[2]芙蓉园属于城中的园林，一般来说面积上也不太可能超过前面的情况。其实，对于国力殷实且极具艺术气质的唐王朝来说，更有可能是通过精益求精来营造出园林的皇家水准。由此我们不难得出这样的推想：受地域局限，芙蓉园中不太可能修建雄伟的宫殿，而是一些亭、台、楼、阁等园林建筑，而且修建得极为精致，富于色彩。相较于大明宫太液池周围的奇花异草，兴庆宫沉香亭畔

---

[1]　辛德勇.隋唐两京丛考[M].西安：三秦出版社，2006。

[2]　西安市文物局.大明宫[M].西安：陕西人民出版社，2002。

牡丹的国色天香，芙蓉园主要是以"青林重复，绿水弥漫"（《资治通鉴·卷一九四》）为主。可能，正是这种不事雕琢的自然气息，才使得芙蓉园在众多的皇家园林中脱颖而出，形成了独有的魅力，成为唐代帝王们钟爱的休憩场所。

　　如果说，历史上的芙蓉园凭借天然去雕饰的道家风范吸引帝王临幸，那么，今天的芙蓉园是否继承了这种传统呢？我们先来看芙蓉园自建成后所开展的一系列社会活动。据曲江文化产业投资公司公布：2004年10月16日，在芙蓉园尚未正式对公众开放的时候就举行了"格莱美金曲之夜"；2005年4月30日和2005年5月6日，中国国民党主席连战、亲民党主席宋楚瑜访问曲江大唐芙蓉园；2005年11月10日上午，首届欧亚经济论坛在大唐芙蓉园隆重开幕，包括泰国副总理兼商务部长颂琦，日本前首相村山富士等中外嘉宾300多人光临大唐芙蓉园；2007年7月23日，大唐芙蓉园新天地游乐场全方位对外开放；2007年9月2日，承办"快乐男声2007全国巡回演出西安演唱会"；2007年10月27日，"倾国倾城"大型电视晚会在大唐芙蓉园举行；2009年5月23日，中国第二届诗歌节在大唐芙蓉园开幕；2009年8月25日，2009世界旅游大使冠军决赛陕西区总决赛新闻发布会在大唐芙蓉园御宴宫举行；2010年2月8日，"曲江尔雅女子游学院"在大唐芙蓉园成立并招生；2010年5月15日，大唐芙蓉园举办草莓音乐节；2011年6月，在大唐芙蓉园举行端午龙舟节；2011年6月11～18日，第五届"大唐芙蓉园杯"渔王争霸赛……[1] 这些属于官方或半官方的活动，带有一定的阶段性。此外，园区内还有一些常规性的表演活动，像"大唐武士换岗"、"威风锣鼓"、"大唐运动会"、"李白斗酒"（图5-14）、"功夫小沙弥"、"大唐斗鸡"（图5-15）、"金猴绝技"、"民俗对歌"、"大唐仕女服饰秀"（图5-16）等等，不一而足。这些活动囊括了流行音乐、政要接待、经济论坛、诗歌朗诵、女子学艺、新闻发布、民间娱乐等等，可谓包罗万象。也就是说，今天的芙蓉园已经不是一个皇家文化的主题公园，而成了一个集娱乐、住宿、发布、竞技、选美、会议、教学、宗教、杂技、耍猴、斗鸡等众多功能的地方。这些活动确实热闹，加上新闻媒体的推波助澜，也能

图5-14　大唐芙蓉园内定时上演的情景剧，融合了民间故事、斗酒、舞蹈、孔雀表演等多种元素

给这里吸引来社会的各种关注。可是，这样一来，所谓皇家园林的定位也大大地被冲淡了，让人们在感受热闹的同时，更容易将这里与多功能的娱乐场所联想到一起——只不过是在皇家园林里进行罢了。

---

[1]　信息源自曲江文化官方网站，http://www.qjculture.com/。

图 5-15　每天在仕女馆内定时举行的斗鸡表演

图 5-16　唐代歌舞、服饰展示

其实，想还原皇家园林的做派并不是一件难事，目前国内外不少历史悠久的城市都有这方面的很好经验。这些地方的历史可能远没有芙蓉园遗址悠久，规模也没有那么张扬，而是以真实的历史味道，完好的皇家风格，让今天的人们魂牵梦绕，百游不厌。民间有"画人画骨难画神"说法，说的是"神气"在人物绘画中的重要。同样，遗址上的园林恢复，文化气质的营造与维护远比形式重要。反之，一些不合拍的做法只会得到一时的热闹，未必都能产生好的社会效果，尤其是对那些以尊重历史为尚的国家和地区的人士来说。我们可以试想一下，假设在北京的颐和园举行金曲之夜流行音乐会，在承德的避暑山庄搞选美活动，在中南海里搞赛龙舟比赛……给再多的钱，这些地方的主管者恐怕也不会允许的；再假设，让法国人在他们的枫丹白露召开新闻发布会，让英国人将他们的女子学院开设在白金汉宫的后花园……恐怕这些城市的市民都不会答应。其实，这些地方，每一处都拥有自己的底蕴和厚重，所以也根本不屑搞这些名堂——颐和园以佛香阁为中心，园中有景点建筑物百余处，大小院落20余座，共有亭、台、楼、阁、廊、榭等不同形式的建筑3000多间；避暑山庄内康熙、乾隆钦定的景区就有72处，殿堂、楼馆、亭榭、阁轩、斋寺等建筑百余处；法国的枫丹白露的外环境包括1座主塔，6座王宫，5个不等边形院落，4座花园，宫内的主要景点有舞厅、会议厅、狄安娜壁画长廊、瓷器廊、王后沙龙、国王卫队住所、王后卧室和教皇卧室、弗郎索瓦一世长廊……不难看出，中外与皇家有关的场所都带有极高的品位，而营造这种品位的是对历史的尊重以及无处不在的艺术气质。真正的皇家园林因为讲究品位才显得尊贵，在遗址上修建起来的难道就应该降格以求吗？答案当然是否定的。任何民族，皇家都是不同凡响的文化符号，属于历史的一部分，不允许随便改造或移为他用，古遗址上的真迹是这样，严格说来，在古遗址上复建起来的同样也应当是这样。

是让游人感受历史，体验皇家当年的荣誉与尊贵，在精神上有所收获；还是让游人在商业氛围中猎奇尝鲜，获得感官刺激或物欲满足。这不仅能够反映出遗址规划建造者的历史意识，也能够折射出一个地区对本民族文化的基本态度。

"国人震撼，世界惊奇"这句广告词不能仅仅停留在宣传上，更应该落实在行动上。历史遗址上的旅游景点给游人留下的到底应该是什么？这确实是一个值得认真思考的问题，其中，历史信息的真实程度肯定会是一个极为重要的考核指标。由于历史的一去不返，因此千方百计地搜集、整理、归纳、提纯其中的每一个信息，小心翼翼地通过各种手段尽可能地真实再现这些信息，将是历史遗址恢复好坏的根本性指标。如果真是达到了这样的水准，恢复出来的工程将同样是具有唯一性的珍品，不仅在保护文物方面功德无量，同时也给社会和子孙后代留下了一份值得珍视的财富。当然，要真的做到这一点，单凭巨额资金的投入是远远不够的，还要具备深厚的文化功底，拥有一种对华夏文化赤诚的情感。

第六章　曲江灵秀须雅风

——曲江遗址工程

中国传统文化中一直带有某种哲学味道，不管是早期《尚书》中的五行学说，带有原始宗教意味的《周易》中的八卦思想，还是后来儒、道、佛及其宋明理学追求的"究天人之际，通古今之变"的宏观境界，都带有极强的形而上性质，其中的辩证方法更具有很强的认识论意义。在古人眼里，人世间的一切事物都是阴阳的统一体，比如山南水北为阳，反之为阴，缺其一就不可能成为山水；男子为阳，女子为阴，缺其一就构不成生命的演化；正面为阳，反面为阴，缺其一就无法形成物体的存在……这种观念反映了中国古人朴素的哲学思考，对中国的传统文化形态产生了深远的影响。这种影响当然也会体现在唐长安城的规划和建设上。如果说，长安城整齐划一的里坊布局体现出阳刚的属性，那么城东南角的曲江自然风景区则是一处"流水屈曲"的阴柔之所，展示出这座帝都的另一种美。阳为庇护，阴为滋养，这样的规划，在阴阳辩证中保证了城市布局上的错落有致，也自有一番和谐之美。

基于这个原因，曲江在唐代深受文人士大夫们的青睐，在唐诗中也有大量关于曲江的传世名作。另外，不同于高墙护卫的芙蓉园，曲江在唐代属于一个开放的场所，以自然景观为主体，平民大众可以自由赏玩，因此就使得曲江景区充满了亲和力。唐人的文化娱乐活动十分丰富，史书中记载的上巳节、重阳节等传统佳节都和曲江有着千丝万缕的联系，也为这一带的自然景观增添了丰富的人文色彩。

第一节　文化品读

"菖蒲翻叶柳交枝，暗上莲舟鸟不知。更到无花最深处，玉楼金殿影参差。翠黛红妆画鹢中，共惊云色带微风。箫管曲长吹未尽，花南水北雨濛濛。泉声遍野入芳洲，拥沫吹花草上流。落日行人渐无路，巢乌乳燕满高楼。"阳春三月，草长莺飞，菖蒲摇曳，弱柳扶风，汩汩的泉水漾起层层涟漪，将偶尔飘落到水面上的落花与草叶送向岸边。诗中营造的意境开阔疏远，充满了田野之趣，很容易让人联想到美丽的江南水乡，然而这却是唐代诗人卢纶在传世名作《曲江春望》中为我们描绘的长安城东南角上曲江两岸的景色。

一、历史上的曲江

曲江位于唐长安城东南隅，今西安南郊的北池头村一带。早在秦汉时期，这里因地下水资源丰富，植被茂盛，景色优美而大受青睐。秦始皇统一全国后，选择这里修建离宫"宜春苑"、"宜春宫"。当时这里还被称作"隑州":"隑"古同"碕",是用来形容弯曲绵长的水岸;"州"同"洲",即水中小岛或近水之滩。西汉时期,汉武帝扩展上林苑,并进一步扩建"宜春苑"、"宜春宫",疏浚池渠,广植花草。"曲江"之名也在这时正式出现,据《太平寰宇记》记载:"曲江池,汉武帝造,名为宜春苑。其水曲折有似广陵之江,故名之。"[1]西汉时期司马相如随汉武帝游幸上林苑,过宜春宫,观秦二世陵墓,并作《哀二世赋》,赋中有"临曲江之隑州兮,望南山之参差"的句子。相传汉武帝、汉宣帝均爱到此处游玩,一次,汉宣帝携许皇后出游至此,面对曲水逶迤,丘陵起伏,风光绚丽,众人以至于"乐不思归",后来宣帝命人在此处建了一处乐游庙。从此,这块以地形独特和自然植被取胜的丘陵地带便因庙而名,人称"乐游塬"。由此可见,历史上的曲江一代的地貌起码有这样几个特点:一是水流曲折婉转,绵延不断;二是两岸的草木丰沛,景色宜人;三是以丘陵和水流等自然景致取胜,很少人工建造。

这样看来,历史上的长安城在东南角上是没有城墙围合的。后人对这种情况有以下推测:隋初修建大兴城时,总设计师宇文恺看这里的地势高低错落,偏僻潮湿,不宜建造,索性因地制宜,将这里改造为园林,对曲江两岸进行了修整,同时开黄渠引大峪水经过少陵原、杜陵原西部注入低洼之处,增加了曲江的水量。于是,曲江两岸成为了开放性的园林,可以供游人赏玩。当时的曲江北部被纳入长安城内,南部隔于城外,宇文恺将曲江水域较大的一块地区划为禁苑,种植了大量芙蓉花。隋文帝不喜欢"曲江"之名,于是给禁苑赐名为"芙蓉园",其他的水域仍然称为曲江。还有一种说法是,在考察新城地貌时,宇文恺发现大兴城地势为东南高西北低,风水来自东南,而皇宫大内设于城池北侧中部,在地势上根本无法高过东南。按照中国传统的风水理论,应该采取"厌胜"的方法进行破除。于是,宇文恺命人把城东南的曲水挖成深池,隔于京城内外,既是长安城的风水入口,也可以建成皇家禁苑,成为帝王的游乐之地,在一举两得之中将自然造化与人的需要整合为一。另外,古人认为"天倾西北,故日月星辰移焉;地不满东南,故水潦尘埃归焉,"[2]看来,宇文恺所以能够千古留名,不仅仅是因为规划了一座城池,还在于拥有很深的文化修养。在规划大兴城时,他既考虑到了天子的意愿,也绝没有因为要拿天子的俸禄而牺牲传统,最终在象天法地中进行了规划和营造,使长安城既不失帝国京城的高贵,也绝不会因为违背了祖宗的传统而遭世人的唾骂。

唐人是以征服者的姿态面对大兴城的。不过,这一征服者并没有被军事上的胜利而冲昏头脑,也没有失去对文明的畏惧。在对隋大兴城进行了整体勘察之后,对这座依照天地之气建造出来的城池采取了全盘接受的态度,只是将名号由带有浮夸味道的"大兴"变成了更加实在的"长安"。长安城南的曲江一带也延续着以前的情况。到了唐玄宗开元初年,国力渐强的唐王朝才对曲江地区进行了扩建。唐人康骈在传奇小说《剧谈录》中写道:"开元中疏凿,遂为胜境。其南有紫云楼、芙蓉园。"[3]看来这次工程以"疏凿"为主,意在疏通曲江的来水和去水,同时还将曲江流经的芙蓉园进行了修建,建造了紫云楼。这可能是有唐一代对曲江第一次有规模的修建。据《唐会要》卷三十记载,唐文

[1] 王文楚. 太平寰宇记 [M]. 北京:中华书局 2007。

[2] 刘安. 淮南子 [M]. 南京:凤凰出版传媒集团,凤凰出版社,2009。

[3] 康骈. 剧谈录 [M]. 上海:古典文学出版社,1958。

宗太和九年（公元 835 年）"（重）修紫云楼于芙蓉园北垣"。这次修建已是安史之乱后，距前一次已有百年的距离，修建的重点是恢复被战火毁坏了的遗址。两段文字都在谈曲江，比较起来却各有侧重：前一段重点在曲江水脉及周边情况，工程量比较大；后者的重点在芙蓉园，点明紫云楼建在芙蓉园的北边。二者结合可以看出，芙蓉园就在长安城东南角，与紧贴东城墙的暗道相通，紫云楼建在曲江池（芙蓉池）北岸，近对园内芙蓉，远对中南美景；曲江的来水应在芙蓉园的东南面，位于上游，曲江池（芙蓉池）的出水流入长安城，作为下游。芙蓉园作为皇家园林，专供帝王、后妃游赏，王公大臣们若非受到召见，轻易是不能进园的。曲江两岸则逐渐成为公共园林，人们可以随时自由赏玩。每年春上长安城中的百姓游春，文人雅士们喜欢的"曲水流觞"，新科进士们的宴游等活动都是在曲江沿岸举行的。

与皇家园林的神秘不同，曲江周边则有的是开放的空间，种植了各种树木和花草，尤以柳树、杏树居多。达官显宦们也垂青曲江周边的美景，在岸边建造了私家园林，从而使曲江成为长安城风光最为旖旎的开放式园林。诗人韩愈的一首"漠漠轻阴晚自开，青天白日映楼台。曲江水满花千树，为底忙时不肯来？"道出了这里花开满树、绿草如茵的优美景象。杜牧的"江头数顷杏花开，车马争先尽此来。欲待无人连夜看，黄昏树树满尘埃"的描写，道出了春暖花开时节的曲江两岸车马争先，游人摩肩接踵的热闹景象。应该说，这些诗句都是当时曲江游览盛况的真实写照。

二、曲江美景

经过以上的历史回顾不难发现，曲江不是园林，但是胜似园林。如果说园林的美在于工巧，那么，曲江的美则在于天成——

首先，曲江之美当推一个"曲"字。曲江水流天然地呈现出高低起伏，蜿蜒曲折的状态。据史籍资料记载，曲江水源主要有两个：一是来自地下泉水，如唐代诗人卢纶在《曲江春望》中提到的"泉声遍野入芳洲，拥沫吹花草上流"；二是由黄渠引来的秦岭大峪水。从考古资料看，黄渠水在长安城外分为两支，一支先注入芙蓉池再向北流向下游，一支从芙蓉园东北部分出，穿城流注曲江池[1]。水从不同方向注入池中，增添了水流的动态之美。由此，也引出文人之间"流觞曲水"的风雅活动。"觞"是一种古代酒器，"曲水"是指弯曲的水道。魏晋时期，文人雅士整日饮酒作乐，纵情山水，阔论老庄，游心翰墨，兴起"流觞曲水"之举，即文人墨客们按秩序安坐于潺潺曲水边，一人将盛酒的杯子从上流使其顺流而下，酒杯停在某人面前，某人则取而饮之，酒干而诗出。这种"阳春白雪"般的行为，不仅是一种饮酒手段，还因诗的参与而倍显高雅，不同凡响。在人人善饮，更喜吟诵诗歌的唐代，这一活动大受欢迎，而曲江则为长安城的人们进行"流觞曲水"提供了天然场所。

其次，曲江美景得益于周边丰富多样的地形地貌。欧阳詹《曲江池记》云："兹地循原北崎，回岗旁转，圆丘四匝，中城坎崥，樶藂港洞，生泉翕原……西北有地平坦。"说明曲江池东西两侧有起伏的丘陵，南面为高大的台塬地形，西北方面平坦，地形起伏

---

[1]　根据 1956 年测绘的《唐长安城探测复原图》所示的水沟遗址。

曲折，山回路转，柳暗花明。曲江池往北偏东方向延伸到新昌坊、靖恭坊一带，有一道天然台塬，即为乐游原。唐代诗人李商隐的名句："向晚意不适，驱车登古原。夕阳无限好，只是近黄昏。"（《乐游原》）就是诗人看到这里的景色后有感而发的。据考古测量古乐游原海拔为 450m，高原之上，颇具登眺之美；登临原上，唐长安城内外美景可以尽收眼底。据记载，唐太平公主曾在这里建有大型的私人宅院，并专门修建了亭子，供人们赏玩小憩。清代学者徐松编著的《唐两京城坊考》中有描写："其地（乐游原）居京城最高，四望宽敞，京城之内，俯视指掌。"[1] 可见，唐代的曲江流域集"爽塏"、"高岗"、"芳甸"、"沼池"、"沙洲"等众多地貌类型于一体，再加上草木茂盛，郁郁葱葱，为这一带增加了气象万千。

此外，曲江周边的人文景观也十分丰富。曲江流经的新昌坊内，有唐代著名的佛教密宗圣地青龙寺，建于隋文帝杨坚开皇二年（582 年），时称灵感寺。青龙寺的盛名远播海外，唐时日本真言宗的祖师空海来到长安城后，就是在此寺拜学于著名的惠果法师，回国后成为真言宗的初祖。因此，青龙寺是日本人心目中的圣寺，是日本佛教真言宗的祖庭。日本平安时代（784～1192 年），著名的"入唐八家"其中六家空海、圆行、圆仁、惠运、圆珍、宗睿都先后来到青龙寺受法。诃陵国（今印度尼西亚爪哇岛）僧人辨弘，新罗僧人惠日、悟真也曾向惠果法师学习密宗教法。在曲江沿岸，还有许多达官显贵修建的园林对公众开放。据王桨《曲江池赋》记载："其地则复道东驰，高亭北立。旁吞杏圃以香满，前喻云楼而影人。嘉树环绕，珍禽雾集。"这里的"高亭"指的是供游人大众观景休憩的"曲江亭"，站在曲江亭中，可以隐约看到芙蓉园里的一些建筑；文中的"云楼"就指的是芙蓉园内的"紫云楼"。曲江池西侧有杏园，据《咸宁县志》记载，杏园位于慈恩寺南，相距一坊之地。由此推测，杏园应该是在紧靠京城南垣、人口稀疏，临近曲江。关于杏园的规模，诗人姚合《杏园》有"江头数顷杏花开"的描写，尽管有些夸张，但其规模一定是相当可观的。每年早春杏花开放的时节，这里就成为游览曲江的人们必至之所。唐代诗人周弘亮在《曲江亭望慈恩寺杏园花发》咏道："江亭闲望处，远近见秦源。古寺迟春景，新花发杏园。"说明当时的曲江亭还可以看到不远处的慈恩寺和大雁塔。

由此可见，曲江虽然没有芙蓉园那样高贵，但是却有着得天独厚的自然景色和众多的人文景观，是人文与自然巧妙结合的佳作。与芙蓉园里的皇家气象不同，这里的一切因为自然天成而更加平易近人，因为平易近人而更加使人们才华尽展，演化出"曲水流觞"、"雁塔题名"、"杏园题诗"等等风情雅事。如果说芙蓉园里留下的是帝王们的歌舞升平，曲江一带留下的则是唐人的欢歌笑语，更能将有唐一代具有诗意的文化气质显示得淋漓尽致。

三、文化魅力

曲江之美，带有一种大自然特有的亲和力。唐时的曲江是长安城周边植被最茂盛的地方。这里草木森森，流水潺潺。每年春上，柳枝轻舞，站在柳荫之下纵观池水，淙淙不断的泉水、渠水和池水融为一体。水中央有一突起的地方名汀洲，花草遍布，犹如一

---

[1]　徐松. 唐两京城坊考 [M]. 北京：中华书局，1985。

幅天然画图，常常引来游船停泊，流连忘返。可以说，曲江就是一处唐人寻找自然归属感的地方。在这里，坊间百姓可以告别市井中的喧嚣与复杂，融汇到自然山水中，舒展身心；文人雅士可以登高望远，畅叙悠情，在曲水中流觞，在花丛中吟诗，寄情于山水之间，放浪于形骸之外；官宦显贵们可以暂时摆脱官场上的做作拘谨，在红花绿柳之间，享受花草山野之趣。可以说，曲江是唐时长安人最常光顾的地方。这一点从唐诗中就可以看出，擅长乐府诗的诗人元稹就坦言："十载定交契，七年镇相随。长安最多处，多是曲江池。"（《和乐天秋题曲江》）。官至礼部尚书的权德舆忙里偷闲，也曾经陶醉于这里，发出过"春光深处曲江西，八座风流信马蹄。鹤发杏花相映好，羡君终日醉如泥"（《酬赵尚书杏园花下醉后见寄》）的感言。

　　同时，曲江也是长安城中最先感受到季节变化的地方。在没有气象条件的年代里，自然界的植被变化就是最好的季节预报。无论是春江水暖，还是秋江飞雁，都会在花草树木之间打上烙印，留下色彩，影响着人们的生活起居。曲江就在唐代长安城里充当着这样的角色。《唐两京城坊考》云："每正月晦日、三月三日、九月九日，京城仕女咸就此登赏拔禊。"晦日是指农历的每月初一，是月份开始的标志，唐代将此也作为了一个节日——中和节。据《旧唐书》记载，德宗年间（780年）正月，德宗因汉代重视三月初三上巳节，晋代重视九月初九重阳节，为了唤起人们对春耕春种的重视，就将二月一日定为中和节，来代替正月晦日节，这样中和与上巳、重阳成为唐代的三令节。德宗还规定中和节百官休假一日，后来根据宰相李泌的建议，规定中和节令百官进农书，王公戚里上春服，士庶以刀尺赠送，村社做中和酒以祈丰年谷熟。依照旧例，每逢中和、上巳、重阳这三大节日，就会在曲江举行聚会活动。届时长安城内的大小商贩"皆以奇货丽物阵列"，"豪客园户争以名花布道"，进入曲江观光的人成群结队，摩肩接踵，络绎不绝，直到天色昏暗。这种情况自然也会引发诗人们的创作灵感："曲江初碧草初青，万毂千蹄迎岸行"，"柳絮杏花留不得，随风处处逐歌声"，写得就是曲江一带春暖花开时节的景象；"三月三日天气新，长安水边多丽人"则是杜甫对春到曲江时两岸人们嬉戏玩闹景象的描写；刘贺"上巳曲江滨，喧于市朝路。相寻不见者，此地皆相遇"的诗句更以写实的手法，记录了上巳节时曲江之滨的热闹场面——平日里不常见到的人，这一天都会在曲江池畔相遇。节日盛况，可见一斑。

　　唐时曲江最有文化意义的活动莫过于"曲江关宴"，也称曲江大会。这是唐代专为新科进士举行的宴庆活动。由于每年活动举行的时间都安排在吏部关试之后，因此称作"关宴"。唐代中期以前，朝廷每年在此设宴款待的是未考中进士的落第士子，以鼓励其来年再考，大有安慰的味道。后来又改变为对考中进士进行宴请，以示庆祝，宴请的目的也从雪中送炭变成了锦上添花。每年值此时日，志得意满的进士们云集曲江，赏景寻乐，以"曲江流饮"的形式抒发欢畅之情。然后进入杏园赴宴，曾经有过这种经历的士子刘沧在《及第后宴曲江》一诗中就发出了"及弟新春选胜游，古园初宴曲江头"的声音，记录的就是这种情况。宴会后还要推举出当年的佼佼者为探花使，这就是有名的"杏园探花"。接下来，进士们再被人们簇拥到慈恩寺，举行雁塔留名的仪式——进士们聚集在专供题名用的题名屋里，先各自在一张纸上写出自己的姓名、籍贯，并推举其中的一位出众者赋诗一首，以记盛事。然后交与专职石匠，刻在大雁塔周边的石砖上。贞元十六年（800 年），27 岁的白居易进士及第，在同时考中的 17 人中就以年轻出众，得意之余挥毫写道："慈恩塔下题名处，十七人中最少年。"十年寒窗苦，终为一日成的喜悦心情溢于言表。进士们的关宴十分讲究，晚唐五代时期《唐摭言》卷三中就有"四海之内，水陆之珍，靡不毕备"的记载；韦庄《江上逢故人》一诗中"前年送我曲江西，红杏园中醉似泥"的诗句，都多少反映了"关宴"上的情况。我们并不欣赏这种纸醉金迷的场面，而更加关注唐代社会对人才的态度。据说每当举行"关宴"之时，中榜的才子们便成为了万人瞩目的对象，就连皇帝也会率宠妃在紫云楼居高临下，远远观望，百官公卿则趁机选取东床快婿，未曾及第的文人雅士们面对世态炎凉，也借此赋诗吟咏……其实，表现最热烈的还是长安城里的百姓们。为了一睹新科进士的风采，倾城相观，成群结队，竟然出现了"长安几半空"的情况，从一个方面反映出唐时对人才非常重视的社会心态。隋唐以前，一直是世家贵族把持乡举里选，垄断仕途。品评士人、选拔官吏强调士庶之分和门第高低，形成"上品无寒门，下品无世俗"的局面。隋唐开始通过科举考试对社会公开选拔官吏，为下层百姓进入仕途提供了途径，很快便成为人们关注的焦点。不过，能够金榜题名的到底少之又少，肯定是些耐得寒窗之苦，聪慧而又坚毅的出类拔萃者，引来万人瞩目也是自然而然的事了。

此外，曲江池畔流传的民间习俗也颇具文化味道。比如春季的"斗花"、"插柳"、"修禊"等。五代后周时期的王仁裕撰写的《开元天宝遗事》中就记载："长安士女于春时斗花戴插，以奇花多者为胜。皆用千金市名花，植于庭院中，以备春时之斗。"[1] 每年春上，长安城里的女子成群结队来到曲江，穿梭于花木丛中，争奇斗艳，引得路人驻足观望。杜甫《丽人行》诗云："三月三日天气新，长安水边多丽人"反映的就是这种习俗。"插柳"也是一种唐朝的节日习俗，清明时节，古人踏青归来在门前插上柳枝，头上戴柳圈，或将柳条斜插鬓间，以示春意。唐时民谚中就有："清明不戴柳，红颜成皓首"，认为戴柳可使人青春永驻，有插柳辟邪的味道。"修禊"是古人在水滨沐浴习俗的称谓，源于远古的祭祀活动，据说是为了辟邪。东汉学者应劭的《风俗通义》已经把"禊"列为祭祀的一种，说："禊，洁也。"[2] 到了唐代，"禊"由祭祀变成为民间一种重要的节日活动。每到三月初三上巳节，长安城里的人们会来到曲江，临水洗濯，踏青游玩。在唐代，重阳节插茱萸的风俗就已经很普遍。每年的九月初九时，民间盛行"登高"、"插茱萸"之风，即登高远望，采茱萸插戴头上，亦有用茱萸制成香囊佩带的，认为能够驱邪治病。王维《九月九日忆山东兄弟》就是有感于这个节日："独在异乡为异客，每逢佳节倍思亲。遥知兄弟登高处，遍插茱萸少一人。"重阳节时，秋高气爽，正是茱萸成熟之时，唐人以插戴茱萸的方式，或作为装饰，或祝颂延年，也是一件美人美己的事情。此外，唐时宫廷与民间的各种艺术表演活动也很繁盛，无论达官显贵，市井百姓，还是舟车卖浆贩夫走卒，无不喜爱乐舞与百戏表演。所谓"百戏"，就是流行于民间的"散乐杂戏"，因常有乐舞相辅，故称之"乐舞百戏"。在曲江一带，每逢佳节，周边百姓就会自发地举行乐舞百戏，其间不乏来自西域等少数民族的歌舞

[1] 王仁裕.开元天宝遗事 [M].北京：中华书局，2006。
[2] 赵晔，陈选集.风俗通义 [M].北京：中华书局，2011。

表演。重要节日里长安仕宦们还会用颜色鲜艳的彩帛装饰成"花车"，乐师舞姬在车上载歌载舞，蔚为壮观。

在一定程度上说，曲江是中国历史上早期公共园林的雏形，是王公贵族和平民庶人共同游览休闲的场所。曲江之美，不仅在于自然天成，更在于这里凝结了太多的文化内容，使得唐人的诗意在这块土地上得到了充分体现：对平民百姓来说，秀美的环境除了给他们提供了休养玩乐的场所，还是他们剔除污垢换得吉祥的地方；对达官显宦来说，这里是奖励勤勉、催人励志的场所，也是体察民情、与民同乐的地方；对文人墨客来说，不管是古刹庙宇，还是流水屈曲，都能给他们抚今追昔、励志抒怀的灵感。中国传统园林将"意境"作为至高的美学追求。这里的"境"指的是客观环境，完全可以通过山水花草、亭台楼阁来营造；这里的"意"指的是主观意趣，需要人文化成来实现。唐代曲江的动人之处，不仅在于山水花草、亭台楼阁，更在于其中深不可测的文化意趣。这里有阳春白雪般的清丽与雅致，也有下里巴人的热情与亲和。对于后人来说，栽花种草、引水疏浚、营建亭台楼阁是容易的，但是，要想恢复曲江当年的那种意境，那种氛围显然是力不从心的。所以，自唐以后的千年中这里一直是村庄和良田，始终没有人动过恢复这块遗址的念头。那么，21世纪的人们是否有能力做好这件事呢？

第二节　边走边看

曲江遗址公园开工于2007年7月，完工于2008年7月，只用了一年的时间就建成开放了。公园本身占地面积为1500亩，其中水域面积近700亩，工程总投资近20亿元。新建的曲江公园并不是孤立的，北有芙蓉园遗址公园，南有秦二世陵遗址公园，东北面是根据民间传说建设起来的寒窑遗址公园，加之配套设施和路面占地，形成了占地万余亩的遗址公园区。有遗址就得有仿古建筑，有公园就得栽花种草，要氛围就得引水成湖，要人气就得形成各种消费，经过大规模的开发，良田果园变成了成排的安置楼，古老的村落变成了树木草坪，曲江流饮变成了浩瀚的湖面，"青林重复，绿水弥漫"变成了林立的商品楼，层层叠叠……公园区域里包括桥、廊、轩、榭等所有建筑工程，完全是水泥加预制板的效果，其材料、工艺、色彩都为了提高施工效率而保持着高度一致。秦、汉、隋、唐时期的遗址上出现了完全不同的景观效果，秦、汉、隋、唐的历史也在这里发生了根本性改变，当然也会形成新的文化品位。在城市环境日益拥挤，人们的身心日益疲惫的今天，有绿色的空间肯定为普通大众所欢迎，曲江遗址公园在这方面也取得了立竿见影的效果。但是，这一地区的房价也插上了翅膀，几年的时间里连续翻番以致远离了普通大众，而房价抬高的第一理由就因为这里是遗址公园。通过在遗址上修建公园来拉动经济，改变城市形象，确实能给当地带来立竿见影的效果，有点像20世纪北京拆城墙发展城市交通，广大的农村拆庙宇祠堂建新农村，看起来很有一种"废物利用"的意思，不要说普通百姓挡不住诱惑，即使是高端决策者们也难分伯仲。我们无心去辨别这其中的奥妙与是非，而是更关心曲江遗址的命运，关心这处被改变了的遗址将给后人留下什么样的信息，并在边走边看中作些思考。

第一站　重阳广场

重阳广场坐落在曲江遗址公园的西北角，实际上起着大门的作用。由于这里是一个开放性的城市公园，因此周边没有设围墙、栅栏等围护设施，游人可以从四面八方入园赏玩，增强了公园的亲和力，体现出亲民的设计理念。从某种意义上讲，这也在一定程度保持了历史上曲江的公共园林属性。曲江遗址公园的占地面积较大，景区和周围的一些交通主干道难免会出现冲突。因此在交通干线的处理方面，设计师有意识地将穿越景区的曲江北路和曲江东路路面加高，将景区做成下沉式。上面是笔直的通道，下方是婉转的流水，"车从桥上过，水在桥下流"，从而增强了景区的完整性。重阳广场就处在交通干线和公园之间，古与今、曲与直、喧嚣与静谧在这里得到了交会。（图6-1）

图6-1　位于交通干线和遗址公园交会处的重阳广场，这里作为公园的三大主要入口之一，此处还有中和、上巳两个广场

重阳广场的名字使人联想到唐代的三大节日重阳节，取得很有历史感。重阳节起源何时有多种说法，最盛行的一种观点是将此节归结于《周易》。作为早期的哲学著作，《周易》把世界分为阴阳两重，万事万物都是阴阳的合体，都在阴阳之中。以这样的观点看待数字，其中也有阴阳之分：双数为阴，单数为阳。"九"为阳数，因此，九月九日就属于双阳重叠，故而叫重九，也叫重阳。重阳节早在战国时期就已有端倪，魏晋以后，重阳的节日气氛日渐浓郁。三国时魏文帝曹丕《九日与钟繇书》中就有"岁往月来，忽复九月九日。九为阳数，而日月并应，倍嘉其名，以为宜于长久，故以享宴高会"的记载，可见重阳节在当时社会上已经很有影响。唐代重阳被官方正式定为节日，此后历朝历代沿袭。其实，从节气上看，重阳在中秋之后，正是秋高气爽之时，与立春之后的上巳节一样，都是一年中最好的气候。唐时，重阳节的"踏秋"赏菊与上巳节的"踏春"赏牡丹一样，都深受人们的喜爱，两者之间有着异曲同工之妙。根据传统，重阳这天人们要结伴去登高望远，插茱萸、饮酒和赏菊花。这样做的主要目的是求长寿、寄托相思和祭扫神灵，几乎涵盖了人们日常生活中的重要诉求，因而深入人心，也是历代文人墨客吟咏最多的节日之一。2006年5月20日，经国务院批准，重阳节被列入第一批国家非物质文化遗产名录。

重阳广场作为通向遗址公园的重要入口，既是标志，也承担着景区的引导功能。由于位于交通干线的一侧，也能起到对街道的装饰作用。不过，广场不大，最显眼的景观是一块天然巨石，上书"重阳广场"四个字，点明了主题。景观石周围放置着几株景观树和组合式花架，算是这里的全部看点。显然，设计者采取轻描淡写的方法处理是有所考虑的——这里是交通要道，如果有突兀的景观，会直接影响驾驶者的注意力，造成安全隐患。更主要的一点，石头和树木的组合也是向游人暗示，这里只是一个序幕，重头戏还在后面。不过，这处景点的文化味道仅仅停留在名字上，重阳节的主题并不突出。如果能够增添一些代表性的重阳节民俗文化标志，比如在广场上增添一些古人过重阳节的浮雕画面，将茱萸、菊花的形象做成雕塑，再配上关于重阳节的文字说明，可能传统文化的气息会更浓。

重阳广场的地势较高，站在这里，透过垂柳花草，便可以看见波光粼粼的曲江景区——大面积的池水令人心旷神怡，岸边是郁郁葱葱的树木，亭台楼榭等仿古建筑掩映其中，依稀可见，这样的场景对整日置身于噪声和废气中的都市人来说，犹如久旱逢甘露，无疑极具吸引力。不过，在这些的背后，森林般的高层建筑此伏彼起，犹如巨大的墙体，以合围之势将遗址公园团团包围了起来（图6-2）。这些都是伴随着曲江遗址公园的出现而出现的，而且就在这一两年的时间里。置身在这样的环境中，不要说已经看不见当年的乐游原，即使是近在咫尺的大雁塔也踪影杳无。由于景区周边的地势本身就很高，再加上高层建筑集群构成的巨大体量，眼前的景致大有"更立西江石壁，截断巫山云雨，高峡出平湖"的阵势。不过，这首《水调歌头·游泳》创作的时间是1956年，当时是以浪漫主义的豪迈建设国家的阶段，尽管今天的人们大多已经无法想象那个年代到底发生了什么，但是，像"大跃进"、"大炼钢铁"这样的词语还是有所耳闻的。"大跃进"是为了"赶英超美"，"大炼钢铁"是为了增强国力，据说两者都是为了中国社会的发展，但是留下的却是毁坏林地、水土流失，导致大自然报复等等不堪回首的记忆。现如今，"大跃进"和"大炼钢铁"都已经成为了历史，但是，有谁能肯定，当年那种只求改天换地而不计后果的做法就彻底根绝了呢？

图6-2　曲江池远眺，众多的现代化高层建筑犹如"水泥森林"，形成包围之势

第二站　汉武泉鸣

　　进入公园后，眼前呈现的是宽阔的水面，一望无际，水榭、沙洲、雕塑，星星点点地映衬其间，加之几只小鸭子在上面欢快地嬉戏着，以小衬大，对比中这里的水面大有浩渺之势，与当年"流水屈曲"的历史状况形成巨大反差。沿岸有曲折婉转的观景道路，道路两边种植着很多植物，其中以柳树居多，树木、灌木、竹子、草地搭配得错落有致。穿过汉武泉桥后，路边出现一道低矮的白墙，墙角种着几株杏花，正含苞待放，红花白墙青黛瓦，大有江南园林的意趣。

　　前行几步后，看到一座石桥，名为"濯缨桥"（图6-3）。濯缨，本意为洗濯冠帽上的缨子，指人们的盥洗行为，语出《孟子·离娄上》："沧浪之水清兮，可以濯我缨；沧浪之水浊兮，可以濯我足。"后来演变成以"濯缨"来比喻超脱世俗，操守高洁。唐代诗人白居易在《题喷玉泉》诗中云："何时此岩下，来作濯缨翁。"当时，人们在上巳节来曲江的目的之一就有"濯缨"。不过，任何盥洗行为都需要

图6-3　濯缨桥

在水边进行，站在桥上恐怕是不行的。穿过"濯缨桥"，即来到了唐曲江池的出水口遗址。隋唐时期的曲江是沿着自然地貌逶迤而成的，在长安城东南角上一分为二：一支向西，流向慈恩寺门前；另一支向东北，流进升道坊龙华尼寺，成为城南地区重要的景观用水。由此推想，当时这里的水面肯定是十分清澈的，不然人们也不会将这里视为"濯缨"之地。不过，在此地架设一座桥梁很可能是今人的臆断——古时的曲江以"曲"见长，并可以供文人雅士在水中"流觞"，可见水流之娟秀。如果水面大到了需要修建桥梁来跨越，恐怕文人雅士们也只能在这里望"觞"兴叹了。

　　岸边设计的一些雕塑小品也自成景观，有表现乐舞百戏的，有表现文人雅士游园醉归的，还有表现新科进士们杏园探花、曲江关宴等活动的，反映着唐时曲江两岸的人文景象。此时的路旁景观又随之发生变化，黛瓦白墙消失了，取而代之的是间隔丈余一个的上马石和柱础，延伸有几百米之长（图6-4）。岁月在这些石制的器物上打下了沧桑，有的缺角，有的破损，有的开裂，总

图6-4　曲江池遗址公园路边的上马石

之没有一个完好无损，让人看着不免有些可惜。上马石造型相似，后面是一步台阶，迎面上有装饰纹样，有兽有禽，各不相同，反映出使用者的审美情趣。在以牲畜为劳动工具的年代，这种东西大量存在于民间，而且每天都需要使用。柱础是土木建筑大量需要的基本材料，放在房屋柱子的下面，既是支撑，也是装饰，更重要的是可以起到避免雨水和潮气侵蚀木柱的作用，增加柱子的使用年限，因此是中国传统建筑的基本建材。柱础有圆形、方形、八角形等样式，多数的侧面都有雕刻，但是，与上马石一样，通体上下没有伤痕的不多。如此集中的上马石和柱础出现在这里，很容易让人联想到古村落。的确，几年前这里还是一派麦田包围村庄的景象，像大雁塔村、庙坡头村、北池头村、新开门村、三兆村、孟村等都是有着千年历史的村落，在《长安县志》里这些村名的后面明确记载着"唐代及以前长安、万年两县的村庄"。[1] 现如今，这些村庄的名字还在，实则无存，成了地道的"名存实亡"。大概算来，曲江一带被毁的古村落有近 20 个，按照一个村子 50 户，一户一个上马石计算，总数应该超过千个；按一个四合院为一户，一户用 16 个柱础计算，一个村子至少会有 800 个柱础，近 20 个村子最少得有两万个！这样看来，现在摆在路边的这几十个上马石和柱础，不过是些漏网之鱼而已，更多的早已随同古村落中的庙宇祠堂、四合院落、祖屋老房一起化为了灰烬。很难想象这种事情就发生在几年前，而且是以保护古遗址的名义！

众所周知，古村落的文物性质早已成为当今世界的共识。20 世纪 60 年代，第二届历史古迹建筑师及技师国际会议在威尼斯通过了《国际古迹保护与修复宪章》（简称《威尼斯宪章》），把保护文物古迹提高到为子孙后代负责的高度加以认定，并从比较专业的角度制定了文物古迹保护的原则、目的、效果和技术要求，保护的范围也从城市扩大到了乡村。我国的古村落保护确实晚于西方，首次涉及古村落保护的官方文件是 1986 年国务院《批转城乡建设环境保护部、文化部关于请公布第二批国家历史文化名城名单报告的通知》。《通知》在第四条中指出："对一些文物古迹比较集中，或能较完整地体现出某一历史时期的传统风貌和民族地方特色的街区、建筑群、小镇、村寨等，也应予以保护。各省、自治区、直辖市或市、县人民政府可根据它们的历史、科学、艺术价值，核定公布为当地各级'历史文化保护区'。"这表明，中国的历史文化遗产保护开始由城市转向农村，并把"街区、建筑群、小镇、村寨等"也列入了范围。

2002 年 10 月 28 日第九届全国人民代表大会常务委员会第三十次会议修订颁布的《中华人民共和国文物保护法》明确提出，"保存文物特别丰富并且具有重大历史价值或者革命纪念意义的城镇、街道、村庄，由省市、自治区、直辖市人民政府核定公布为历史文化街区、村镇，并报国务院备案"，[2] 使我国农村古遗址保护开始纳入法制化轨道的同时，也明确了各级政府对所辖地区的古村落都负有保护的法律责任。

老的去了，总得做出一些新的东西来顶替。老东西属于传统，新东西反映着当下，自然也会带出新的景观效果，传递出新的价值观念。曲江遗址公园里有许多以雕塑为主体的景观。我们不妨随便找一处来品味一下其中的文化信息。湖水东岸上一尊青铜塑像

---

[1]　长安县地方志编纂委员会.长安县志【M】.西安：陕西人民教育出版社，1999。

[2]　张松.城市文化遗产保护国际宪章与国内法规选编【M】.上海：同济大学出版社，2007。

就很有代表性——主像端坐在一块石基上，下面豁然写着"汉武泉鸣"四个大字，点明坐在这里的是历史上叱咤风云的人物——汉武大帝。清澈的泉水从石基下面喷涌而出，旁边立着一个手握铁锹的人，即使是做劳动状，身姿表情仍然诚惶诚恐、毕恭毕敬（图6-5）。此情此景，帝王创造历史的观念又在这里转化成了雕塑，以立体的形式醒目地定格在了这里，比看教科书听讲座来得更直接，更让人过目难忘。据史书记载，古时曲江水的水源主要有两个，一个是汉武帝时期下令疏通修整的地下泉水，另一个是隋文帝时期自秦岭大峪引来的黄渠水。不过，即使汉武帝时代确实疏浚过曲江，也不过是"下令"而已，是否亲临现场，是否临江监工，是否面水抒怀都无从可考，故此做学问的人从不敢妄加杜撰。这组雕塑的作者很有想象力，将历史记载进行了大胆的生发和加工，塑造了一个亲民而且勤劳的皇帝。史载，汉武帝16岁登基，在位54年（公元前141年～前87年），其间击匈奴、占朝鲜、遣使西域、独尊儒术、首创年号，可谓功业辉煌。不过，这里的每一件事情都关乎民族大业，涉及国家命运，却没有记录像在曲江挖几眼泉水这样的事情。看来当年的史官远没有今人细心，能不失时机地为帝王们树碑立传、追随逢迎。

图6-5　汉武泉鸣景观雕塑

　　旧的没有了，新的就有了市场，可以在任凭发挥中自由挥洒，以至于去替代历史。从眼前看，这样做并没有什么不好，想当年我们不是也以"雄关漫道真如铁，而今迈步从头越"的气概搞过不少事情吗？列宁当年说"忘记历史就意味着背叛"有些言重了，所以无人再提。不知从什么时候,历史竟然沦为了一个可以任凭人们喜好打扮的小女孩——只要能为政客们带来业绩,为商人们换回钞票,为钻营者创造机会,为市民们提供玩乐场所……真可谓,忘记历史就意味着发达!

第三站 曲江亭

曲江亭是这里的标志性建筑,也是游人必到的地方。到曲江亭得先到"中和广场"。和重阳广场一样,中和广场也取名于唐代三大节日的中和节。中和广场几乎没有设置什么特色景观,只是作为儿童游乐场,有几组大型游乐设施(图6-6)。距中和广场不远处,有一排悬山顶独立式的二层仿古建筑,每座建筑旁还挂着一个古式的蓝布幡子,屋前小径在翠竹灌木之间若隐若现。走近细看,蓝布幡子的名字也起得很别致,分别叫作:风入松、浣溪沙、浪淘沙、满庭芳、水调歌头、临江仙、念奴娇、忆秦娥和水龙吟,全是以古词牌取名。这样做的用意可能是为了给遗址公园增添几许人文气息,成为一道风景,可谓用心良苦(图6-7)。可是设计师忽略了一点,诗才是唐代的文化代表,以词作为唐代遗址公园的文化招牌并不合适。当然这样的文化细节只有文人墨客看得出来,寻常百姓是无所谓的。更显眼的还是那些建筑,除了水泥现浇的屋顶还有几分古味,二层小楼的整体造型,大面积的铝合金玻璃门窗,让人首先想到的是西方的别墅,而不是小桥流水人家。那些写着古词牌名字的蓝布幡子与体积庞大的建筑造型比较起来,小之又小,实在难成气候。比较之下,这建筑到底是别墅还是古屋的问题也显得更有难度了。

图6-6 中和广场

图6-7 中和广场附近的词牌别墅

道路旁边的上马石逐渐被一根根拴马桩所替代(图6-8)。上马、拴马,原本是农耕文明时期人们每天都会有的动作,也决定了上马石与拴马桩如影随形,不可分离。而这里的景观设计者却独出心裁,上马石在水的东岸,拴马桩在水的西岸,两者之间隔着好几里的路，谁也找不着谁。看来出此方案者既没有农村生活的经历，也缺乏对民间文化的了解，好像压根也没弄明白上马石与拴马桩之间是什么关系。

图6-8　在曲江遗址公园随处可见的拴马桩和柱础

拴马桩的尽头是一座亭子，主体立面阔为三间，二层四角攒尖顶，平面略呈正方形（图6-9）。青灰筒瓦，四条垂脊平滑流畅，青灰宝珠压顶。在传统建筑中，亭子不过是游乐场所一种简单的建筑形式，既供人停留小憩，也是一种景观，一般不会与殿堂那样的正式建筑相提并论。重檐、开间、宝珠压顶都说明此亭具有高贵的身份，亭子两层檐间黑色匾额上金光闪闪的"曲江亭"三字，中柱之间"花明夹城道，柳暗曲江头"的金字楹联，都能证明这一点——等闲之辈哪敢用金字招牌。可是，亭子的柱子梁架与斗栱枋额却是土黄色，接近于木头原色和黄土色，是地地道道的平民规格。这么说并不是空穴来风。搞古建筑的人必须通晓中国传统文化，知道颜色在古时是不能随便乱用的。《礼记》中就专门定

图6-9　曲江亭，亭前赫然摆放着一对石狮子

出了建筑颜色与社会等级的关系："楹：天子丹，诸侯黝，大夫苍，士黈。"意思是说：柱子的颜色皇家用红，诸侯用黑，大夫用青，普通的市民百姓只能用土黄色。在中国古代，不按规矩在建筑上涂抹颜色，不仅仅是个懂不懂礼仪的问题，严重的还要惹来犯上作乱的麻烦，丢了性命。高规格的造型，平民化的色彩，犹如头戴乌纱帽，身穿粗麻衣。这样的设计让人如坠五里云雾，找不到天，摸不着地。

"曲江亭"三个字，昭示着这里应该是景区的一座主建筑，背面还洋洋洒洒地篆刻着唐代文人王棨的《曲江池赋》，开头四句："帝里佳境，咸京旧池。远取曲江之号，近侔灵沼之规。"点明了曲江历史的悠久。"合合杳杳，殷殷粼粼。翠幄千家之幄，香凝数里之尘。公子王孙，不羡兰亭之会，蛾眉蝉鬓，遥疑洛浦之人。"更记录着当年这里村舍俨然，花香飘远，醉倒无数才子佳人的美妙景色。遗址公园的设计者显然也跃跃欲试，很想再现这种景象。不过，他们好像并没有意识到，文化积淀对遗址公园建设的重要性一点也不比资金差。曲江亭前方设置的一对方柱石狮，就显露出这方面的破绽。在传统

建筑文化中，石狮通常会出现在郑重严肃的场合，比如官府衙门、大户人家的正门外面，用以增加这些场所的威严和气势，起到震慑作用，陵墓前甬道上也常用石狮镇邪。而曲江是遗址公园，以亭子配景是这种地方常用的手法，供人休闲、让人小憩，既不需要震慑，也不需要辟邪。石狮的形象出现在这里，多少了解传统建筑文化的人都会从中悟出"震慑"与"辟邪"的意思，不仅坏了心情，对这里的文化气场也不会留下什么好印象！

第四站　阅江楼

阅江楼是曲江遗址公园里最宏伟的建筑，占地近 3000m^2，约合 4 亩之大，地上 4 层，地下 1 层，由下向上每层逐层收缩，总高近 28m，犹如一座矮塔。迎面看上去，二、三层面宽九间，四层七间，黄柱白墙青灰瓦，四角攒尖顶，上有青灰宝瓶压顶。下面石砖包面的基座，高约 2m，台基上围有一圈汉白玉护栏，栏板和望柱上雕有花纹。第三层的枋额之间悬挂着一块黑色牌匾，上面写着"阅江楼"三个金色大字（图 6-10）。正门两侧有副对子，写着："东城之瑞日初升深涵气象，南苑之风光才起先动沧漪。"赞颂的全是自然景象，没有一点主观感受，可见出自今人之手。

图 6-10　阅江楼

其实，阅江楼的名字也是今人起的。历史上，武汉黄鹤楼、岳阳岳阳楼、南昌滕王阁和南京狮子山上的阅江楼合称江南四大名楼；2007 年 10 月，在中国文物古迹学会历史文化名楼保护专业委员会召开的年会上，确认了"中国十大历史文化名楼"，分别是湖北的黄鹤楼、湖南的岳阳楼、江西的滕王阁、云南的大观楼、山东的蓬莱阁、山西的鹳雀楼、湖南的天心阁、南京的阅江楼、西安的钟鼓楼和浙江的天一阁。曲江遗址公园里的阅江楼，除了名字上让人容易与上述历史文化名楼相混淆，建设的目的与设计思路都是另有隐情的——既不是根据当地历史文化背景的再创造，也不是外地历史名楼精粹之汇集，而是一处地地道道的酒楼。在遗址上修建这样一座庞然大物，肯定需要大量的心智。比如说，工程上报时肯定不能如实写上酒楼的字样，在严禁在旅游景区、古建遗址旁修建楼堂馆所的今天，如何躲过那些审批机构肯定要花不少心思；比如说，酒楼周边环境如此妖娆，承包费用肯定了得，由于地处偏僻，承包人也会采取各种手段以最小的代价换取最大的利润，尽快收回资金，如何让有限的客人在这里高消费又不会报警，肯定需要花费不少的心思；比如说，酒楼建在耕地上，如何让那些原以为是为了保护遗址而失去土地的农民们，能够习惯遗址变成酒楼的事实，看着别人在自己的土地上花天酒地而无动于衷，肯定也需要花费不少的心思……有这么多需要花费心思的难题需要解决，像研究当地的历史文化，研究外地历史名楼精粹之类的事情显然就力不从心了，把别人的名字照搬一用也就在所难免了——聪明人早就打听好了，那些名楼的名字没有一家注册，当然也不会受法律保护，冒用了也不会有侵权之嫌，顶多是背负一个没文化的名分而已了。

在文化的语境中，建筑是时代的灵魂，尤其是在一些重要历史景区营造的建筑，更是要千方百计地凝聚历史信息，体现当地风貌，使其成为当地的文化标志，从而产生让当时的人们敬重仰望，让后来的人们叹为观止的文化效应。可能正是出于这样的历史责任心，那些历史文化名楼的设计者在选址、选材、造型、施工方面才不惜心血、煞费苦心，使其营造出来的工程代表了当时的至高水平，不仅经受住了天灾人祸的考验，而且历久弥新，具有跨越历史的魅力。位于南昌市赣江东岸的滕王阁建于唐代，素有"江南四大名楼"之称，精美的造型与临江而立的气势，不仅让当时的王勃发出了"天高地迥，觉宇宙之无穷。兴尽悲来，识盈虚之有数"的人生感慨，也引发着后人争相前往，在登楼望远中去追忆古人的宏大气象。位于武汉的黄鹤楼始建于三国时期吴黄武二年（223 年），历史上虽然多次遭到毁坏，但是也多次重新修建，英姿不倒。如此顽强的生命力已经不是营造技术所能解释的，而是与唐代诗人崔颢"昔人已乘黄鹤去，此地空余黄鹤楼。黄鹤一去不复返，白云千载空悠悠"的千古绝唱不无关系。位于湖南省岳阳市西门城头，紧靠洞庭湖畔的岳阳楼始建于公元 220 年前后，距今已有 1700 多年历史，素有"洞庭天下水，岳阳天下楼"之美誉，但是，此楼的真正魅力，恐怕更在于范仲淹在《岳阳楼记》中"先天下之忧而忧，后天下之乐而乐"的千古绝唱。位于山西省永济市蒲州古城西面的鹳雀楼，前对中条山，下临黄河水，建于北周（557～580 年），废毁于元初，现在的鹳雀楼是后人的作品。但是至今人们仍不会忘记唐人写的"白日依山尽，黄河入海流。欲穷千里目，更上一层楼"……看来，古人建楼，意在流传千古而不灭，不仅技术上精益求精，更在于心胸的宏大和立意的高远，从而显示出超凡脱俗的境界，进而才引动着古往今来文化精英们的思想情感，在感慨抒怀中将自己的一腔热血变成千古绝唱，弥补了工匠们的局限，给没有生命的建筑注入了生命，使其千古而不灭。

曲江遗址公园上的"阅江楼"套用了古人的名字，是否因此就能具有古人的气质，可以与滕王阁、黄鹤楼、岳阳楼、鹳雀楼比肩，产生同样的效果呢？这样的效果显然是设计者所向往的，但是，最有说服力的评判还要等历史作出。不过，眼前的"阅江楼"也花了一些功夫在造势上，比如说巨大的如城堡一般的体量；东边一字排开有五座单体建筑，构成阅江楼五轩。这些建筑除了体量有大小，高低有不同，按建筑类别来说，式样都是一样的——黄柱白墙青灰瓦，四角攒尖顶，彼此之间有甬道相连接。五轩均有名字，分别是云暖轩、翠微轩、花明轩、锦缆轩和锦缆轩。与阅江楼采取同样的思路，所有名字都是从唐代著名诗句中获取，以此来增加这些建筑的古意：云暖轩，取意杜牧的《长安杂题长句六首》中"南苑芳草眠锦雉，夹城云暖下霓旄"；翠微轩，取意李乂《春日侍宴芙蓉园应制》中"水殿临丹篆，山楼绕翠微"；花明轩，取意沈亚之《春色满皇州》中"花明夹城道，柳暗曲江头"；锦缆轩，取意杜甫《秋兴八首》"珠帘绣柱围黄鹄，锦缆牙墙起白鸥"；芸阁，取意白居易《早春独游曲江》"回看芸阁笑，不似有浮名"[1]。如此煞费苦心地在取名上下工夫，难道就可以使这些建筑古色古香，成为整个景区的文化焦点吗？

阅江楼位于曲江遗址公园的最南端，从方位上判断，这里应该是遗址公园的压轴之作。与历史上那些名楼比较，阅江楼谈不上挺拔俊秀，也与气宇雄浑无缘，尽管体量建得很大，旁边还有五间连体的小轩陪衬，成众星捧月状，但是，眼前的阅江楼除了呈堆积状的体量，并没有展现出其卓尔不群的气势，更让人难以在浮想联翩中抚今追昔，产生具有历史感的遐想（图6-11）。究其原因，大致可归为以下几个方面：

其一，建筑造型重复单调。中国建筑发展到唐代已经十分成熟，盛唐时期更是出现了百花齐放的美学气象，而阅江楼及五间小轩的造型如出一辙，全部采用四角攒尖顶造型。当人们在园子里已经见过曲江亭、百花亭、祈雨亭等大量攒尖顶造型的园林建

图6-11　一字排开的阅江楼及阅江五轩

筑后，再看到这里集中在一起的四角攒尖顶，很难再产生视觉上的新鲜感了。

其二，建筑色彩过于暗淡。黄柱、白墙、青瓦，是曲江遗址公园建筑的基本定位，有些像部队的营房，整齐划一，当然也就分不出主次，找不到层次。不要说与颐和园、避暑山庄那样的皇家园林色彩多样的华丽效果不能同日而语，也无法与拙政园、留园那样精巧别致的民间园林相匹敌，而是带有明显的工业时代批量生产的印记。如此单调的效果出现在一般的民用场所倒也无可厚非，出现在遗址公园里就让人莫名其妙了。对构思这片景观的设计师而言，既可以从历史上汲取灵感，也可以从自然中得到些智慧，不应该缺乏创作的想象空间。可是，这里的建筑除了体量上有所变化，在造型、配色、选

[1]　衣学慧，李朋飞，赫颖.西安曲江池遗址公园园景命名艺术赏析[J].西北林学院学报，2009，24（6）：167。

材上基本上是在重复，很难让人发现其中的创意，更无法彰显唐代园林的文化气质。

其三，工艺的粗糙。如果说前两点只是建筑"形式"上的问题，那么工艺则涉及建筑的"质量"。阅江楼体型粗大，显示出以容积率为主的设计立意，于是，外表的耐看与否也只能为功能让步了。瓷砖贴面、合金门窗、油漆饰面，再加上整体水泥浇筑的建造工艺，使这座建筑与大街上的写字楼或宾馆饭店并没有质的差别。外立面为了装饰做出来的斗栱、柱子、柱础，既没有实际的承重作用，也没有造型上的精湛，不过是些混凝土浇筑刷漆的效果，甚至连古建筑常用的雀替等构件都省略了。这样"粗线条"的仿古建筑，不仅设计上创意不足，制作过程中的简单从事也无处不在。

写到这里我们也知道有些苛刻了——从历史文化学的角度审读建筑，无疑是在要求建筑设计师具有跨学科的知识背景和塑造建筑精神的能力，即当年维特鲁威所说的"无与伦比"的人。不过，曲江公园里的"阅江楼"到底是建在遗址上，所取的名字也是从"中国十大名楼"移植来的。那么，既然想与名楼一比高下，就得多少有一些名实相符之处。其实，我们也确实是按照"名楼"的标准来审视的，而且是从外到里地看，从上到下地量，最后还找到那里的服务人员仔仔细细地问，也确实得到了第一手资料和亲身的感受——所谓的"阅江楼"，既没有阅江的地方，也没有阅江的条件，而是一处可以同时容纳500人就餐的场所，实质上就是一座供人大吃大喝的酒楼！

第五站　烟波岛

烟波岛是一个人工修造起来的小岛，靠近曲江湖东岸，四面环水。岛上山坡起伏，与东面10m上下的高岸相呼应。自岸边踏过"隰州桥"登岛，翻过丘阜，沿着水滨两侧的小路绕到岛后，可登上"荷廊"、"藕香榭"或者"终南雪晴"等建筑，凭栏欣赏西、南、北三面湖光，一片烟波浩渺，波光潋滟，令人心旷神怡。岛的四周遍布荷花，再现了韩愈"曲江荷花盖十里"的诗意。

这里的山水与花木密切组合，追求一种天然之趣，营造出一种优雅飘逸的园林氛围。建筑的造型也有所变化，"荷廊"是一个八面通透的临水建筑（图6-12），建筑顶部造型十分别致，八条垂脊向下舒展。似亭而非亭，也不同于一般的长廊造型。荷廊的每面面阔三间，一面进出，其余七面周围设有护栏，属于典型的回环式游览流线的观景建筑。"芙蓉影破归兰桨，菱藕香深写竹桥"，《红楼梦》大观园里黑漆

图6-12　八面通透的荷廊

嵌蚌的景观对联正是"藕香榭"的真实写照。"榭"是古时园林中常见的一种建筑，常常临水而建，观景八方，以巧赢人。明末造园家计成在谈到这种建筑时就有这样的描写：

"榭者借也，借景而成者也，或水边，或花畔，制亦随态。"[1] 曲江池遗址公园中的藕香榭也是一个四面临水的建筑（图6-13），面阔七间，顶部造型采用双悬山——即两个悬山顶相并联的样式，以扩大建筑进深。"终南雪晴"位于烟波岛景区的最高处，俯瞰四方，便得佳景——抬眼处，杂花生树，草木丰郁；俯瞰时，荷叶亭亭，池水盈盈。这座建筑的名字是由唐人林宽《寄何绍馀》的诗句"芙蓉苑北曲江岸，期看终南新雪晴"而得名。

图 6-13　藕香榭

烟波岛南面紧邻黄渠桥，黄渠桥和曲江池东路北端的交接处即为"上巳广场"，广场得名于唐代的上巳节，与之前的"重阳广场"、"中和广场"相呼应，有异曲同工之妙。黄渠桥的东侧是寒窑遗址公园。黄渠是曲江池的重要水源之一，开凿于隋文帝时期，自秦岭山大峪引来。古人有将重要的山体称之为龙脉的习惯，秦岭就有此殊荣。因此，现在的设计师在这里塑造了一座巨龙石雕，龙头仰向湖面，龙口喷出水柱，

图 6-14　老龙头水景

划出一道巨大的弧线，浪花飞溅，轰然作响，激起一池清波（图6-14）。

烟波岛本身就是曲江遗址公园中的一景。这里的建筑、林木、花草方面的布置也错落有致，自成一番景致。因为地势较高，这里也是一处重要的观景场所，四面临水，无遮无拦，远近的景致可以尽收眼底。可是，当游人休憩于岸边，举目四眺，曲江湖沿岸的一些地方已经被林立的高层建筑包围得严严实实，密不透风。看来，设计遗址公园的用意并不在公园，而有着更加实惠的用意——修建公园为了造景，造好了景可以让周边的地价卖出个好价钱；出了好价钱买了地的人再将地转变成房子，再卖出个好价钱。这是一种古已有之的大鱼吃小鱼，小鱼吃虾米的资本运作模式，也构成了一条由高到低的生态链条。可以肯定，如此庞大的工程仅仅靠市场恐怕是不行的，需要有比市场更加神

[1]　[明].计成撰.园冶 [M].胡天寿译注.重庆：重庆出版社，2009。

秘的力量才行，而且要始终处于这条生态链的最高端。就眼前的实际效果看，遗址周边如此大面积的土地出卖，肯定会给生态链的最高端带来数以亿计的经济收入；对于在周边买地造房子的人来说，按亩买下，再按平方卖出的巨大差价，也足以赚得锅满瓢满；可怜的是那些当地住民，被征用的是赖以为生的土地，得到的不过是补偿费，并不是真实的地价，而补偿费与真实地价几乎是天地之差！这样看来，那些如雨后春笋般出现在曲江遗址公园周边的高层建筑，影响的绝不只是这里的自然和人文景观，还透露出更多已经尽人皆知的"秘密"。

尾　声

再次站在曲江湖北端，意味着边走边看的结束。回身鸟瞰整个遗址公园，近处碧波荡漾，不远处水平如镜，对岸也是丘峦起伏，草木葱郁。西岸层林尽染，东岸亭台楼榭，展示出西面留白，东面造景的规划理念。仔细端详，可以发现这里的建筑之间还存在着微妙的呼应关系。例如，西北角有百花亭，东南角就有千树亭；西岸的至高处有祈雨亭，东岸临近水面的地方设有被禊亭；西有曲折的明皇栈桥，东有逶迤的御道长廊。总之，一切都高低错落，远近呼应，可见规划者的良苦用心。然而，面对那些呈包围之势的高层建筑，不由得让人纳闷——能建造园林的人，多少都会知道些"借景"的知识，懂得周边环境对园林效果的影响，起码知道不和谐的周边环境对于园林效果的严重影响。如果当初设计这处园林的人敢于将这些理念表达出来，向那些"明修栈道，暗度陈仓"的人们多少介绍一下中国园林方面的知识，接下来的破坏恐怕不会如此地肆无忌惮。如果真是这样，遗址公园周边的环境之美保存得会更长远一些，遗址公园的历史信息也会更多一些，自己在设计和规划过程中所花费的心血，才会得到真正的尊重。当然，要做到这一点，需要的不仅仅是设计方面的功力，还需要有对得起当下的社会责任心，更需要有对得起古人，对得起后人的大境界。

第三节　"雅"文化的异化

在我们看来，历史上的曲江应该是一个以"雅"为主的地方。在文化的语境中，"雅"是与"俗"相对应的一种状态；在美学的语境中，"雅"是与"陋"成反差的效果。于是，与"雅"相关的文化现象往往具有合乎规范、讲究人伦、高尚有节的意思。在古代典籍中就有不少这方面的解释。《论语·述而》中就有"子所雅言，诗、书、执礼，皆雅言也"的说法，强调的是"雅"的超脱意义，具有规范性；《荀子·荣辱》中说"越人安越，楚人安楚，君子安雅"，强调的是"雅"要各得其所，不能混乱；贾谊的《新书·道术》中说"辞令就得谓之雅，反雅为陋"，强调的是"雅"要有一定的格调，不能粗俗……凡此种种，都将超然和格调作为雅的基本品质。历史上的曲江景区源于秦汉，兴于隋唐，从王公贵族的离宫，到文人雅士的游乐场所，特别是与皇家园林"芙蓉园"、佛门圣地"慈恩寺"、文人雅士之地"杏园"紧邻的地理位置，更在这片土地上积淀了超然的人文境界与不同凡俗的文化格调。恢复起来的遗址公园增添了不少建筑和景观，无疑是漂亮了，但是否还保留有"雅"的历史本色,能让市民们在游览观光之余,脱俗辟陋,从中受到"雅"文化的熏陶呢?

"曲江流饮"自古以来就被列为"关中八景"之一,其余的七景还有:华岳仙掌、骊山晚照、灞柳风雪、雁塔晨钟、咸阳古渡、草堂烟雾和太白积雪。今天我们在西安市的碑林博物馆内还能看见记录这些景象的碑石,以诗和画的形式描述了当年关中地区的锦绣河山。这块碑石刻于清康熙十九年(1680年),作者朱集义,距今已有三百多年的历史。碑面上书、画、诗为一体,分十六格,一景一画。其中有七景记录的都是关中地区的河山面貌,唯独"曲江流饮"有自然美景相衬,有人文活动展现,或动或静,别具一格,彰显风雅之趣。

"流饮"也被称为"曲水流觞",是中国古代上巳节的一个重要文化活动。中国古代的农历三月初三,是一个被除祸灾,祈降吉福的传统节日。远在秦汉以前的周代,就已经有水滨祓禊的讲究,并有朝廷指定的专职女巫掌管此事。祓,是祛除病气和不祥;禊,是修洁、净身。祓禊是通过洗濯身体,达到除去凶疾的一种祭祀仪式。《周礼·春官》云:"女巫掌岁时祓除衅浴。"东汉末年的经学大师郑玄注道:"岁时祓除如今三月上巳水上之类。衅浴:谓以香熏草药之汤沐浴。"《诗经》中也记有相关的事情,《诗经·郑风·溱洧》云:"唯溱与洧,方洹洹兮,唯士与女,方秉兰兮。"反映了当时的郑国风俗。清代韩诗对此的解释是:"谓今三月桃花水下,以招魂续魄,祓除岁秽。"到了汉代,每逢春上,官民都去水边洗濯,不仅民间风行,连帝王后妃们也临水除垢,祓除不祥。上巳的名称最早见于汉代的古籍中,可见上巳节应该是在汉代已经非常普及了。《汉书·礼仪志》中就有记载:"三月上巳,官民皆洁于东流水上,曰洗濯祓除去宿垢痰为大洁。"徐广《史记注》中也有"三月上巳,临水祓除,谓之禊"的说法。

随着岁月的流变,这一风俗又进一步演变成为临水宴饮。通常人们在举行完祓禊仪式后,大家就分坐在蜿蜒流淌的水渠两旁,在水面上放置酒杯,任其顺流而下,杯停在谁的面前,谁即取饮,彼此相乐,故称为"曲水流觞"。"觞"是古代的一种盛酒器具,即酒杯,通常采用木制,小而体轻,底部有托,可浮于水中。也有陶制的,两边有耳,又称"羽觞",因其比木杯重,玩时则托放在荷叶上,使其浮水而行。这种风雅的游戏自古有之,魏晋时期永和九年(353年)三月初三上巳日,晋代著名的大书法家、会稽内史王羲之与亲朋好友谢安、孙绰等42人,在兰亭溪傍修禊后,众人在一起举行饮酒赋诗的"曲水流觞"活动,王羲之将大家的诗汇集起来,在蚕茧纸上用,鼠须笔挥毫作序,乘兴而书,写了闻名天下的《兰亭集序》,被后人誉为"天下第一行书",引为千古佳话。到后来,"曲水流觞"就成为文人雅士抒怀叙志的一种方式,并逐渐成为上巳节活动中的一个重要组成部分。

在唐代,选拔官员的科举考试,进士考试是其中级别最高的,也是最难的一科。除通过礼部每年春季举行的全国笔试外,还要经过几道测试才能踏上仕途,足见其难度之大。"三十老明经,五十少进士",记录就是其中的艰辛与磨难。"岁岁人人来不得,曲江烟水杏园花"(黄滔《放榜日》),而举子们一旦中第,则成为关乎个人荣誉、门庭兴盛的大事,自然是要好好庆祝一番的,而当时最隆重的公共庆祝形式就是"曲江大会",也称"关宴"。每逢上巳日(农历的三月三日),正赶上唐代新科进士正式放榜,仲春时节阳光明媚，最适合踏青赏春。每当放榜后，新科进士们总会在长安城的曲江一带乘兴作乐。按照古人"曲水流觞"的习俗，将酒杯放在盘子里，放盘于曲水之上随波逐流，酒杯停到谁的面前，谁就要执杯畅饮，并当场赋诗一首，由众人对诗进行评比。"曲水流觞"后，新科进士们在"杏园"里参加官府举行的"关宴"。后来，"曲江大会"逐渐演变为文人雅士们吟诵诗作的"文坛聚会"。盛会期间同时举行一系列趣味盎然的文娱活动，引得周围四里八乡的男女老幼纷纷驻足围观，热闹非常。"曲江流饮"也成为"曲江大会"中最为引人注目的一种风雅活动。据《全唐诗》记载，大诗人李白、杜甫、白居易、李商隐、张籍、元稹、刘禹锡、韦应物、温庭筠、卢照邻等都曾到曲江一游，给世人留下许多脍炙人口的优美诗句。

穿越岁月的风尘，体味唐人描绘曲江胜景的众多诗作，我们不难推测出当年曲江两岸的人文生态——有流水曲曲，有绿树掩映，有游人徜徉，而这一切又都是因为有了文人雅士们的到来而风光无限。这里确实是长安城边的一道自然景观，但是又绝不同于"骊山晚照"、"灞柳风雪"、"咸阳古渡"、"草堂烟雾"和"太白积雪"的自然天成，而是有着别具一格的风雅之态。

对自然山水的审美，最早出现于魏晋时期的文人士大夫之间。他们为了躲避战乱，于是寄情于名山大川，后来逐渐形成一种社会风气。如此一来，古人对自然美的欣赏中就融入了浓郁的文化色彩和文人气质。杜甫在《丽人行》中写道："三月三日天气新，长安水边多丽人。"那些贵妇名媛们身着华服美饰来到曲江，吸引她们的不仅仅是水光山色、初春美景，更有丰富多彩的文化娱乐活动，比如修禊、宴饮、戴柳、斗花，观看歌舞百戏等。在唐代，曲江周围每逢中和、上巳、重阳等节日都有游人往来、熙熙攘攘。上至王孙贵族，下至平民百姓，社会不同阶层的人都在这里自行其乐，就连长安城的胡人商客们也被吸引至此。佳丽仕女们在此赏景取乐的同时，靓丽的身影也成为公众眼中的一道风景。

纵览曲江遗址的兴衰演变，我们既钦佩于古人的城市选址艺术——大胆地将自然山水纳入城市的生活环境；又佩服古人卓越的造景智慧——巧妙地将世风民俗与青山绿水相融合，二者交相辉映，共同组成曲江别具一格的文化魅力。这种魅力集中表现为具有文人气质的风雅之美。经秦汉，历隋唐，几代人的精心营造，古老的曲江成为集秦川水脉、秦岭山脉、帝都文脉的汇聚点。在这里不仅可以欣赏到自然美，还可以领略到人文美；不仅可以进行观赏，还可以参与其中；不仅可以满足视听娱乐，还可以进行精神畅游，而为人们带来如此审美感受的则是这里洋溢着的"雅"文化。因此，倘若没有对中国传统"雅"文化的深入领悟与尊重，今人对曲江古遗址进行大规模的恢复工程，则很难再现曲江的昔日风采。

从实践层面看，"雅"最早出现于《诗经》，是《诗经》的重要组成部分。其中包括《小雅》74 篇，《大雅》31 篇，共 105 篇，合称"二雅"。在风格上，《雅》诗庄重而舒缓，表现出庄重典雅的特色。随着后世的发展演变，具有"雅"文化属性的事物或场景也逐渐形成了如下特征：首先，其中的内容充实而不虚夸，如诸葛亮在《出师表》中提到的"察纳雅言"；其二，形式上是精致美观，耐人玩味，具有雅致的效果；其三，具有丰富多彩、深藏不露的意思，如古人劝酒时常说的"雅量"；其四，具有正统性，是标准规范的代表，如古人请求别人指点书画诗文时常用的"雅正"；其五，"雅"是一种精神品格，高尚不俗，令人敬仰，如雅士、雅观；其六，"雅"的东西具有一定的亲和力，参与其中，舒适快然，如酒店里常设的"雅座"。

明确了"雅"文化的特点，给我们审视今日的曲江遗址公园提供了依据。依次看下去，我们就不难发现其中保留了多少"雅"的成分。

中和广场、上巳广场和重阳广场是游人进入遗址公园的重要通道，很容易形成对曲江遗址公园的第一印象。由于曲江遗址公园的定位是一个开放性的场所，四周不设围墙，人们可以自由进出赏玩。将三个出入口设计成小型广场的形式，并以三个传统节日来命名，体现了设计师的文化考虑。在唐代，这三大节日各自有着独特的含义，与特定的民俗活动相联系，重在娱乐，却又关乎民生。农历二月初一的"中和节"是鼓励农耕的日子。唐德宗时，官府就下令，中和节百官要读农书，王公贵戚要穿春服，士庶以刀尺赠送，村社坊间酿造中和酒，以祈丰年谷熟，无疑，过"中和节"是一年中的大事情。农历三月初三的"上巳节"以踏青赏春为形式，来到水边修禊宴饮、插花戴柳，其中的寓意是预祝人们与春天一样欣欣向荣，大有一年之计在于春，"春风得意马蹄疾"的励志效果。农历九月初九的"重阳节"已是肃杀的深秋，既有岁月催人的急迫，也有年末岁尾的凄凉，人们携亲唤友，登高远望，遍插茱萸，举杯遥祝远方的亲人，抒发相思之情。显然，"中和"、"上巳"、"重阳"三节各有各的用场，各有各的文化内涵，无论如何是不能同日而语的。用三大节日作为广场名字，是今人的一个很好创意。但是，因为缺乏细节的跟进和周边环境上的烘托，整体效果却显得粗糙——三个广场基本上都是立一块大石头，上面写上广场的名字，周围也没有设置其他的辅助性的景观，不仅单调划一，而且颇为简陋，给人草草了事的感觉。如果能够根据五行学说选用不同的材料，装点出春秋时节的不同变化；通过些季节性植物，烘托出周边环境的主次关系，这里的景观效果和文化内涵会得到更好的统一，让游人到此便可以对曲江遗址的历史情况有一个直观的印象。

在现代技术条件下，各种景观都可以制造出来，用块大石头立在那里的造景手法无疑是最简陋的一种，有其形而无其意；细节和环境的跟进则是造景的升华，做到这一点靠的不只是技术，而是文化修养和积淀。三个广场显然达不到这种效果。游人至此，从只有一块大石头的广场上，很难产生历史感，更难产生与古老节日文化有关的联想。徒有虚名，显然与"雅"无缘。

回望曲江遗址公园里的亭台轩榭等仿古建筑，几乎全是用钢筋混凝土浇制而成，模板造型的痕迹十分明显。建筑外立面上也仅做到了粗线条地勾勒，根本谈不上细节的精彩。作为建筑结构的细部，如斗拱、椽头、柱础等则做工极为统一，样式单调，仅起到点缀应景的作用。而传统建筑中工艺要求更为复杂的一些装饰性部件如柱头、雀替、藻井、彩绘、隔断等就干脆省略了。这样的建筑不过是个壳子而已，有其形而无其意，其中的历史真实性也就可想而知了，很难让人产生驻足欣赏的意念。园中有不少亭子，为了方便游人休息，很多亭子在座椅的外延一侧设有"美人靠"。历史上，这样的部件集使用与审美于一体，制作起来是很有讲究的。历史上，只有大户人家园林中才有"美人靠"，既是亭式建筑的有机组成，以优美的弧度为亭子增加曲线之美，也根据人体特点设计长度与宽度，配上与周边景色相宜的色彩，让人们在休息时更加惬意舒适。可是，曲江遗址公园里的"美人靠"清一色的造型，清一色的颜色，平直而又单调，完全不是按照传统工艺制作出来的，更达不到大户人家的档次（图6-15）。这种简单的造型显然便于施工，可是亭子的传统韵味也明显消解了。这种简单从事的情况也体现在建筑的周边环境上。汉武泉桥附近有一座"百花亭"。名为"百花"，可是亭子附近却并没有百花陪衬（图6-16）。当然，如果亭子建造得精湛讲究，自成一景，也可以夺人眼球，弥补环境上的不足。不过，遗址公园里的亭子几乎全是四角攒尖顶；黄柱青瓦，色彩暗淡；青灰宝珠压顶，宝珠造型毫无精致感可言；亭内的天井与斗栱仅仅刷成土黄色，与柱子的颜色保持一致，没有彩绘，没有雕刻，更没有其他额外的装饰，一副"素面朝天"的样子。这样的"百花亭"与华丽的名字之间有天壤之别，实在想象不出起名者到底出于怎样的目的。对建筑而言，细节犹如"点睛之笔"。细节的成败，不仅影响建筑的表现力，也反映建造者的工艺水平。当众多建筑的细节统统被简化、变形，甚至被忽略后，其中透露出来的文化信息无论如何也"雅"不起来了。

处于中国传统文化巅峰时期的唐代，诗性的社会心理决定了审美活动的多样化，更体现出"百花齐放"、"不拘一格"的美学追求。遥想当年上巳节前后，长安城的妇女们"斗花"时头戴各色花朵，品种奇异、花朵硕大、色彩艳丽，就表现出唐人在审美上的奔放爽朗和无所局促。这样的审美时尚肯定会在建筑上有所体现。20世纪末，考古队在对大明宫遗址进行发掘的时候，就发现了大量的三彩瓦、琉璃花砖、镏金兽首等建筑装饰构件，足已显现当时建筑在装饰方面的不拘一格。

图6-15　回廊中的美人靠

图6-16　名为"百花"，实则单调的"百花亭"

这样的时代风尚显然没有被曲江遗址公园的设计者和建造者理会。当我们站在高处鸟瞰曲江遗址公园全景时，这里的建筑在装饰方面都惊人地相似，统一的黄柱、白墙、青瓦，不分等级高低，一律简装处理。再看建筑造型，亭台楼阁中有80%是四角攒尖顶。统一的青瓦铺顶，统一的青色瓦当，放眼望去，十分整齐，视觉上很难出现跳跃感。最典型的要属阅江楼和一边的五座小轩，六座建筑一字排开，不论体量大小全部采用四角攒尖顶，色彩也严格统一。远远望去，像是一个首领带着五个部下，严肃整齐。唐代的繁荣绝不是物质上的，更体现在思想的多样与精神的解放上，尤其是艺术创作方面的无拘无束，审美风格上的热情奔放，于是才带来了诗歌、书画乃至民间艺术上的累累硕果，取得卓越成就。建筑是社会审美心理的最大载体。由这样的社会孕育出来的唐朝建筑，肯定也会打上鲜明的时代烙印，不仅造型上会丰富多样，用色用料上也会无拘无束，显示出出奇制胜的创意效果。其实，这样的观点并不是靠理论推导出来的，而是有着大量的实践证明：不管是文史资料还是出土文物，都能证明唐代建筑在中国传统文化中的至高地位，并成为了学界的共识。看起来，曲江遗址公园建筑的设计者对此并没有多少了解，或者说，还不具备将爱因斯坦提出的将时间维度体现在设计中，把一个时代的文化精神转化为"四度空间"的实际能力，而是依然按照工匠们的惯常思路，将想象中的唐代建筑设计成三维的效果。的确，粗线条的勾勒或者照猫画虎式的临摹靠手头之工就足够了，但是，要想画出虎的精神，设计出真正的精品，考验的就不只是设计者的画工和胆量，而是对历史文化的积淀情况。要真正达到这样的水平，需要年深日久的钻研，刻骨铭心的训练，特别是融会贯通多种学科知识的深厚功力。如果真的是这样，曲江遗址公园里的建筑，在构思设计的时候就能够汲取到多种多样的文化营养，像唐代因为海纳百川才显盛世气象一样，使这里的建筑效果因为接近唐代的文化精神而生机勃勃，而不是像现在这样，因为先天不足成为单调划一的样子——只有形式上的粗放，离"雅"文化渐去渐远。

不过，曲江遗址公园的建筑上都有一个大屋顶——这是当今中国仿古建筑的标志，举国上下，概莫能外。可是，屋顶仅仅是建筑的一个立面，其他四个立面处理的如何，也直接影响建筑的整体风格。一般设计师的着眼点集中在大屋顶上，仿佛有了大屋顶就是古建筑，反映了对传统建筑理解的浅显。在建筑大家眼里，古建筑是一个整体，只有通体上下都显示出古风古韵才名副其实，于是提出了"修旧如旧"的观点，并成为建筑界的经典。其实，是抓住一点，不及其余，还是通观全局，纵览上下，反映着设计师的技术水平，更能反映设计师的文化功力。那么，曲江遗址公园里的大屋顶建筑又属于哪种情况呢？且看大屋顶下面的其他几个立面：有的是用铝合金制作的玻璃门窗，有的直接用白色瓷砖装饰外墙面，有的建筑虽然采用传统的悬山顶，但整体造型却是西式的小别墅……在这些不伦不类的建筑中，最典型的是曲江湖东岸上的畅观楼——楼高2层，屋顶的造型是中国传统的悬山顶，可是，屋身的正立面上，柱与柱之间竟全部是大面积的透明玻璃，与大街上的玻璃橱窗一模一样。据记载，在唐代，建筑界已经出现了"都料"这种职业，每个大型建筑工程都会由"都料"监督施工，负责工程质量的把控，说明唐人对待建筑的认真态度。尽管如此，立意更高的诗人还发出了"古人唱歌兼唱情，今人唱歌唯唱声"（白居易《回杨琼》）的不满，指责那些急功近利、一知半解的工匠们不懂艺术的内容，只求形式赢人，不但不可能出精品，恐怕连子孙后代都会耻笑。白居易哪里知道，千年以后的子孙们在修造古建筑时，不要说尊重古人的建造精神，甚至连古建筑的基本形式都不要了，变成了既没有"内容"，也没有"形式"的东西，成了地地道道的工匠。如此混搭出来的建筑，除了令人眼花缭乱，谈何正统，有何规范，更无标准，又怎么能"雅"得起来呢？

古人来到曲江，登高望远，祓除岁秽，曲水流觞，主要是为了摆脱尘世喧嚣，融入自然山水，畅叙幽情，放松身心。与长安城比较，这里清新翠绿，视野辽阔，俯视都城，形成一阔一狭，一高一低的天然对比。这种对比会产生一种视觉上的张力，从而带出"心远地自偏"的诗意畅想和精神升华。可以断言，唐人当年所以能在曲江一带做出了那么多脍炙人口的佳作，与这种氛围有着直接的关系。不过，重修后的曲江已发生了根本性变化。环顾曲江遗址公园，四下里全是高层建筑，而且密密麻麻，层层叠叠，将曲江遗址公园团团包围。偌大的曲江遗址，实际上已经沦为了周边住宅小区的景观花园，提升了住宅小区的景观效果，却直接破坏了遗址应有的历史氛围，将古遗址当作地产卖点的用心也昭然若揭。现在看到的曲江湖西岸已经基本上被全部包围，在比较空旷的东岸，众多翻斗车和大型吊车正在紧张地施工，以"只争朝夕"的速度抢滩夺地。其实，卖地的人和买地的人都清楚，像这样大规模侵占农田，改变遗址原貌的事情必须加快速度，力争在当地文化保护意识还没有觉醒的时候将白米煮成熟饭。尤其是在杭州西湖周边景区列入"世界文化遗产"名录以后，杭州市政府立刻宣布，为了将西湖周边的景区完好地交给子孙后代，避免建设性破坏，西湖周边的土地一律不准出卖。这样的决定，意味着国内已经有人将遗址保护按照国际水准来操作了，对觊觎祖先遗址发财的人来说，无异于当头棒喝。比较起来，地处长三角的杭州到底属于沿海文化圈，不仅在经济上先走了一步，在古遗址保护上也很快与国际接了轨。黄土高坡上的西安地处内陆，也确实能想出一些画地为牢的发展办法。但是在开放的社会条件下，又怎么能抵挡得住历史潮流呢？

在曲江亭北侧有一尊雕塑，刻画的是唐代诗人李商隐。这位中举进士并没有因为进入仕途而飞黄腾达，反倒在牛李党争的夹缝中，终生穷愁潦倒，郁郁不得志。不过，李商隐并没有怨天尤人，而是忧国忧民，留下了不少千古绝唱，将晚唐的诗歌再次推向了高峰，也是唐代的文坛一圣。此刻的诗人仍独立水边，怅然远望。在一座座扑面而来的高层建筑的对比下，诗人的身躯仍然显得那样孤独，那样渺小，仿佛仍然没有逃离在夹缝中求生存的尴尬处境（图 6-17）。看到这样的场景，不由得让人感到一阵心寒，在无所忌惮的商业开发中，文化人眼中的唐代圣

图 6-17　面对古遗址被现代化高层建筑团团包围，不知古人会作何感想？

人都沦为了供人欣赏的陪衬，在唐代的文化殿堂上，还有什么东西能够唤起人们的神圣感呢？

历史上的曲江，美在自然环境，美在文化内涵。唐人来此，不仅可以观赏花红叶绿，流水屈曲，还有雁塔的佛境、杏园的文气以及悠久历史积淀下来的几分深沉。文人士子们的曲水流觞、仕女们的争奇斗艳、老少咸宜的百戏歌舞等等，丰富多样，不一而足，但是，每项活动都拥有几分艺术气质，成为曲江的人文景观，增加了这一带的美学色彩，也构成了吸引长安城内百姓的魅力所在。今天的曲江遗址公园，恢复的仅仅是山水园林、亭台楼榭，而最核心的"雅"文化遗产却反而被忽视了。如同组装了计算机的硬件，而没有安装软件一样，得到的也仅是个空壳而已。这样的地方只能算是一处供人游玩休息的场所，离恢复遗址的文化精神还有很长的距离。更何况，这里的建筑和景观，赶制的痕迹无处不在，明显不是出于对文化遗产的敬重展开设计和施工的结果，当然也难免会将这样的心理传达给参观者。尤其是遗址周边那些如雨后春笋般赶建起来的地产工程，巨大的规模所产生的视觉冲击力，更远远超出了唐文化的范围。这样恢复起来的遗址公园，其效果可以用大来形容，可以用有钱来感叹。但是，无论如何不会给人们留下多少历史感，更难以产生"雅"的感觉。

异化了的曲江遗址公园，纵然还有流水清清，可是却没有了曲水流觞的雅境；纵然还有湖光山色，可是却无法给人亲和自然的皈依感；纵然还有亭台楼榭，可是却难寻其中的古色古香；纵然还有茂林修竹，可是却难以营造出"天边树若荠，江畔洲如月"的诗意，让人产生"何当载酒来，共醉重阳节"的心情。也许，将今天的曲江与唐时的曲江进行比照，本身就是一种错误——唐时的曲江是在充满诗意的社会环境中孕育出来的，眼下的曲江却是发展地方经济的场所，务实与务虚之间悬若天壤，又怎能同日而语！不过，务虚的曲江因为流淌着诗意而让后人怀念，哪怕已经过去了一千多年；务实的曲江也留下了不少刀下见菜的显赫业绩，但是，其中到底有多少可以经受得住历史的检验，特别是要经得起子孙后代的推敲——哪怕只有一代人也好？

第七章　高堂大屋非古市

——唐西市工程

　　西市博物馆是建在西安市众多唐遗址上的其中一座建筑。2009 年 9 月 27 日，项目一期工程中的古玩城建成开市，丝绸之路起点遗址展厅建成揭幕，紧邻其旁的大润发超市也开业运营。2010 年 4 月 7 日，遗址上的唐西市博物馆建成并正式开馆，整个项目计划 2012 年全部完工。由于这里曾经是列为国家重点文物保护的地方，按照法律规定，大规模建设前应向国家有关部门提出申报。2006 年 8 月，国家文物局以文物保护函[2006]1024 号文件的形式给予了回复，基本内容：西市是隋唐丝绸之路的起点和重要标志之一，具有重要的历史、科学与研究价值，并建议将西市遗址纳入到丝绸之路申报世界文化遗产的预备名单中。这样的文字起码为这个遗址工程定下了两个基调：一是保留其历史性和科学性，以供后人研究之用；二是与国际接轨，按照世界遗产的标准进行规划建设。要达到这样的效果，在有关西市的主要文件中，都将"原地保护、原样保存、原物展示"作为原则。按照这样的原则，建成的西市首先是遗址博物馆，其次才是市场，而且是具有唐文化色彩的市场。

　　唐西市对后世的影响是多方面的。我们日常将购物称为"买东西"中的"东西"二字就起源于唐。在唐代的长安城，设有东市和西市两个商业区，上至皇亲国戚，下至平民百姓所需物资的采办几乎都在东市和西市完成。时间一长，人们就习惯用"东西"二字来指代所购买的各式物品。其中，东市在城东，周边住的大多是达官显贵，服务对象为社会上层人士；西市位于城西，周边住的大多是普通百姓，服务对象更加大众化。另外，西市是唐代京城中规模最大的对外贸易市场，距离长安城西大门——开远门较近，周边聚居着大量的胡人、商客，自然而然地也成了唐代丝绸之路的起点站。这样的历史地位，决定了西市的文化价值要远远大于经济价值。于是，是在古遗址上修建博物馆，还是在古遗址上修建大市场，关乎着这处遗址的性质，也实际地考验着动议者的历史态度和文化水准。两年时间过去了，这块遗址是建成了博物馆还是建成了大市场？也从问题变成了现实。

第一节　文化品读

　　"五陵年少金市东，银鞍白马度春风。落花踏尽游何处，笑入胡姬酒肆中。"暮春三月，唐长安城的几个世家子弟骑马踏春归来，一起说笑着走进西市的胡姬酒肆里，浅酌小憩。李白的这首《少年行》就真实地记录了唐人游西市的惬意心情，也多少透露出唐时西市的大致情景——在大环境上，西市被长安城的里坊如众星捧月般地环绕着，屋舍之间繁花似锦、绿树成荫，即使是在集市周边，也是人人礼让的礼仪之地，而不是彩旗飘飘、人声鼎沸的乱象一片；在氛围上，长安时期的人们日出而作，日落而息，自有一番从容的作息节奏，商人们的身份特殊，更是闻鸡起舞，不敢有丝毫的怠慢，等待坊市里的击鼓声，开门迎客；在人群中，西市的街道上有当地的老户，也有五湖四海的口音，更有随处可见的高鼻梁、蓝眼睛，各色人等穿梭在街道上来来往往、和睦相处；在酒肆里，有芳香四溢的胡饼，有婀娜善舞的胡姬，有随处飘散的酒香，而不是肆无忌惮的吆喝叫卖、猜拳行令……这样的猜想并不是空穴来风，而是从诗中体现的创作心理推断出来的。试想，如果唐时的西市中人头攒动、摩肩接踵、人呼马叫，诗人也不太可能有笑的心情；如果唐时的社会风气一片浮躁，诗人又哪来鞍马度春风的心境？长安时期的人们是富足的，自然懂得礼仪谦让，讲究风度翩然。诗中没有直接写到西市的生意情况，却仍然能让人感到这里安详与富足。这是一种由精神反映物质的写法，符合唐代充满诗意的社会氛围，也与诗人的身份相符合。

诗人所说的"金市"也不应该是纸醉金迷的意思。长期以来，中国一直是一个以农业为主的国家，历朝历代的封建统治者都将"务农事桑"作为国之根基。统治者认为，商贩之流由于不直接从事生产活动，倒买倒卖，哄抬物价，通过投机取巧、囤积居奇等手段与农民争利，会扰乱社会的政治、经济秩序。因此春秋时期齐国管仲的"四民分居定业论"，就明确规定"士农工商，商为末"，已有抑商之意。秦始皇统一中国后，有意识地贬抑商人，秦朝的法律规定，"商人及其子孙，与罪吏、赘婿同属贱民之列"，可以随时押往边疆服役或定居。汉朝以后又继续压制商人，例如高祖皇帝规定，"商人不得乘车，不得穿丝绸衣服"，而且要"加倍缴纳税赋"。这种不给商人政治地位的政策，使中国封建社会的商人一直处于社会底层。千百年来"重农轻商"的观念深入人心，尽管唐代社会开放程度较高，对妇女的穿胡服、化胡妆都能够持宽容态度，可是政治上对工商之家仍旧给以重大打击。乾封二年（667年）二月辛丑，"禁工商乘马"[1]，即不许工商业者骑马；上元元年（674年）规定"庶人服黄，自非庶人，不听服黄"。注云："非庶人谓工商户。"[2] 就是说，工商之家不得穿平民百姓（普通农民）才可以穿的黄色衣服，至于各级官员所穿的紫、绯（红）、绿、青等色的衣服更是不能穿着，否则就会受到重罚。衣着颜色上的禁忌，无疑是一种社会上的公开歧视。另外，据《白孔六帖》卷八三《商贾之部》记载，唐朝还明文规定："有市籍者不得官，父母、大父母有市籍者，也不得官。"[3] 就是说，凡是有商贾户籍的，一律不得出仕为官，不仅本人不行，而且三代之内但凡有商贾户籍的人都不可以。这种严厉的"抑商"、"贱商"政策，使得商人在唐代社会的实际地位也可想而知，纵然日进斗金，行为上也不敢肆意张扬，所使用的商铺也绝不敢像皇城那样搞得富丽堂皇。这样看来，唐时的西市建筑肯定是很低调的，与周边平民化的建筑并无二致。朴素实用，便于流通应当是这里建筑的重要特征。所以，"金市"的美誉是在形容这里的繁荣景象，绝非是指这里的建筑披金戴银，街道上金碧辉煌。

由于社会地位的低下，在中国历史上，有关商业活动的资料、遗迹保存得都比较稀少，显得弥足珍贵。西市的记载也是这样。根据新旧唐书中的零星记载和20世纪的考古发掘，

[1] 欧阳修，宋祁.新唐书[M].北京：中华书局，1955。

[2] 司马光编著.资治通鉴[M].胡三省音注.上海：上海古籍出版社，1987。

[3] 王彬主编.历史上的大唐西市[M].西安：陕西人民出版社，2009。

历史上的西市位于唐长安城偏西北处，与东市遥遥相对。城里的南北主干道"朱雀大街"横亘当中，形成中轴对称式布局。据史料记载，隋朝初期宇文恺设计大兴城（唐称长安城）时就已经将这里建造成了市场，当时称为"利人市"（亦称利民市）。隋灭唐兴，高宗时期为避唐太宗李世民的名讳，开始改称为西市。西市的大小约占长安城的两座坊间的规模，经考古实测，南北长1031m，东西宽927m，略呈长方形。与长安城中里坊的外形类似，西市的周边也围有一道夯土墙，唐律规定："越官府廨垣及市坊垣篱者，杖七十。"[1]由此可知，这道夯土围墙的约束力类似于当时官府衙门的围墙，任何人都不可以随意翻越，否则就要受到杖刑。西市内有呈"井"字形的四条大街和八个市门（即元代李好文《长安图志》所谓的"四街八门"），市门每日按时开闭。唐朝初年，市门不能随意开闭，而是要以宫城南门的承天门击鼓和骑兵传呼为号，贞观十年（636年），取消骑兵传呼，改为击街鼓。据《新唐书·百官志》记载："日暮鼓八百声而门闭……五更二点，鼓自内发，诸街鼓承振，坊市门皆启。"[2]由此可见，市门和坊门的开闭时间大致相同，都是由宫城的街鼓声来控制，开闭的具体时间是遵循日出日落的自然规律而定制的，期间严禁擅自开闭市门，否则就是违法，处以重罚。

西市内的规划布局为九宫格式，市内设有四条主干道，南北向和东西向的街道各两条，皆宽16m，呈"井"字形布局，店铺设在九宫格每一面的沿街处。另外，在每一小格内部还有小巷道方便通行。小巷内设有排水管道，统一通向大街两侧的排水沟内。古人对集市的规划充满了智慧，四条主干道交叉形成的九宫格布局，大大地增加了临街店铺的数量，对商客起到分流的作用；街道走向和自然方位相统一，方便人们辨别门面，提高识别性，即便是初次来到西市的异域商客也不会在此迷失方向；大街和小巷的组合，可以充分保证集市内道路的通畅，而且一些窄巷暗道也兼顾到了商客的私密性；坊有门，可以管理和防盗，巷无门，便于商户们交流往来。此外，西市里还有一些细节问题也处理得十分巧妙，比如有些小巷的下面就是砖砌的排水暗道，人在砖上走，水在砖下流，通行和排水两不误。土路每遇下雨天就会泥泞不堪，为了解决这个问题，唐人对西市实施了硬覆盖：先用石子垫底，然后用力夯打，让石子充分插进泥土中，然后再覆上一层土，再次用力夯实，几番过后，这样的路面就变得坚硬平滑，即便是下雨天走上去也不会一脚深一脚浅，而且这样的路面不影响渗水，利于自然循环。从遗址来看，西市的主干道中间有若干条车辙遗迹，每组宽约1.3m，而主干道上的车马道宽约14m，说明当时西市的大街可以同时允许多辆马车并行。车马道两侧各有一宽约30cm的排水明沟，排水沟外有约1m宽的人行道。这样，排水沟还兼具了隔离带的作用，将人行道和车马道分开，也照顾到了集市上行人的安全问题。

西市的店铺都是沿街毗邻，由于遗址被破坏，如今只能看到一些土坯墙基。就考古发掘的情况判断，当年建筑遗址的规模都很小，排列得密集而紧凑。面宽最长的不过10m，约合三间左右；小的仅有4m，也就是一间的样子；建筑的进深均在3m左右。其中，旗亭算是西市中最高大的建筑。古代市场内标志性建筑因其上高悬旗帜而被称为旗亭，

---

[1] ［唐］律［M］（据北京图书馆藏宋刻本影印）.上海：上海古籍出版社，1984。

[2] 欧阳修，宋祁.新唐书，［M］.北京：中华书局，1955。

也称市亭、市楼。旗亭也是一种广告宣传模式，具有双重含义：一是市场的标志，二是为了引人注目。旗亭有两种：一种是指酒肆，悬旗作为酒招；还有一种是作为市楼，建在集市之中，便于观察指挥和昭示信息，上立有旗，故称旗亭。初唐诗人王勃在《临高台》诗云："旗亭百队开新市，甲第千甍分戚里。"说明旗亭在西市中应该是可以登高望远的地方，而集市中的大多数建筑也就一至二层的样子，才能衬托出旗亭的鹤立鸡群之势。由此可见，西市的繁荣兴盛主要是体现在商铺的数量繁多，而非高大的体量上。根据唐人小说记载，当时西市中还有大量的露天摊位，例如唐人裴铏《传奇·许栖岩》中就写道："许栖岩，岐阳人……欲市一马而力不甚丰，自入西市访之。有藩人牵一马，瘦削而价不高，因市之而归。……卜肆筮之，得'乾卦九五'。道流曰：'此龙马也，宜善保之。'"[1]说明当时的西市就是一个提供交易的场所，一些小交易甚至可以在街道上来完成。文中的许栖岩，就是在西市的街道上游走而发现了中意的马，从藩人手中买下马后，还在西市的卜肆算了一卦，这里提到的买马、卜筮的过程都是露天进行的，意味着在店铺林立之外，周边的大道或者十字街头，都有可能存在着大量的流动性商贩进行着露天贸易，是西市商贸盛况的重要组成部分。

此外，西市内部还有一套独立的水循环系统，使这里大街小巷的给水排水畅通无阻。在 2006 年的考古发掘中，工作人员发现唐代西市范围内有许多水井遗迹，井的类型可分汲水（取水）、窖水（储藏水）与渗水（排水）三类。根据需求的不同，井的深浅不一，其中保存较完好的窖水井深度为 4～6m，直径约为 1m，井壁砌砖（图 7-1）。另发现若干楔形石质构件，经推测应该是石质井台的残留。在钻探西市及周边里坊时，还发现长安城的重要水源——永安渠流经西市东侧，"在沿西市南大街北侧，有一条向西延伸的长约 140 米、宽约 34 米、深约 6 米的支渠，横贯市内"[2]。在唐人韦述的《西京记》中也有记载："（西）市西北有海池。长安中，僧法成所穿，分永安渠以注之，以为放生之所。"[3]这里的放生池，自然是蓄养鱼虾的地方，也为西市中的鱼肆提供了天然的水库。（图 7-2）从永安支渠其宽约 30 余米，长度能够横贯西市来推测，这足以支持船只过往，进行水上运输，说明当时西市还具备有水上交通的条件。西市的建筑多为土木结构，有这样的天然蓄水池，还可以起到防火消灾的作用；而且从生态环境的角度来看，西市人员庞杂，商客过往频繁，建水池可以净化空气，具有卫生和美化环境的功效。

西市的周边即为里坊，是长安城百姓的生活区。西市正东为延寿坊和光德坊，正西为群贤坊和怀德坊，正北为醴泉坊，正南为怀远坊。西市作为唐代著名的都城贸易市场，每天都吸引着大量的异域商客，善于经商的胡人除了居住在西市内的客栈、商铺等处，还有不少就聚居在周边附近的坊中。在《旧唐书·中宗本纪》中就有提到：景龙三年（709年）十二月乙酉，"令诸司长官向醴泉坊看泼胡王乞寒戏"[4]。这里提到的"乞寒戏"是一种西域舞蹈，是在寒冬中由身体强壮的西域少年随着音乐结队起舞，观者以水泼之，以此为戏。这种大型的西域舞蹈在醴泉坊演出，唐中宗还下令让诸司长官一同前往观看，

[1]　刘昫等撰. 旧唐书 [M]. 北京：中华书局，1975。

[2]　李昉. 太平广记 [M]. 北京：中华书局，1961。

[3]　宿白. 隋唐长安城和洛阳城 [J]. 考古，1978（6）。

[4]　韦述. 西京记 [M]. 西安：三秦出版社，2006。

图 7-1　唐代西市水井的砖砌井壁

图 7-2　复原的西市"海池"模型

可见在当时西市周边已经聚居了大量胡人。再加上唐朝的统治者一直采取开放政策，礼待胡人、胡商，因此这些胡人"留长安旧者，或四十余年，皆有妻子，买田宅，举质取利，安居不欲归"[1]。

胡人聚居在西市周围，将西域的宗教文化也带到了这里。公元 7 世纪，波斯尊祆教为国教，由于其教义创善恶二元论，以火为善神的代表，因此在南北朝时期传入中国后，又被称为"拜火教"。据《长安志》记载，醴泉坊"街南之东"有"旧波斯胡寺"，并指出"仪凤二年（677 年），波斯王卑路斯奏请于此置波斯寺"。这里所建造的波斯寺即供奉的是祆教的创始人"索罗亚斯德"，是一所名副其实的祆教祠堂。根据《长安志》的记载情况来统计，在当时长安城内共建有 6 座祆教祠堂，其中仅有一座在东市附近的靖恭坊，其余 5 座全部建在西市周边地区。宗教祠堂满足的是人们的精神需求，在西市周边建造大量的波斯古寺，不仅说明了唐代西市周边聚居的胡人数量之多，更说明了这些胡人在长安城的生活是安逸且舒适的——在解决了温饱问题之后，胡人们还可以在自己聚居的地方，修建一些宗教场所来满足精神上的需求，寄托美好的理想与希望。除了祆教之外，在西市周边还发现了信奉景教的大秦寺和信奉摩尼教的摩尼寺。值得一提的是，景教属于基督教的分支，又称为东方基督教。在西方历史上，尤其是欧洲史的部分，教会之争何其激烈，往往到了针锋相对、水火不容的地步。可是，在唐朝的京城里，就在一座市场的周围竟同时出现了这样多的宗教建筑，而且彼此之间能够和平相处，从未引发过大的冲突。这样的效果不得不说也是西市上的一种文化奇观。这种文化奇观绝不是偶然的，而是与中国文化中的开放包容、兼收并蓄、以和为贵传统有着千丝万缕的联系。

实际上，在唐西市的商业文化中不仅仅有宗教的成分，更丰富多彩的还是物质的，共同构成了西市的魅力。考古发现证明，胡人商客在西市的经营范围很广，有珠宝、酒肆、食肆、客栈，还有代人储存钱币或出售贵重物品的"邸店"，以及放债或典当物品的"举止"——前者具备了今天银行的某些功能，后者则类似于日后出现的"当铺"。这些胡人善于经商，自然也善于推销和广告宣传，其中最著名的当属找年轻貌美的胡姬在酒肆跳舞揽客。此外，别具一格的建筑形式也是招揽顾客的常用办法。在西市遗址中，就发现了几个圆形建筑的墙基。在中国传统建筑理念中，天为圆、地为方。因此，地面上的建筑主体都是方方正正的，只有少数的亭子等园林建筑才建成圆形，用以点缀。因此，西市上圆形建筑遗址有极大的可能是当时市里的胡人建筑。从不同地区建筑类型来看，信奉伊斯兰教的地区就有大量的类似于洋葱头的圆形穹顶式建筑。圆形建筑出现在西市中，无疑是别具特色的，会产生强烈的广告效应，起着吸引顾客光临的作用。胡人对唐代社会文化的影响是巨大的，这还体现在人们的日常起居、衣食住行等众多方面。比如唐人善饮，喜食胡饼，唐人喝的酒来自未经蒸馏的酒糟，有点类似于今天北方地区的醪糟，酒精含量并不高。也有蒸馏过滤后的"清酒"，李白就有"金樽清酒斗十千"的形容。不过，"清酒"的价钱较贵，所以仅供社会上层少数人享用，普通百姓则宜饮用酒糟为主。由于酒精度低，可以喝酒如水。可以肯定地说，唐人的这种豪饮之风，多少也受到了西域少数民族的影响。胡饼也在西市上很有市场。这是一种在大炉子里进行烘烤的面食，

---

[1]　司马光编著.资治通鉴·唐纪 [M].胡三省音注.上海：上海古籍出版社，1987。

表面撒有食盐和芝麻，因水分少而耐储存，从作料到做法都和今天甘肃、新疆一带的烤饼很接近，是一种典型的游牧民族食品，深受唐人喜爱。胡服也是西市上的一景。比较传统服装的宽大肃整，胡服显得紧窄，用料丰富，色彩艳丽，也没有那么多的禁忌。因而唐代妇女喜欢穿胡服、戴胡帽、化胡妆，既是一种生活调剂，也是一种思想解放。而这些胡服、胡帽和种种化妆品、装饰物也都只有在西市才有的卖。里坊间的百姓们还喜欢学胡音、跳胡舞。这些西域的东西，最初也是从西市流传出来的。这也从一个侧面说明，唐代的西市绝不只是一个做买卖的地方，同时也是当时社会审美时尚的重要发源地。

西市是唐代丝绸之路的起点，又是长安城里主要的商业区，作为如此重要的货物集散地，必定人员成分复杂，属于鱼龙混杂之地。为了维持商贸活动的正常秩序，唐王朝专门在西市设有市署和平准署，二者均隶属于朝廷的太府寺。市署和平准署二者相辅相成，市署主要在于管理西市的日常秩序，如控制开闭市的时间，负责市场建设，禁止非法交易和维护治安管理等；平准署主要负责平准物价，监管货物质量以及度量衡等。市署和平准署的最高长官为有品级的"令"，根据《大唐六典》，"西市署令一人，官从六品；……平准署令二人，从七品下"[1]从所设官员的级别可以得出，平准署的地位应该是略低于市署，前者属于领导级，后者属于行政级。

从文献资料看，西市中还有专门对犯人行刑的地方，名为"独柳"。北宋时期文人宋求敏所著《长安志》中，提到："独柳，刑人之所"，在《旧唐书·肃宗本纪》中也提到肃宗斩"叛臣"达奚珣等人于"子城西南隅独柳树"[2]。古时一般将宫城称为子城，而西市正好位于唐代长安城的宫城西南角方向，因此"独柳"这个地方在历史上应该是存在过的，而且曾一度作为西市的显著标志，只因年代久远，具体方位已不可考。

西市与唐人的日常生活息息相关，这里不仅出售着生活必需的柴米油盐，充斥着世人的喜怒哀乐，还上演着一幕幕人间的悲欢离合。有一个成语叫作"破镜重圆"，比喻夫妻失散或决裂后重新团聚与和好，其实这个成语源自于一段动人的传说。相传陈后主的妹妹乐昌公主是一个风华绝代的美人，嫁给太子舍人徐德言为妻。隋（581～618年）灭陈之际，江南大乱，徐德言出征之前将一面铜镜劈为两半，与公主各执一半，相约如若离散，则每年正月十五，于利人市（即唐代西市）以半面铜镜为信物相见团圆。陈灭后，乐昌公主被俘，赏给隋朝宰相杨素为妾，深得宠爱。公主仍按约定，于每年的正月十五派老奴在利人市高价叫卖半面铜镜，人皆笑之。后来徐德言闻知此事，辗转来到利人市，取镜对之，正好吻合，惊喜之后遂题诗于镜上："镜与人俱去，镜归人不归。无复嫦娥影，空留明月辉。"公主看到后，潸然泪下，不思饮食。杨素被二人情意所感，召见徐德言，让其夫妻团聚，并资助二人重返江南（唐孟棨《本事诗·情感》）。这段佳话被四处传扬，于是就有了"破镜重圆"的典故，一直流传至今，而这个故事的主要发生地就在长安城的西市上。

综上所述不难看出，唐时的西市绝不是一个纸醉金迷的场所，宗教的普度众生思想，官府律令的严格管理，胡汉各族人民的习俗交融，杀一儆百的震慑作用，人间真挚的爱

---

[1]　李隆基撰.大唐六典[M].李林甫注.西安：三秦出版社，1991。

[2]　刘昫等撰.旧唐书[M].北京：中华书局，1975。

情故事……这一切融会贯通，形成一种背景，构成一种氛围，使这里成为中与西、雅与俗各种文化现象的交融之地。这里的人们在整日忙碌经营的同时，也有所遵循，有所顾忌，不至于在物欲横流中变得冷酷，走向没落。当年李白路过这里时可能正是感应到了这样的氛围，才有了如浴春风的感觉，写出了脍炙人口的绝妙佳句，为西市这个著名的商业区增添了一份浪漫的色彩。

第二节　边走边看

时光荏苒，光阴飞逝，千年之前长安城中的西市早已化作了尘土。曾经的繁华市井，今天也只能在古籍旧画中若隐若现。几经战乱，西市遗址的荒草丛中开始零星地出现了各种样式的临时帐篷和简易民房；曾几何时，这些临时性的建筑又演化为了筒子楼和居民社区。周边的道路也从黄土路变成了石子路，从炉渣路变成了水泥路，再到沥青路。就这样拆了又建，建了再拆，反反复复之后，重重叠叠的建筑材料将古老的西市遗址一层层地掩盖了起来，埋掉了古遗址的样子，也埋掉了那悠远的驼铃声，丝路记忆也随之一同归于沉寂。直到世纪之初，当地政府开始了"皇城复兴计划"，一个以商业为主线，以丝路风情为特色的综合性商业地产项目——"大唐西市"开始出现在了公众视野。

"大唐西市"项目总规划面积约 500 亩，建筑面积约 100 万 m^2，总投资 35 亿元人民币，是目前国内唯一在原历史遗址上重建的大型商贸与旅游主题区，该项目一度被列为"陕西省、西安市'十一五'重点工程建设项目"，力图将西市建设成为一个以古老的丝路文化和唐代历史文化为题材，以异域风情为主线，打造出一个以旅游、休闲、购物和商业娱乐为主导，以高档的商务型酒店、办公和居住为辅助的新型体验式旅游热点和商业中心。

21 世纪的"大唐西市"在规划上仍遵循古制，采用九宫格式布局。建筑设计遵循的是具有现代气息的"新唐风"式建筑，建筑主色调定为土黄色，凸显平民化和西部色彩。在对外宣传中，主办方公布了"西市"主要经营的七种业态和在九宫格中的具体分布情况：第一格为家庭生活广场，经营项目为超市、家居生活馆等；第二格为休闲生活广场，包括餐饮业和表演秀场；第三、六、九格为国际购物中心，即购物步行街；第四格位于古西市遗址的东北角"十字街"部分，现存较为完好，具有重要的考古价值，在这里就地建成西市博物馆，用现代科技将古遗址封存保护，并对游人进行古遗址与文物的展示；第五格为国际时尚会所，包括商务酒店在内的各种高档休闲娱乐场所；第七格为古玩艺术博览，即古玩市场；第八格为艺术交易街市，主要作为传统艺术品的展示和交易中心。从规划定位上看，一个带有古老历史血脉的新型娱乐商业场所呼之欲出。但是，现代商业与古代商业到底有着质的不同，文化复兴与商业炒作更是两回事情。随着一个个项目从图纸走向大地，由二维变成了三维，西市工程是否对历史原貌有所遵循，古商业文化基因在现代化的设计和建造中是否还有所保留，越来越引起了人们的关注。带着这一系列的疑问，让我们一同走进唐西市来寻找答案。

第一站　"遣隋使号"

唐西市位于西安市的商业繁华地段，交通十分便利。来到这里，首先映入眼帘的是一艘仿古的木制大型帆船（图7-3）。船头向南，顺人行道摆放着，船头右侧书写着"遣隋使号"四个字，两根桅杆上的帆都已张开，似乎是要载着游人穿越历史长河，回到隋朝去感受西市曾经的繁华。这一景观出现在现代街道和古老西市的交接处，既是为了作为西市的入口标识，也能起到一定的分景作用。船身有十余米长，宽约3m，体量高大，实际地起到了一定的遮挡作用，使游人不至于从入口处就将西市内部场景一览无余，犹如古人常用的"影壁墙"，也起到了隔景的作用。这些都是这一景观设计者的基本用心。令人困惑的是，如此庞大的船体造型竟然就摆放在了人行道上，既有影响交通之嫌，也因为空间局促而影响了观赏效果。如果游人想要从正面拍上一张全景照，就必须退到马路上去，极不安全。还有，西市工程本身就是按照商业区设计的，必须要考虑人流量的问题。在入口处安排如此的庞然大物，景观与人争道，使街道变成了展台。如此本末倒置的设计不但会影响通行效果，而且对人们欣赏景观船的心情也会大打折扣。

图7-3　摆放在人行道上的"遣隋使号"

　　设计者确实是想把西市的入口处搞成一个展台。在景观船的后面几米远的地方，还摆放着一个青铜材质的仿古长案，体量仍然很大，两侧雕有唐朝代表性的卷草图案（图7-4）。在古代，长案是办公用的，自然会摆放一些与办公有关的物件——几个卷轴和一尊方印，增加了一些书卷气，给人以严肃感。打开的一幅卷轴是唐代长安城的地图，地图上将长安城外郭、宫城、皇城、108座里坊和东西二市都作了标示，几条流经长安城内的水道及其名字也有所标注，让游人对唐长安城的地理状况及城市布局有一个大致的了解。当然，最主要的目的是为后面的西市主体建筑群作一个背景性交代。不过，台案本是古代办公场所的物件，卷轴和方印更是官家的贵重之物，无疑是需要严加看管的，摆放在大门外任凭风吹雨打，随便观瞻，既显得破落，也有失体统，实在不是什么高明的创意。

图 7-4 仿古长案，上面展开的卷轴包括唐代长安城的平面图

第二站 西市广场

接下来就进入到了西市的主景观区。首先看见的是南北两边各矗立着一座高大的阙楼，两座阙楼均坐西朝东，顶部为四角攒尖顶，双层阙样式。因为西市属于民间集市，所以没有采用大明宫那样的"三出阙"造型。阙楼上部为仿木结构，下部为石材，上下衔接处设有几组装饰性的斗栱。在阙楼下部的四面墙上嵌有历史上和西市相关的浮雕画面和诗文，其中就包括李白的《少年行》和杜甫的《饮中八仙歌》。

走过阙门，就进入了西市九宫格之第二格金市广场，东边为第一格盛世坊，建有一组多层仿古式建筑，从招牌上看，一些大型超市和家电等商家已经进驻开张；西边由南向北依次展开的第三、六、九格分别名为盛业坊、丰乐坊、通济坊。从规划布局图上看，这里日后会成为商业步行街，现在仍在建设中。第二格金市广场看上去十分空旷，可能是为了防止从视线上遮挡后面的主体建筑，这里是一片开阔的广场，上面是大理石铺就的地面，下面是一个地下商城。地上转入地下必须先经过一个直径约为 50m 左右的圆形天井，再进入下沉式广场（图7-5）。广场的中间是一个硕大的铜镜造型喷泉，这里是进入地下商场的必由之路，是容易造成拥挤的地方，但是四周的通道却很窄。主要原因是铜镜造型的喷泉直径过大，占据了这里4/5的面积，通道自然也就成了陪衬。铜镜确实是这里的主要造景，荷花造型，周边分布着12个张口兽首，整体上构成一个喷水池。且不说兽首喷水的设计抄袭了谁，在大型商场的通道前摆放这样体量的景观，直接影响到人流疏散是更明显的缺陷；由于是下沉式环境，景观效果也难以凸显，将如此大体量的造型设计在这里，真不知设计者是出于一种怎样的考虑。

图7-5 "金市广场"采用地面广场和地下沉式广场结合的形式，地下部分是商业店

　　下沉式商场的上面是一个蓝色的卡通造型的拱形门，一对卡通兔子穿着大红色唐装站在门的两侧，摆出招手欢迎的动作，一副憨态可掬的样子，欢快中透着喜庆。卡通造型的拱形门中间写着"西市乐园"四个彩色大字（图7-6）。乍一看似乎没什么问题，可稍加思索，总觉得有种五味杂陈的感觉。看来，此门的设计者显然只注意到了烘托气氛，而忘了对内容的推敲。要知道，在古代，"市"已经包括娱乐的成分，游戏杂耍、斗鸡走狗、说书相声、曲艺杂谈等等游乐活动都在这里举行，根本用不着专门标示。在"市"的后面再加上"乐园"二字显然是现代人的误读，犹如在"超市"的后面再加上"商场"一样，大

图7-6 "西市乐园"的卡通拱门

有穿靴戴帽、叠床架屋的感觉，难免让人莫名其妙。

第三站　中心建筑

　　西市第五格上出现了中心建筑——西市酒店，也是西市里最高大的一组建筑群了。

主建筑是一座三层八角楼，屋顶为重檐八角攒尖顶，红柱白墙青灰筒瓦，在第二层的位置写着"大唐西市"四个红字招牌。主建筑略向前处，南北两边各有一座翼楼，其造型和第二格金市广场前的阙楼有些相似，也是四角攒尖顶，只是比例上有所变化，显示出一个设计思路——衬托主建筑，使其显得雄浑大气（图 7-7）。翼楼的下层为方台造型，石材贴面，正东面设有巨幅 LED 屏幕。主楼的上层依旧是红柱白墙青灰筒瓦，在主楼和两座翼楼之间各有上下两条甬道相连，尽管有些重叠累赘，但是便于通行也是一种实用上的考虑。主建筑的正东方是一座面阔五间的歇山顶过厅，收山很深，出檐平缓深远，一副宫殿气派。过厅两侧各有走廊，分别通向侧翼楼下方。这组建筑群坐落在一个高约8m 的水泥台基上，台基呈 T 字形，花岗石铺面，两侧有石材雕花栏杆，从台基正前方显露出的玻璃门窗可以推测，台基下面肯定别一番空间。由于整座建筑群仍在进行室内装修，没有正式对外开放，所以还不能断定建筑的内部规模如何。

图 7-7　金市酒店，西市中规模最大的建筑

　　由于处在西市的中心位置，加之体量高大，造型宏伟，酒店显然是这里的主建筑；近似于当年曾出现在西市的"旗楼"。不过，旗楼是古时市场的标志，酒店是现代都市的标志，两者之间有着根本不同的文化内涵。以酒店取代旗楼固然可以显示出时代的变迁，但是也彻底改变了这片空间的文化氛围，使人很容易想到地产开发，而很难想象到这块土地的遗址性质。主建筑的宫殿式造型也令人费解。在中国古代，只有较有规模的官府才准许盖宫殿，集市是容纳三教九流的地方，尤其是在"士农工商，商为末"的社

会环境下，在集市里面建造宫殿，既与传统相悖，也与史实不符。也可能，规划者原本就没有把这里当成遗址来对待，而是冲着商机来的，建造宫殿式的酒店，既可以提高档次，也可以赢人眼目，有没有历史根据并不重要。这种以提高档次和赢人眼目为目的的建造也体现在主建筑的外环境上。宫殿群体的正面，宽阔的石台阶两侧分别立着一根红色的文化柱，柱身上盘旋着金色的龙形图案，其间祥云点缀，柱顶端还端坐着一尊类似于朝天吼的神兽，使人不由得想起北京故宫前的华表。在中国古代，华表是一种屹立在桥梁、宫廷、陵墓或城垣前作为标志和装饰用的大柱子，设在陵墓前的叫"墓表"，设在桥梁两头的叫"桥表"等等。由于所设立的地方都与官方有关，人们一看就知道是某种权力或至高力量的体现，甚至成了一种符号图腾。当然，这种图腾更多昭示的是一种官方的意识形态和国家的绝对权威。于是，在中国建筑史上，华表也是一种高级别的建筑装饰，一般只有皇宫才可以用。西市只是唐代的民间集市，在这样的地方建造华表，与在集市上建造宫殿一样不是古人的习惯。

　　就建筑形式来说，古代建筑中设有大型台基底座的一般是重要的殿堂等单层建筑，例如大明宫里的含元殿、麟德殿，紫禁城里的太和殿等等，意在提升建筑高度来增加气势。多层建筑如塔、楼等，由于自身体量高大，通常不设台基或台基较低，仅起到围护和防止雨水冲刷的作用。例如慈恩寺内的大雁塔就没有台基，香积寺内的崇灵塔也仅围有一圈不足 3m 的砖砌台基。西市的主建筑采用的是重檐三层八角楼的样式，体量高大，但在底下所设的台基竟高达 8m 左右，确实让人看着有些摸不着头脑。从文献资料上看，唐代西市中的建筑大多较为低矮，其中最明显的高层建筑当属"旗亭"了。在唐诗中我们得知，西市的旗亭是可以登高望远的，不过这种旗亭大多以单体建筑形式出现，不太可能像宫殿建筑那样在两侧配有翼楼。站在中国建筑历史的角度观看这组建筑群，我们会形成新的观看感受：从视觉上讲，它的确可以称得上是宏伟高大；可是从建筑文化上看，它却是经不起推敲的。

　　在这组建筑群前，南北两侧各有一尊名为"丝路乐舞"的青铜雕塑，高为 9.27m。雕塑立在一个白色的双层基座上，总高为 14.88m，属于高大型雕塑。雕塑由骆驼和歌舞手组成，总体造型与唐三彩有几分相似——在骆驼的驼峰上铺着一层厚厚的毛毯，纹样精美，几个西域乐师坐在驼背上，或吹或弹，中间是一个彩带缠身的胡姬，舞姿婀娜（图7-8）。整座雕像高低错落，动感十足。雕塑本来是视觉艺术，这尊雕塑突出的是乐师手中的乐器和胡姬的舞姿，大有音乐飘扬、舞动有风的架势，能给人以听觉上的"享受"，对渲染气氛，突出丝路文化的主题起到了很好的点景效果。不过，放在建筑群的背景上，这一行西域的胡人不是来到了市场，而是来到了一座宫殿前（具体来说是酒店）。骆驼上所承载的也不是货物商品，而是歌舞伎。看来，此处景观的设计者对当年的丝路历史有着一番新的理解——不是商业贸易之路，而是歌舞升平之路；不是中原文明与西域文明的平等交流，而是迫于中原文明的强大而形成的一种奉迎。西市的性质以及与西市相联系的丝路历史，就在这不经意的设计中被彻底改变了。

第四站　西市博物馆

　　博物馆是与西市遗址关系最为密切的建筑物，也是最能体现当年申报西市遗址保护

图 7-8　金市酒店前的大型景观雕塑"丝路乐舞"

初衷的一个工程，理应成为西市遗址工程的核心。不过，从实际布局上看，西市博物馆并没有位于西市的中心位置，而是被安排在了酒店的边上，处于九宫格中的第四格，名为慧宾坊。

　　博物馆的入口处设有一个名为"丝绸之路起点"的标志性雕塑，呈古铜色，造型是将古丝绸之路的路线作抽象化处理，运用拓扑学思想，将金属质地的材料做成锦缎丝带形状，扭转 180°后成为一个既舒展又不乏曲折的环形回路，成飘逸之状（图 7-9）。为了增加寓意，造型上还标有古丝绸之路沿线城市的名字，最高处悬挂着一个象征古老驼队的驼铃，算

图 7-9　大唐西市博物馆和"丝路起点"雕塑

是这个作品的点题之笔。从远处看，丝绸之路起点的雕塑以曲线为主，刚好和后面以直线为造型元素的西市博物馆形成反差。博物馆所在的地方就是原西市东北角的十字街遗址，也是西市遗址中保存文物较多的一个地方，具有很高的考古价值和科研价值。从 20世纪中后期，政府专门组织了四次较大规模的发掘工作，发现了古井、排水沟、车辙痕迹，还有残存的建筑墙基，以及大量珍贵的历史文物，在考古界形成一定影响。这里也是研究中国古代商业文化和古丝路文化的重要基地。当初开发商在征用这片土地的时候就饱受争议。不过开发商一再承诺保持遗址原貌，并采取有效措施，使遗址不受破坏，为后人留下这块文化遗产。因而，西市博物馆的建设初衷就是以遗址保护为主，兼有文物展示、文化宣传的功能。

博物馆占地面积 15 亩，建筑面积 3.2 万 m^2，展览区面积 0.8 万 m^2，其中遗址保护面积 0.25 万 m^2，馆藏文物两万余件。场馆的外形设计很别致，除了色彩上相近，造型、材料与周边的仿古建筑都有明显不同。外部造型脱胎于一个以 12m×12m 为单位的模数方阵。每个单元方阵都在对角线处对折，呈现出不同的角度和高度，整体给人一种高低错落的感觉，同时也为建筑打造出了一个错落有致的第五立面。通过巧妙的模数计算，这座建筑的其他四个立面都呈现出不规则的形状，处于同一平面的模块尺度也是不一样的。六个大型钢框架组合成了整栋建筑的结构，其中每个单元框架之间间隔 2.4m。这些钢结构框架不作任何额外装饰，仅在外表面装有镀膜的钢化玻璃。从专业的角度一眼便知，设计者遵循了现代建筑大师密斯·凡·德罗"少即是多"的法则，充分利用三角形的稳定性，使桁架彼此之间排列组合相互支撑，用简洁的线条诠释出整座建筑的美学气息。

为了表现出历史的沧桑感和西部的乡土文化，博物馆在建筑外立面材料的选择上煞费一番苦心。该建筑采用了新型材料，主材是一种带有夯土肌理的仿石材料，外表呈土黄色。"建筑师视这种颜色为关中地区的典型色调，认为这种土黄色在西部黄土地区随处可见，而且非常耐脏很适合西安多风沙的气候环境。"[1] 同时它暗示着唐代长安城郭墙、坊墙以及西市的墙体均由夯土构筑，其本身也是对历史的呼应。这是一些学者对这座建筑外立面的解读。其实，如果从历史文化的角度看，唐代是将黄色视为平民色的，《资治通鉴》中就有"庶人服黄"[2] 的记载。博物馆乃至整个西市的仿古建筑以黄作为基本色，可能正是在追随一种迎合历史的效果。至于"暗示着唐代长安城郭墙、坊墙以及西市墙体均由夯土构筑"的推想实属无稽之谈。历史上确实有过夯土为墙的时候，但那是还没有制砖技术的年代，到了唐代，不要说制砖技术已经十分发达，像更高技术含量的瓦当、琉璃瓦也普遍地被运用于各种建筑。单纯的夯土墙早已被夯土外面用砖垒砌所代替。可以肯定地说，当时的"郭墙、坊墙以及西市的墙体"肯定是有砖包裹的，不可能是黄土裸露。

场馆内部可分为地上 4 层和地下 2 层。地下的两层分别为大型停车场和商业市场，现在尚未投入使用。地上 4 层设有基本陈列、专题展览、临时展览、特别展览等完备的陈列展览空间，集历史、艺术、民俗、藏友收藏等内容为一体，让人耳目一新。一层的东南角即是唐代西市的"十字街"遗址，这里有车辙、排水沟、古井和石板桥等遗迹。

---

[1] 茹雷. 长安余晖：刘克成设计的西安大唐西市及丝绸之路博物馆 [J]. 时代建筑，2010（5）。

[2] 马光编著. 资治通鉴 [M]. 胡三省音注. 上海：上海古籍出版社，1987。

设计师用钢材桁架和钢化玻璃将遗址封存，人们可以踩在玻璃上看到这一切，感受历史的存在。在展厅一角，设计师还别具匠心地设计了一个细节：在地面上以长安城为圆心，以500km为单位画出许多等距的同心圆，并在这些同心圆坐标上标示出西域丝绸之路和海上丝绸之路所到达的国家和地区，与边墙上所展示的丝绸之路地形图相呼应，可以更为直观地显示唐代文化对周边世界的影响范围（图7-10）。

二层的陈列主题是《丝路起点·盛世商魂》，展出的出土文物共计千余件，介绍了历史上西市的概貌、交易品类、商业文化、宗教文化、民间故事和繁华胜景。三层的主题是《丝绸之路·百工体验》，通过室内景观再现了小作坊式的经营模

图7-10　西市博物馆一层的室内景观

图7-11　西市博物馆三层《百工体验馆》中的"房中街市"

式，在区域内设计出了"室内十字街"和"房中房"（图 7-11）。不知为什么，这些建筑没有与西市的土黄颜色保持一致，而是采用了清一色的红柱白墙青灰瓦，再现了诸如茶阁、卜肆、波斯邸、衣铺、绸缎庄等约 20 余种古店铺。这层采用展销结合的方式，让游客在观看的同时，也能购买到心仪的旅游纪念品。专门辟出来的临时展区是一个文物展示与交流的场所，会在不同时间推出反映丝路风情、唐代商业及不同主题的各类展览，每过一段时间就会更新。四层是特别展览区，名为《精品选粹》，属于贵宾区，可以让游人近距离地鉴赏文物，领略历史上的古典之美。

从使用上讲，西市博物馆几乎满足了甲方的全部设计要求：既解决了西市经过重新规划后的展览用地问题，又兼顾了展示西市所承担的历史及传统商业文化的任务，无论从造型、结构、材料、细部，还是室内功能划分、景观的设置等，都可以看出建筑师颇费了一番苦心，在某些局部的设计上也不乏精彩之处。不过，博物馆确实与周边的仿古建筑有着太大的不同，甚至很难从造型、色彩、用料和工艺等方面分析出其中的历史因素。设计师将这种情况与中国传统文化中的"抑商"传统结合了起来，认为采用模数方阵式的设计，是想体现唐代西市狭小而庞杂的商业建筑。可能是因为知识结构不同，对问题的理解也不同。我们确实难以找到"模数方阵式设计"与"唐代西市庞杂的商业建筑"之间有什么关系，更无法理解按照"模数方阵"这一理念设计出来的空间中到底蕴涵了唐代怎样的文化精神。如果我们避开学术上的较真，以平实的心态来面对这座建筑，直觉会告诉我们，这是一座典型的后现代主义建筑。

众所周知，中国传统的建筑理念是天人合一，所使用的材料也是具有生命力的土和木，而西市博物馆尽管有着黄土的颜色，骨子里还是石材，钢材和玻璃等现代建筑材料，是工业文明产物。那造型别致的几何式钢材桁架，流露着英国现代建筑代表作"水晶宫"（crystal palace）的影子（图 7-12）；

图 7-12　西市博物馆的钢桁架以及形成的光影效果表现出现代主义建筑风格

那不规则的立面布局上，展现的是西方现代主义建筑师的设计法则……看不到中国传统建筑的基因，更找不到唐文化的神韵。这样的情况好比尝试用英语来翻译唐诗，纵然费尽心机做到了语法规范、用词得当，意思也大体正确，但是诗中的平仄起伏、韵律婉转等独有的美学特色却无法体现，唐诗中蕴涵的那份诗意之美还是被大大地稀释掉了。诚然，我们也可以将博物馆解释为"新中式建筑"，但是，从设计观念到整体造型，从材料选择到内外装饰，西方的因素几乎无处不在。透过这样的建筑，我们已经读不出秦砖汉瓦的厚重、唐代特有的工艺、明清彩绘的绚烂……当然，其中所承载的历史文脉自然也就难寻踪迹了。

这样的思考和担忧无疑是沉重的，更沉重的是对博物馆下方古遗址未来的担忧。为了满足承重的需要，有些钢材桁架的立柱就直接坐落在遗址的老土层上，为了承重，立柱下面少不了浇注打桩，改变老土层的结构和样态，对暴露的遗址原貌产生根本性的影响。另外，为了让游人看得清楚，实现边走边看的效果，坑道上架工字钢，上面铺设高强度透明玻璃是这里的主要做法。这样的做法犹如在文物上方加设了一道玻璃，可以起到防护作用，是敦煌博物院、汉阳陵博物馆等开放式展馆普遍运用的方法。但是，西市博物馆的顶部全是玻璃钢覆盖，阳光可以从顶部直泄而下，使下面的文物完全暴露在阳光的照耀下。比较敦煌博物院、汉阳陵博物馆等处为了文物安全而降低室内光线，甚至于严禁游客用闪光灯拍照，这里的文物却全然没有那种小心翼翼的待遇，无遮无拦，完全暴露在阳光的照射之下！

在西市博物馆的东墙角，有一块黑色的石碑（图7-13）。与周边高大的建筑比较，石碑显得十分矮小。可能是为了引人注目，碑与博物馆的距离很近，几乎紧贴着博物馆的墙体而立。从实际效果看，碑的色彩为黑，高不足 2m，不管从哪个角度看都与周围的建筑环境格格不入，犹如脸蛋上长了一颗黑痣。然而，恰恰是这块不合时宜的碑体上，却豁然刻着这样的文字："全国第四批文物保护单位：隋大兴 、唐长安城（西市遗址）"。

图 7-13 博物馆外角落处的遗址石碑

或许，这才是与西市博物馆身份最相匹配的东西，也是博物馆最重要的文化符号，在浮躁的社会环境中为那渐行渐远的历史提供了些许的证据。

第五站　大鑫坊·财神庙

西市博物馆的西面是清一色的仿古建筑，也是最能体现修建西市真正动机的地方。这一带楼房密布，几乎是墙体连着墙体，而且都是三四层高的样子，要不是屋顶是攒尖或悬山，透出几分古气，那拥挤的布局使人不由得会想到得知要拆迁消息后的城中村，家家盖楼，楼楼相挤，只要有面积，哪还顾得采光如何，透风与否，以及外在形象的好看美观。这些建筑就位于大酒店的后面，材料和工艺也都差不多，甚至可以视为连体。不过，门窗、柱子和栏杆的颜色却由朱红色变成了土黄色，在第五格和第八格之间的街道上，还出现了朱红与土黄两种建筑色彩相对存在的局面，一看就知道是两个施工队各自为政的结果。在仿古建筑的后半段可以看到一排排高层居民楼，像墙一样，已经对这里的仿古建筑群呈现出包围之势，而且高层与西市之间仅一路之隔，距

图 7-14　与西市"近在咫尺"的现代化高层

离不过数十米。显然，规划者当初并没有考虑，二十几层的居民楼与三四层的仿古建筑放在一起将会产生怎样的效果（图 7-14）。现在高低错落的局面给人视觉上的强烈反差，无论懂不懂建筑的人都会发现，这样的布局不仅破坏了仿古街道上的文化气氛，也给人以空间上的错乱之感。

这片仿古建筑中最有特色的是第七格上的大鑫坊。一层为陕西非遗博览城。博览城内划分出众多小体量的空间，仍采用"房中房、房中街"的形式，以县、市、区为单位，分别展示陕西各地的非物质文化遗产，并向游人售卖一些当地特产。第八格崇善坊在第七格大鑫坊的旁边，一层是古玩城，与非遗博览城隔街相望。和陕西非遗博览城一样，古玩城也开发了地下空间，以此来增加商业面积，两坊之间在二楼上有廊道相通。

大鑫坊的二层满是店铺，以售卖古董、玉器和香料为主。街道最北边是一座颇有气势的殿堂，宽广而舒展的庑殿顶显示着这座建筑高贵的身份。从正殿前方两个浑身呈金色的童男女塑像，到屋顶上贴金的鸱吻，包铜的椽头、瓦当、滴水、柱脚，再配上金属的香炉和宝鼎，一看便知这是一处不同凡响的空间。果然，门上套金匾额中写着"义而生财"四个金色的大字，显示着这里就是西市新修建的财神庙（图 7-15）。

图7-15 位于西市大鑫坊二楼的"财神庙"

西市的财神庙采用全铜装修，号称西北地区唯一的一座"铜殿"——室内地板是用4mm厚的黄铜板精雕细刻而成，表面做成高仿金色；天花板采用珐琅彩金工艺，以低温釉彩烧制而成，金光闪闪；室内墙面上的佛龛为全铜塑造，供奉有927尊铜质熔金招财童子，光彩夺目，颇有气势，为广大信众提供有偿供奉。这样的装饰使整座殿堂看上去熠熠生辉、金碧辉煌。庙中的供奉也很有讲究，正位上供奉着义财神关公，左边是武财神赵公明，右边是文财神范蠡，塑像的制作工艺均采用失蜡法铸铜再贴金，看上去流光溢彩，与整个室内环境融为一体。一角的小桌前坐有工作人员，抽签解密，卖香画幅，虽然不是僧侣打扮，干的却是为神代言的事情，也有几分神秘。大殿的东西山墙上镶嵌着大面积的青铜浮雕板，主题分别是文财神和武财神的来历与民间故事。

大殿门口的柱子上也是贴金处理的，按惯例也挂着对联，上书："仁以为富，义以为尊，唐人价值观昭示仁义乃人生最大财富；诚能立行，信能立德，长安商贾地彰显诚信为天下至高道德"。句子虽长，倡导仁义、讲究诚信的主题却很明确。可是，"仁义"和"诚信"都属于精神的范畴，在眼下的庙堂里看不到、摸不着，找不到任何表现形式。而举目上下，人们在这里看到更多的是金钱以及由金钱散发出的诱惑。一虚一实的强烈对比，哪一方面更有说服力，明眼人恐怕都能心领神会的。

另外，素有礼仪之邦称号的中国古代社会，"仁义"和"诚信"是历朝历代倡导的基本社会精神，早已成为中华民族共同的文化基因，在维护社会安定，凝聚民族力量方面作出过重要贡献，而绝不只是一种专属的"唐人价值"；重诚信，修德行更是中华民族一以贯之的传统美德，从春秋时期"言必信，行必果"的君子之风，到近代社会宣扬的礼义廉耻、品德兼优，无不将诚信修德作为人们安身立命之本来对待，并已成为一种深入人心的文化素质，绝不是"长安商贾地"才有的独门绝技。

再有，唐代商人是否如此崇拜财神我们不得而知，但关公成了唐人的招财偶像这件事颇令人诧异。众所周知，关公是个历史人物，称为"武圣"，与"文圣"孔子齐名。但是，成为忠义双全的义士形象并深得民众敬重应是罗贯中的功劳，也就是说，关公重要的社会影响应当成形于元末明初《三国演义》问世之后，而不太可能是在唐代，更不太可能坐上唐人庙堂上的正位，成为"财神"。再有，从历史渊源上看，关公是东汉末年的人物，范蠡是春秋晚期的人物，赵公明最早出现在晋代干宝的《搜神记》中，是个虚构人物。三人中范蠡的辈分最高，关公次之，赵公明更次之。在中国传统礼仪中，辈分高低是民间区别长幼尊卑的重要标准。纵然是将这三人作为祭拜对象，也不会乱了辈分，坏了规矩，否则会影响到关公的社会形象。这样的尊卑划分对今人来说是多余，对古人来说是礼节。再从三个人的身份来看，关公曾跟随刘备打江山，属于汉室的开国功臣；范蠡虽有兴越灭吴之功，但是功成身退，成了实业家，史称"商圣"；赵公明虽是个虚构人物，却被姜子牙封为"金龙如意正一龙虎玄坛真君"，简称"玄坛真君"，统帅"招宝"、"纳珍"、"招财"、"利市"四位神仙，专职于迎祥纳福、商贾买卖，也是一位地道的"财神"。这样看来，与商贾关系最密切（用现在的话说是专业对口）的也应当是范蠡来坐庙堂的第一把交椅。

与追求当下效果的商业运作比较，如此地较真儿未免有些学究气。但是，在我们看来，古遗址上的任何工程既涉及历史，也关乎着后人，绝不是一件简单的事情。在试图再现传统文化的空间环境中，遵守传统就是尊重历史，尽量将古人的讲究真实地体现在设计建造、装饰环境，甚至是宣传文稿之中，直接反映着我们对传统的认知程度和尊重与否，当然也是展示我们文化修养甚至文明程度的一个重要方面。

第六站　放生池

西市的放生池在第八格崇善坊，离财神庙不远。修建放生池是佛教的主张，在出家人看来，"诸余罪中，杀业最重；诸功德中，放生第一"。因此，许多佛寺中都设有放生池。一般为人工开凿，为体现佛教"慈悲为怀，体念众生"的心怀，信徒们不定期地将一些水生动物如鱼、龟等放养在这里，放一次就积一次德。史料记载，在唐代西市的西北处确实存在"放生池"，并且颇具规模。唐人韦述在《西京记》中将其称为"海池"。在古代"海"是指大面积的水面，"放生池"又称作"海池"，说明其水面辽阔。20世纪50年代，考古队在钻探西市及周边里坊时，发现长安城的重要水系永安渠流经西市东侧，"沿西市南大街北侧向西延伸，长约140米、宽约34米、深约6米，横贯市内。"[1]在寸土寸金的市场中预留出如此大的一片水域，反映出唐人对"放生"行为的重视。在古人看来，放生池不仅仅是一个放生鱼鳖虫虾的地方，更重要的是一个激发民众慈悲之心的

---

[1] 宿白. 隋唐长安城和洛阳城 [J]. 考古，1978(6)。

地方。发自内心的一次放生行动，等于一次行善，一次功德，一次人生境界的升华。因而，如果人人亲历，家喻户晓，一定有助于移风易俗，国泰民安。于是，行放生之事时搞一个小仪式，以体现"吉祥云集，万德庄严"的意义，是民间普遍的做法。

　　新修建的西市给"放生池"留出了位置，无疑也是一个有功德的做法。不过，这里的"放生池"远没有了"海"的规模，不过是一处用石材垒砌起来的人造景观池，并且是放在崇善坊商业街区的二楼上，由四个方形、对角分布的池子组成（图7-16）。池子周边有1m高的石雕护栏，人可以凭栏观水——水深有1m左右，池中用鹅卵石铺底，中间有石制的喷水头，周边分布着几个盆景。四个水池的中心是一个出水口，由边长1m左右的正方形石头组成，水不断地从芙蓉花心状的出口流向四周，方形的四个角分别写有"福""禄""寿""喜"四个字，寄托着人们对美好生活的愿望。水池做成这样自然好看，其景观意义已经远远大于现实意义了。为了体现放生的主题，池子的东西两侧分别设有两组雕塑，一组是僧人看着一个小孩子双手将鱼放还池中；另一组是公主贵戚双手合十祷告，身边的宫女手持铜盆作倾倒状，显然也是附会史书中关于"放生池"的来历而设计的。这样的景观显然无法承担起原来西市"放生池"劝慰众生、一心向善的功效，设计上也大有望文生义之嫌。

　　放生池的东侧设有佛堂，既符合史料记载，也与"放生"的大环境相匹配。不过，佛堂里面却不是按照供奉之地摆放的——两侧是陈列的柜子，下面有门，上面敞开，分

图7-16　新修建的西市"海池"和"佛堂"

成隔挡，各式各样的佛像或与佛有关的造像就陈列其中，配上下面的标价，与商场里的货架没有什么两样。造像本身都很精美，有玉石的，有象牙的，有鎏金的……大大小小，高低错落，倒也吸引人的眼目。不过，在这样的环境中，看过佛像后人们会自然地将目光转向下面的标签——上面有佛像的材质、产地和标价，从4位数到7位数，往往会让人咋舌！如此一来，佛堂的性质也发生了根本性改变——再不是高高在上清静之地，也不是普度众生的修缮之所，而成了一处地地道道的生意场。比较起来，"放生池"不过是佛堂外面的一个景观，以招揽客人为旨归。佛堂也不再是香客膜拜的地方，而是一个出售佛像的市场。如此大胆的创意，显然不是出自有所信仰的人之手。

尾　声

唐西市的第三、六、九格分别名为盛业坊、丰乐坊和通济坊，按规划，这三坊将建成一条直贯南北的商业街，不过现在还在最后的施工阶段。因此，离开放生池，我们对唐西市的边走边看也快要接近尾声了。当我们快要离开时，一座奇异的建筑突然出现在我们面前——中影国际影城，这是一座典型的后现代风格的建筑，位于唐西市的最西端。建筑的一端是中国传统的大屋顶造型，另一端又是城垛（女儿墙），这两种完全不相关联的建筑元素居然在同一座建筑上出现了交集（图7-17），确实令人可惊、可叹，同时又不免产生一丝疑惑与担忧：西市遗址恢复工程在宣传中一直声称以唐文化、丝路文化为主题，甚至在门口还挂着"国家文化产业示范基地"的匾额。但是，市场门口处的大

图7-17　一端大屋顶，一端城堡的"中西合璧"式建筑，出现在一片西市的仿古建筑群中显得更加格格不入

船堵门，以酒楼代旗楼的主体建筑，缺乏文脉的博物馆造型，重金打造的财神庙，不过是点缀的放生池与佛堂，这处花了 35 个亿建造出来的场所，是文化圣地，还是生意场所，是令人敬仰的丝路文明起点，还是刺激欲望的消费乐园，好像已经不是一个理论问题，而是活脱脱摆在人们面前的事实了。

如果唐西市仍然被沉埋地下，人们可能还会从李白的《少年行》中体会这里的诗意，推想在抑商政策下唐人苦心经营的智慧，寻找胡人们留下的蛛丝马迹，引出无限的追问与遐想。重建的西市固然热闹非凡，但是引出的已经不是追问与遐想，而是无限的索取欲望。

第三节　"市"文化的异化

作为一种交易场所，"市"，在中国有着悠久的历史，从最初的以物易物，到后来的货币交易，"市"的情况如何一直关乎着国计民生，历朝历代都备受关注。以文字的形式记载"市"最早见于《周礼·司市》："大市日昃而市，百族为主；朝市朝时而市，商贾为主；夕市夕时而市，贩夫贩妇为主。"[1] 说的是"市"的规模和规矩。东汉的许慎在《说文解字》中指出了市的功能："市，买卖之所也。"[2] 由于买卖活动所具有的物质与智慧交换的特点，使得集市往往是一个地区人气最旺，各种信息荟萃的地方，人们的价值观念、生活状况、文明水平都能在这里得到体现。因此，在一定程度上说，要了解一个历史时期的政治、经济和生活情况，最能说明问题的地方就是集市。如果"皇城复兴计划"真的能够将历史上的西市加以恢复，那将给世人认识唐王朝的政治、经济和生活状况提供一个独特的平台，不仅能给各方学者提供不可多得的资料，也为百姓与古人对话提供了可能，唐代都城集市的唯一性，更可能使这处工程成为世界的焦点，对提升当地的文化魅力产生不可估量的作用。

在焕然一新的西市中，我们确实真心地想找寻到更多、更真实的历史信息，体验千年古市才有的风韵。建筑是这里的主体，当然也是承载历史信息最多，最有资格决定文化定位之物，自然会成为我们关注的焦点。但是，面对成片的仿古建筑，在材料、工艺和设计思路上，我们更多感受到的是现代的气息，就连其中流露出来的一些中国元素，也分明打有深深的西方文化烙印。确实，21 世纪以来，从北京奥运到上海世博，但凡大型的国际性活动，我们展示给世界的多是些后现代式建筑，按西方的审美标准来设计各种空间，传统元素和装饰纹样不过是些点缀而已。自然，这样的设计可以迎合世界的美学时尚，但是却很难体现中国传统的审美观。大型盛会的榜样作用无疑是巨大的，请洋人设计师设计标志性建筑在不少城市或地区蔚然成风。在这样的背景下，西安的遗址恢复工程是否能抵御住冲击呢？

回顾我们在西市中看到的几座主要建筑，似乎都有着"西主中辅"的影子。有的直接采用后现代的设计理念，将不同地域文化的建筑元素进行拼接；有的虽在建筑色彩、

---

[1]　吕友仁.周礼注释 [M].郑州：中州古籍出版社，2004。

[2]　许慎.说文解字 [M].上海：上海古籍出版社，1988。

细节设计上考虑到了中国元素和地域特点，但本质上仍延续着西方建筑思想的宗脉；还有的建筑虽在造型上参考着中国传统的建筑样式，可细部设计上却是相差甚远……只有大场面、大空间、大线条的勾勒，缺乏细部的精雕细刻，更没有画龙点睛的神来之笔。于是，不凡的资金投入带来的是粗犷施工后的粗犷效果，并没有造就出富有诗意的空间，形成耐人回味的精品。在没有文化质量意识的情况下，由于没有参照标准，人们很难对这种情况进行比较，满足于多少有些古味的水平上；在完成数量积累向质量飞跃的情况下，这种情况就显得原始而又幼稚了，仅有其形是不够的，还要有其精神，能够反映传统建筑文化的实质。就犹如在温饱问题还没有解决的情况下，人们根本意识不到食品的质量问题，更无意去制定食品质量的标准；但是在解决了温饱，开始追求健康生活的时候，食品质量就显得尤其重要，成为人们消费食品的决定性因素。客观地说，我们在西市看到的大多空间，几乎都是在没有文化质量约束下设计施工的结果，所以也很难在这里找到比较真实的唐代建筑风貌，体会到唐代富有诗意的社会气象。

　　在中国历史上，唐代的建筑不是最漂亮的，但却是最成熟的。以斗栱为例，唐人在总结前人经验的基础上，掌握了更加复杂的制作工艺，形成了更加多样的斗栱样式，有一斗三升、双杪单拱、双杪双下昂、四杪偷心、人字形及心柱补间铺作等多种样式，在改变了梁柱衔接方式的同时，也在整体上大大牢固了房屋的结构，使屋檐的造型更加美观好看，富有艺术气息。可是，这种建造效果并没有在西市的大小建筑上得到体现。置身西市，我们最大的感受是设计师对建筑空间的拓展欲望——能盖成四层的绝不盖成三层，能扩大面积的绝不缩小面积，从地上到地下，绝不会放过一个细节。尽管这些建筑上有大屋顶，有柱础，有梁架，但仅仅是个大框架，一般古建筑常有的细节几乎全被忽略不计了，即使有几处简单的斗栱，也是统一浇筑的结果，成了地道的应景之作。由于做工太粗，使人一眼便知这些斗栱已经失去了原有的结构作用，混凝土浇筑，大框架结构，圈梁与构造柱的直接连接，完全不需要斗栱将重力分散到柱子上。于是，这些建筑上的斗栱也沦为了纯粹的装饰品，与唐代建筑追求质朴自然，不喜繁缛装饰的美学观念大相径庭。另外，为了扩大空间，设计师甚至连中国传统建筑的基本原则都不顾了。传统建筑基本上呈"三段式"的结构：房顶、屋身、台基。为了保障房屋主体的质量和美观，这三部分各有各的材料，各有各的造法，当然也各有各的功能，彼此相连但又自成体系。其中台基是古人最重视的部位，要千方百计地夯实加固，有时甚至会直接利用天然土皋作为建筑的台基，例如大明宫的含元殿即是如此。然而，西市的仿古建筑竟能在台基上开设门窗，表明台基也成了房子，内部与屋身的空间融为一体。这样的设计固然扩大了使用面积，但是也丧失了台基原有的独立属性，在改变了古代建筑面貌的同时，也改变了古人从事建筑活动时的朴实心态，当然也谈不上真实地反映古代的社会文化精神了。

　　除了对建筑本身的讲究，古人对环境的要求也很高。唐代的西市，出于官府的统一规划，与居住的里坊之间保持一定的距离，以避免集市上的噪声扰民；今天的西市，与众多的高层住宅仅有一步之遥，大有被"水泥森林"包围之势，不要说大的空间环境被破坏了，时不时的集会活动所少不了的高音喇叭和叫卖之声，使住在高层上的居民们肯定会苦不堪言，难有幸福感可言。唐代的西市，周围有宽近4m的夯土垣墙，里外是石子夯实，沙土找平的宽阔大道，其间还有横贯西市的永安渠水和放生池，人们在这里能找到对乡土大地的归属感；今天的西市，路面已经完全被水泥、砖石等材料进行了硬覆盖，到处一片冷冰冰、硬邦邦，新修的放生池也是石头下面有水，一个百十平方米的应景之作而已……徜徉在这样的环境中，人们已经很难感受到亲近自然的轻松和愉悦。在没有文化标准的施工条件下，西市的环境发生了根本性的变化，原本的风貌已经不复存在，最令人忧心的是，西市的文化性质也在发生着根本性改变。

在古籍史料中，我们看到的西市不仅是长安城中市民解决柴米油盐等生活物资的地方，而且也是各方信息汇聚的场所，有时甚至是长安城中流行时尚的发源地。集市最基本的功能是为人们提供物资交换，其次也是人们消费娱乐的首选之地，与人们的日常生活息息相关，因而这里就成为了多元文化相交融的地方。中国传统的饮食文化、茶文化、酒文化、乐舞文化、戏曲文化、宗教文化……都能在这里寻找到市场。古典小说在唐代发展也趋于成熟，最终脱离了历史记录的窠臼转为真正的文学创作，形成了独立的文学形式——唐传奇。唐代传奇的产生，一改魏晋以来篇幅短小，文笔简约，缺少具体描绘的粗糙，除部分记述神灵鬼怪外，大量记载人间的各种世态，人物有上层，也有下层的，反映面较过去更广阔，生活气息也较浓厚。这种情况与"市"文化的进入有直接的关系，如《任氏传》、《李娃传》、《仙传拾遗》、《原化记》等众多民间传奇，不仅写的就是市井故事，行文中甚至还提及到了西市。

当年的西市之所以具备如此多样的文化因素，与其中的包容性有很大关系。在西市中来来往往的客流中，既有达官显贵，也有平民百姓；既有世家公子，也有红粉佳人；既有艺人乞丐，也有异域胡商……也就是说，在西市这块土地上囊括了唐代社会的各个阶层，其中处于社会底层的平民文化力量更是不容忽视。这里和老百姓的生活密切相关，百姓也会在西市的茶楼酒肆里相互交流所见所闻。各地的奇闻趣事、小道消息都是从这里流传出去的，有时官府还会利用西市的这一特点，将西市独柳作为行刑之所，以期达到杀一儆百，告示天下的作用。

反观新建的西市，在九宫格布局中，有近乎一半的地方建成了高级会馆和娱乐场所。居于中心位置的高级宾馆，决定了这里的消费水准绝不是一般百姓所能承担的。珠宝商场中动辄四五位数的价格，更是将大众百姓拒之门外。如此一来，西市原本平民化的文化定位和价值取向就被异化了。追求商品的物美价廉，品种丰富、质量可靠、价格适中，是古今老百姓基本的消费心理。今天的西市仿佛并没有太在意这一点，而是将非富即贵作为了消费主体。于是，开业两年来，这里一直存在着明显的冷热对比：东南角上的超市热，其余的地方冷；节假日时热，平常时间冷。超市是局部，节假日是点缀，在时间和空间上都站不到主体地位，所以，与其他的新建市场比较，西市给人的整体印象是冷清。究其原因，就是因为超市才是和人们日常生活息息相关的地方，因而更加符合市民的需要；节假日期间，这里设有大量的临时摊位，从各地小吃到字画、玩具、装饰品，种类繁多而价格低廉，营造出了市场的氛围。如此看来，花了35个亿建了这样一个以冷清为主的市场，其中的各种滋味只有投资人最清楚了。

其次，唐代西市采用"九宫格"样式的规划，是为了增加临街店铺的数量和面积，疏散人流量，有利于商家和客流的接触，方便买卖交易。如今的西市虽然也继承了九宫格样式的布局，但商铺却大部分被安排在了高堂大屋内，这就阻断了商铺与街道的关系，顾客也无法与商品直接接触，自然也不会直接感受商品的魅力了。此外，这里的每一个铺面都是统一设计的，样式、材质、颜色整齐划一，卖字画的与卖衣服的一样，卖古玩的与卖电器的一样。这样不分彼此、个性全无的设计抹杀了商品的个性，也降低了市场的多样性与丰富性，陷入了市场经济的大忌——单调。其实，不要说当代搞经济的人知道彰显多元化对市场经济的重要，当年的唐人也将此作为基本的生意经。20世纪60年代，考古队就曾在这里发现了方形、矩形、连体、单体、圆形等样式的墙基遗址，说明唐时的西市建筑绝不是整齐划一的，而是出现过根据商品性质、地域特色、商家个性来建造店铺的做法。依靠店铺的建筑特色来形成广告效应，既便于消费者对商铺的寻找和定位，抓住"回头客"，也有助于凸显自己的商品特色，赢人眼目。比较起来，新建的西市在功能规划上显然也出现了异化。

作为一种文化现象，西市遗址上不仅留下了以车辙、墙基、路面、砖瓦、金属等物质的遗存，还留下了许多关于商贾们苦心经营、奋斗励志的动人故事，构成了具有时代特点的另一种遗存。对今人而言，从两种遗存中发现财富，才可能比较全面地认定有唐一代的商业精神。

中国社会长期存在着重农抑商的传统，尽管商人在社会经济活动中扮演着重要角色，但社会地位普遍低下，一句"无商不奸"的评价，几乎彻底否定了商人的人格价值，被仁义礼制性的主流文化疏远。然而，这种十分偏激的评价并没有消解人们的人格意识，甚至在一些国泰民安的历史时期，商家本身也在为自己正名，不失时机地重新塑造自己的社会形象。唐代的西市之上就流传着不少商人们深思熟虑、机敏睿智、品德高尚、报国为民的故事，展现出商人们内心世界的另一个层面，同样是唐代商业文化的重要组成部分。这里不妨略举几例，作为我们管窥唐代商业精神的依据：

唐人温庭筠在文章《乾·子·窦乂》[1] 中就写到了一个著名的富商窦乂（音 yì）的发家史。窦乂出身望族，却不依赖家族势力，凭借着自己出色的市场判断力和远见，从亲戚赠予的一双丝鞋起家，在西市中几番沉浮后，志向不易，排除万难，终于成就了自己的财富梦想。文章中的一个故事就发生在西市之上：窦乂用很便宜的价钱购买了十多亩低洼地，积水遍地、杂草丛生，要想填平使用需要大量的前期投入。聪明的窦乂在洼地中立了一杆旗幡，招引西市周边的小孩儿用碎石瓦片来砸旗杆上挂的幡子。同时，他在旁边又开了一间小吃店，凡是砸中旗幡的就奖给煎饼和团子吃，招引得四下孩童纷至沓来。不到一个月，碎石瓦片就将低洼的地方填平了。窦乂又找人来夯实地基，在上面建了二十多间店铺。由于地段好，人流量大，每天都有数千钱的收入。后来西市上的人们就将这些店铺称作"窦家店"。窦乂的聪明不仅体现在变废为宝上，还表现在巧用劳力、创造商机上，最终凭借自己的智慧和对市场需求的准确预测而发家致富，自然也会受到人们的肯定与钦佩，成为西市商人们的楷模。

著名的唐代文学家柳宗元在散文《宋清传》[2] 中，也记录了西市上一位品德高尚的卖药商人的故事。主人公的名字叫宋清，为人和善，采药的人都愿意将采来的药送给他，

---

[1]　李昉. 太平广记 [M]. 北京：中华书局，1961。

[2]　韩愈等. 唐宋八大家散文鉴赏 [M]. 北京：线装书局，2009。

宋清也会像对待宾客一样地招待他们，没有一点轻慢。因此宋清的药源十分丰富。宋清对前来买药的人也以慈悲为怀，遇到经济拮据的，宋清让他们先拿药去治病，有了钱再还。这些赊账的人中有的做了大官，回来报答宋清的，也有来不及报答就病逝的，也有仕途不顺，做官被贬穷困潦倒的……但是不管怎样，宋清都能一视同仁，既不逢迎富贵，也不怠慢贫寒。数十年下来，宋清的生意越做越大，名声也越来越好，在西市中享有很高的声望。可见，唐时的商人并不是唯利是图，而是也很重视品德修养，在义与利、贫与富的诱惑中，同样一身正气，闪现出中华民族传统伦理道德的风范。

在西市中受到人们称赞的还有热血心肠，具有社会责任感的商人。在《太平广记》[1]中记载着这样一个故事：王酒胡是活跃在西市的一个富商，以乐善好施著名。唐末的农民起义军失败后，退出长安，面对满目疮痍的市容市貌，唐僖宗诏令修葺残毁的市政设施。王酒胡为了朱雀门的修复一次性就从西市的柜坊里运钱 30 万贯，全部捐给朝廷。重修安国寺时，为了募集修缮资金，僖宗亲临现场，设下大斋，叩击新钟 10 下后，捐出 1 万贯钱，并下令："有能捐献一千贯钱的人，就可以撞一下钟。"然后让臣子百姓们根据自己的财力撞钟捐钱。王酒胡再次慷慨解囊，斋罢半醉而来，径直走上钟楼，连撞 100 下，随后又从西市中运钱 10 万入寺。王酒胡撞钟捐钱的壮举，说明西市的商人虽处在社会下层，但位卑未敢忘忧国，一旦国家有难，他们便挺身而出，表现出很强的社会责任感。

这些在西市中广为流传的商家故事，为我们深入了解唐时的市场文化提供了一个新角度。司马迁在《史记·货殖列传》中有"天下熙熙皆为利来，天下攘攘皆为利往"的名言，揭示了穷愁困顿时期人们追逐利益以自保的基本心态。但是，穷困不是恒定不变的，人们也不会以穷困时期的标准作为永恒不变的行为准则。在经过努力生活有所保障之后，任何人都会在与人为善中重新调整自己的行为，将"与人方便自己方便"作为真理来遵守。西市的商人们肯定要经历原始资本积累的拮据时期，为生存而牟利也是自然而然的事情。但是他们中绝大多数人并没有停留在这个水平上，而是有着更加长远的眼光，懂得义而生财方能长远的道理。可能正是出于这样的立意，西市上的商人们不仅赢得了长安百姓的信赖，也赢得了远道而来的胡商们的青睐，从而根深叶茂，在唐代长安城中兴旺了几百年。客观地说，唐代的西市不仅积累了万千财富，也留下了不少仗义疏财的仁人义士，创造了物质和精神两个方面的财富，成就了具有中国传统文化特色的商业精神。物质上的财富可能被时间泯灭，可是精神上的财富却可能载入史册，源远流长。在一定程度上说，在复兴华夏文明的过程中，西市商人身上的许多优良品质，对中国市场文化所产生的深远影响，或许才是今人应当加以珍视和继承，并千方百计加以发扬光大的最大财富。

反观新建的西市，在硬件建设上确实是大手笔，无论是霸气十足的现代化大酒店，还是用重金属装饰出来的财神庙，还是博物馆的特殊材料以及不规则造型，或者是影视城上传统样式的大屋顶和城堡元素的"交相辉映"……无不是重金打造，也确实珠光宝气。在这些建筑空间里可能也蕴涵了一些历史信息，承载了一些文化内涵，但是，平民市场应有的朴素变成了奢华，古遗址的历史感变成了现代感，当然，当年李白在这里感到的"银鞍白马度春风"的诗意，也变成了冒险家炫耀财富的乐园。透过这一切，不难让人想到

[1]　李昉. 太平广记 [M]. 北京：中华书局，1961。

穷奢极欲、挥金如土，不要说唐人留下的物质财富没能得到真实的再现，唐人留下的精神财富也在这里难寻踪迹。总之，西市原有的市场文化被彻底异化了。

　　传说武则天在长安年间（701～704年），曾经派僧人法成引长安城中之水注入西市，修成了一处放生积福之地，名为"放生池"。开凿放生池时，工匠们曾挖出一块古石，上面刻着"百年为市，而后为池"的字样，意思是，营建市场固然可以创造百年的财富，但更重要的是要给后人留下积德行善、尊重生命的传统。这里显然带有佛教"功德至大"、"放生为怀"意思，但是也表现了唐人并不想把西市当成"捞一把"的场所，而是想将这里建设成既能够给市民带来生活上的方便，也能够让市民在这里感悟善行义举、升华精神境界的美好愿望。如果说唐时的西市确实繁荣了很长时间，印证了"百年为市"的古训，那么，被仿古建筑所覆盖的西市在调动了各种现代化手段，投入了海量资金之后，是否做到了将古老的西市文明真实地再现出来，实现古人"而后为池"的心愿了呢？

　　西市无语，历史老人也在沉默着。

第八章　宫宇不全难成气

——大明宫遗址工程

德国著名哲学家恩斯特·卡希尔曾经在解释历史的价值时讲过一个观点：历史是"一个由各种符号组成的世界"。为了说明这个观点，卡希尔还举了一个从废墟中发现手抄本的例子：当被认定为是一个普通的遗嘱草稿或合同文本时，抄本只具有某种物质价值，不具有历史意义；当发现是古希腊名家戏剧脚本时，这个抄本的性质就完全改变了，"成了具有最高的价值和重要性的历史文献"。[1] 卡希尔在这里告诉我们一个道理，在历史遗迹中，文化承载比物质构成更重要。哲学家的命题总是深奥的，但是其中的现实针对性也是很强的。在对古遗址的价值认定中，确实存在着注重物质构成和文化承载两种情况——前者看重的是古遗址的存在时间和规模大小，后者则更加看重古遗址上发生的历史事件和信息存留。反映到具体行动中，看重古遗址存在时间和规模大小的，将主要的精力放在表现时空大小等形式方面；看重古遗址重要历史事件和信息存留情况的，则将主要的精力放在内涵的挖掘上。以大明宫这处重要的古遗址为例，我们看到的宣传中都将时间和规模放在显著位置：说它的历史已经有近 1400 年，不要说在中国，在世界上也很少有与之相媲美的；说它的面积占地达 3.2km²，相当于 4 座紫禁城，比克里姆林宫、卢浮宫、白金汉宫大得多，被称为中国古代宫殿建筑的宏大制作。这种立足时空的比较确实能够体现出这处古遗址的一些优势，引起人们的观看欲望。但是，那些已经不满足于道听途说，趋于理性的人们还会想到，北京的紫禁城，法国的卢浮宫和俄国的克里姆林宫等皇宫，尽管规模和时间上比不过大明宫，但是所承载的历史信息以及这些信息的完好程度却远远优于大明宫，而且每一处都成为了世界性的文化遗产。那么，大明宫是否也能以某种手段达到同样的效果呢？

2007 年 7 月，2007 香港—西安投资推介会曲江专场在香港举行，确定了香港中国海外发展有限公司将是大明宫遗址公园建设和周边地区改造工程的投资方。2008 年 1 月，由西安市文物局与曲江大明宫遗址区保护改造办公室共同举办的"西安·唐大明宫遗址保护展示示范园区暨国家遗址公园概念设计国际竞赛方案评审会"在西安召开，确定了遗址工程的基本设计思路。接下来的施工不过一年多，2010 年 10 月，大明宫遗址公园正式对游客开放。据介绍，这是一项巨大的遗址工程，单是投资金额就高达 120 亿元，所涉及的单位搬迁、原住民安置、棚户区改造等一系列城市问题也是空前复杂的。建成后的大明宫遗址公园是古城西安在 21 世纪"皇城复兴计划"中极为重要的一笔，遗址保护改造办公室也说"这里将建成具有世界意义的文物保护示范工程"、"世

---

[1]　恩斯特·卡希尔.人论[M].上海：上海译文出版社，1995。

界一流的城市中心公园"，"带动西安城市发展的增长极"。[1] 古遗址变成了公园，形式上的变化肯定是明显的。但是，这座公园将怎样承载历史，考验着决策者的经济头脑，更考验着决策者的文化底蕴和社会责任心。人们从遗址公园获得怎样的审美体验，检测着设计者的技术水平，更检测着设计者的历史态度。效果怎样，当然不能仅仅靠听，还要身临其境才行。

第一节　文化品读

在权力至上的年代里，宫殿往往是一个地区最尊贵的建筑，也是传统建筑文化表现最明显的地方——皇权至上、敬天崇祖、中庸和谐等等华夏哲学，通过选址择地、造型规模、材料质地甚至是基本装饰等大小环节，都会在这里有集中的表现。倾其财力的经济支持，能工巧匠的全力打造，几乎所有称得上宫殿的建筑，都会成为一座城市里的地标式建筑，彰显着尊严与实力。这种情况在中国长达两千多年的君主统治中延续，使宫阁殿宇成为中华民族最宝贵的一笔历史财富。可能正是看到了这一点，各国政府都会将古代遗留下来的宫殿，尤其是皇家宫殿视为文化珍宝来对待，不仅在硬件方面呵护有加，不允许有丝毫的损坏，在软件方面也会斤斤计较，绝不允许有丝毫的懈怠——不管是北京的紫禁城，还是俄国的克里姆林宫、法国的卢浮宫、英国的白金汉宫。我们正是站在这样的高度上来审视大明宫，并对其恢复工程进行文化品读的。

一、历史变迁

唐时的长安城内有三座皇家的大型宫殿群落，按照所处的方位分别是西内太极宫、南内兴庆宫和东内大明宫，大明宫是规模最大也是使用时间最长的一座宫殿。在唐朝近300年的历史中，大明宫就存在了270余年；唐王朝一共有22位皇帝，其中17位都曾在大明宫里料理过朝政。如果说唐王朝曾经演绎了一部波澜壮阔的历史剧，那么，大明宫则是这部史剧的总策源地。

唐初年，王朝的皇室成员们居住在隋文帝时期修建的太极宫内。唐武德九年（626年）六月四日，李世民在幕僚长孙无忌、房玄龄和尉迟敬德等人的协助下，在太极宫北面的玄武门伏兵，发动了宫廷政变，杀死当时的太子李建成和齐王李元吉，这就是历史上著名的"玄武门之变"。高祖李渊闻讯后，惊慌失措，悲痛不已，但是迫于压力，只得于第二天在朝堂之上下诏，将李世民立为太子。两个月之后，即同年的八月八日，高祖李渊又将帝位让给了李世民，自己做了太上皇[2]。至此，李世民终于登上了自己梦寐以求的权力宝座，成为唐朝开国的第二位皇帝，被尊为"唐太宗"。做了皇帝的李世民兢兢业业，治国有方：对内，开创了为后人津津乐道的"贞观之治"；对外，包容四方，华夷共处，被周边少数民族称之为"天可汗"。然而这一切，都无法化解他内心的那道阴影。李世民心里很清楚，自己的皇帝宝座是依靠杀兄逼父的强硬手段争夺来的，并非出自父

[1]　唐磊.大明宫遗址公园：不让遗址成为累赘[J].中国新闻周刊，2010（5）。
[2]　赵喜惠，杨希义.唐大明兴建原因初探[J].兰州学刊，2010（05）。

皇的真心实意。据史书记载，晚年的李渊尽管有太上皇的名头，但是心力交瘁，郁郁寡欢，太极宫也成了他的伤心之地，终日沉溺在琵琶饮宴之中。太宗李世民在治国方面虽大有起色，但是，对外宣扬"以孝道治天下"，而自己的所作所为却有违孝道，和父亲之间的关系一直紧张。尤其是所重用的魏徵、房玄龄、杜如晦等官员都深受儒家思想熏陶，对不忠不孝的行为记忆犹新。这些不仅关系到唐太宗在臣下心目中的威信，也关系到帝位能否巩固，是一个不可小觑的问题，必须要谨慎对待，妥善处理。

长安城的夏天闷热而潮湿。因此每到夏天，唐太宗都会到长安城西侧三百多里的九成宫避暑，并多次邀太上皇李渊一同前往。据《资治通鉴》记载："上（太宗）屡请上皇避暑九成宫，上皇以隋文帝终于彼，恶之。"意思是说，太宗多次请太上皇一同前往九成宫避暑，但是，太上皇都回绝了，理由是隋皇帝杨坚就是在九成宫被自己的儿子杀害的。这样的理由既是回绝，也有揭疤之痛，更加让李世民惶恐不安，成了一块心病。贞观六年（632年）初夏，时任监察御史的官员马周向太宗呈了一篇奏文，专门谈到修建新宫殿："虽太上皇游心道素，志存清俭，陛下重违慈旨，爱惜人力；而蕃夷朝见及四方观听，有不足焉。臣愿营筑雉堞，修起门楼，务从高显，以称万方之望，则大孝昭乎天下矣。"[1]奏疏中的"大孝昭乎天下"的文字正中唐太宗的下怀，立即决定在太极宫东北侧高敞宽阔的龙首塬上为其父营建新的寝宫。经过两年的酝酿筹备，贞观八年（634年）十月，为太上皇建造新宫的工程正式开始，并将此宫命名为"永安宫"，次年正月，又更名为"大明宫"。据唐代诗人李华在《含元殿赋》中解释："如山之寿，则曰蓬莱；如日之升，则曰大明"。[2]然而宫殿还未建成，太上皇李渊就在第二年的五月病死了，大明宫的营建工程也戛然而止。

大明宫再次大规模营建是在高宗龙朔时期。龙朔二年（662年），"高宗染风痹，恶太极宫卑下，故修旧大明宫。"[3]高宗得病与所住的宫室有关，当然需要重建新宫。还有一个重要原因，那就是唐高宗时期对外战争取得了一系列胜利，灭掉了西突厥、百济等政权。为了彰显国力的强大，重修大明宫也是政绩上的炫耀。修建新宫无疑需要一笔极大的开销，当时曾征收关内道延、雍、同、岐、幽、华、宁、鄜、坊、泾、虢、绛、晋、蒲、庆等十五州的赋税，并且在龙朔三年（663年）二月减所有京官一个月的俸禄，以资助修建。经过这次大规模营建，大明宫才算基本建成。建成后的大明宫在长安城主城区的东北角，南接太极宫城之北，西接宫城的东北隅，占据龙首塬的高地之上。新宫坐北朝南，居高临下，规模宏大，建筑雄伟，王维有诗云："九天阊阖开宫殿，万国衣冠拜冕旒。"当然，此后大明宫仍进行了多次营建和修葺，如玄宗开元元年（713年）曾修大明宫，宪宗元和十二年（817年）、十三年（818年）又曾两次增修大明宫宫殿，"新造蓬莱池周廊四百间"，"浚龙首池，起承晖殿"等，经过这些工程增修补葺，大明宫也从粗放走向了精美，成为长安城中殿宇最多、造型最美的地方，因而受到万众瞩目。在日后长达二百余年时间里，唐王一直在这里临朝听政和生活起居。

唐朝末年农民军起义，黄巢也曾在这里实现了"他年我若为青帝"的心愿。唐僖宗时，

[1] 刘昫. 旧唐书 [M]. 北京：中华书局，1975。

[2] 董诰. 全唐文 [M]. 西安：陕西教育出版社，2002。

[3] 王溥. 唐会要 [M]. 北京：中华书局，1955。

大明宫屡遭兵火,最终于乾宁三年(896 年)被烧毁。此后数年,因为长安城周边战事不断,大明宫逐渐成为一片废墟。

二、琼楼玉宇

大明宫选址在长安城宫城东北侧的龙首塬上,充分利用了当地的天然地形地貌,自成一块相对独立的区域。中国科学院考古研究所在 1957 ~ 1962 年、1980 ~ 1984 年曾几次对此遗址进行勘察和重点发掘,比较清楚地了解了大明宫的形制、布局和建筑基址的结构。大明宫四周筑有宫城,平面形制呈现南宽北窄的楔形。据考古实测,宫城西墙长 2256m,北墙长 1135m,南墙为郭城北墙东部的一段,长 1674m。东墙的北部偏西 12° 多,由东墙东北角起向南(偏东)1260m,转向正东,再 304m,又折向正南长1050m,与宫城南墙相接。大明宫周长 7628m,面积约 3.2km²。所有墙体与太极宫一样为夯土板筑,只有各城门两侧及转角处进行了表面包砖并向外加宽。除南面墙基利用长安城郭城北墙宽约 9 m 外,其他三面墙基均宽 13.5m。城墙筑在城基中间,两边比城基各窄进 1.5m 左右,底部宽 10.5m,构筑十分坚固。在城门和城角处,筑有高大而典雅的城楼、角楼等设施。宫城四面共有九个城门,南面正中为丹凤门,东西分别为望仙门和建福门;北面正中为玄武门,东西分别为银汉门和青霄门;东面为左银台门;西面南北分别为右银台门和九仙门。除正门丹凤门有五个门道外,其余各门均为三个门道。此外,在宫城东、西、北三面还构筑有平行于宫城墙的夹城,墙体也是板筑土墙。其中,北面夹城最宽,距宫城墙宽 160m,这里设有禁军的指挥部"北衙";东西两面夹城距宫城墙宽均为 55m,驻扎着禁军。在北面夹城的正中设重玄门,正对着玄武门;在西侧夹城的南面设兴安门,位置与宫城南面的三座大门处在同一水平线上。夹城的修筑配合着宫城城墙共同构成大明宫严密的安全防卫体系。

大明宫内部可分为前朝和内庭两部分,是传统的"前朝后寝"格局。前朝以君臣朝会为主,内庭以皇室居住和宴游为主。前朝自丹凤门开始,由含元殿、宣政殿、紫宸殿为中轴线,轴线长约 1.2km[1],整体呈轴对称式布局,而这三大殿也分别被称为外朝、中朝和内朝。含元殿是大明宫的正殿,位于丹凤门以北 630m 处,龙首塬的南端,是举行重大庆典和朝会之所,俗称"外朝"。含元殿在建造时充分利用了龙首塬的高地,威严壮观,视野开阔,可俯瞰整座长安城,唐代诗人崔立之形容它为"千官望长至,万国拜含元"(《南至隔仗望含元殿香炉》)。含元殿前两侧有钟、鼓楼和左右朝堂,主殿面阔 11 间,进深 4 间,每间宽 5.3m。实测殿基高于平地 15.6m,东西长 75.9m,南北长41.3m,四周有宽 5m 的副阶。在主殿的东南和西南方向分别有翔鸾阁和栖凤阁,两者相距有 150m 左右,各以曲尺形廊庑与主殿相连,整组建筑呈"凹"字形,是周汉以来"阙"制的发展,并且影响了后代宫阙直至明紫禁城的午门。含元殿居于"凹"形平面的中心部位,组成大殿高阁,与左右双阁相互呼应,起伏错落,气势宏伟壮丽,具有极强的视觉震撼力。唐代诗人李华在《含元殿赋》中写道:"进而仰之,骞龙首而张凤翼;退而瞻之,岌树颠(巅)而峷云末。"主殿前是一条长 78m,高 15m,以阶梯和斜坡相

---

[1]　潘谷西.中国建筑史[M].第 5 版.北京:中国建筑工业出版社,2004。

间的坡道，远望如龙尾，故名"龙尾道"。龙尾道分为中间的御道和两侧的边道，道路表面铺设着精美的花砖（图 8-1），两侧为雕花石栏杆。每逢重大朝会，官员们就分由两侧边道登上含元殿，唐代诗人白居易《早朝》诗中这样形容这一场景："双阙龙相对，千官雁一行。"

然而，含元殿只是在举行重大庆典或召见外国使节时使用，大多数情况下，皇帝临朝听政是在含元殿正北约 300m 处的宣政殿，即"中朝"。据史书记载，自高宗、武则天、玄宗直至唐末，皇帝的受封典礼、传授国玺、接见外国使节等重要活动都在这里举行。宣政殿殿基东西

图 8-1　大明宫遗址考古发现的花砖

长 70m，南北宽 40 多 m。殿前约 130m 处有宣政门，殿前左右分别有中书省、门下省和弘文馆、史馆、御史台馆等官署，以方便群臣在朝会之后能够迅速展开工作。宽阔的庭院内遍植松柏，环境清幽。

紫宸殿位于宣政殿以北 95m 处，称为"内朝"。所谓"内朝"，是指皇帝前殿坐殿听政，退朝在后殿休息的地方。在当时，能在这里得到天子接见的多为亲信，因而也是非常荣耀的事。古代，天上的星座被分为东西南北中五宫，中宫位于最中央；而中宫又分为三垣，即上垣太殿、中垣紫微、下垣天市。所以，中垣紫微在古人看来是宇宙最中心的位置，是天帝居住的地方。古人眼中的"紫微星"就是我们今天所谓的"北极星"，位置在天空的正北方，因此，三大殿最北端的殿堂就被命名为"紫宸殿"，而这座殿堂的位置也恰好处在大明宫的中心位置。臣子能够在这里受到皇帝的召见，是一种荣誉，被称为"入阁"。由含元、宣政、紫宸组成的外朝、中朝、内朝格局此后一直被后世的宫殿所效仿，今天北京紫禁城的太和、中和、保和三殿便是这种格局的体现。

越过三大殿，大明宫的北部为园林区，建筑布局疏朗，形式多样。紫宸殿以北约 200m 处就是龙首塬的北沿，其下有太液池，又名蓬莱池，总面积约 16000m²，池岸高出池底 3～4m 不等。池水的水源引自龙首渠，并建有暗渠与宫外相通。太液池分为东西两池，中间有渠道相通。据考古测量，东池较小，南北长 220m，东西宽 150m，东岸距城墙仅 5m 多。西池东西长 500m，南北宽 320m，形状接近椭圆形，池内偏东处有一座土丘，高 5m 多，称作"蓬莱山"；蓬莱山上还建有一座凉亭，名为"太液亭"。太液池的沿岸建有回廊，附近还有亭台楼阁和殿宇厅堂三四十余处，史书上记载的有蓬莱殿、元武殿、珠镜殿、含凉殿和清晖阁、长阁等，这些建筑点缀在花木苍翠之间，高低起伏，错落有致，彼此有回廊相连，形成庞大的园林格局。

北部最宏伟的建筑是麟德殿，位于太液池西侧，是迄今为止发现的唐代建筑中形体

组合最复杂的单体建筑。麟德殿建于高宗麟德年间，是皇帝举行宴会、观看乐舞和接见外国使节的场所。麟德殿是由数座殿堂高低错落地结合到一起，利用殿前东西两侧的较小建筑衬托出主体建筑，使整体形象更壮丽、丰富。主殿本身由前、中、后三殿聚合而成，三殿均面阔 11 间，两边是夯土墙，实用 9 间。前殿进深 4 间，中殿进深 5 间，后殿进身 3 间。除中殿为 2 层楼阁样式外，前后殿均为单层建筑（图 8-2）。麟德殿总面阔 582m，总进深 86m，底层面积合计约达 5000m²。殿下有 2 层台基，夯土砌筑，四壁铺砖，实测南北长 130m，东西宽 80 余米。在中殿左右两侧分别建有一座方亭，并建有东西对称的郁仪楼和结邻楼，这些体量较小的建筑都建在高约 7m 的夯土砖台上，由弧形飞廊与大殿上层相通。整个麟德殿的总建筑面积达 12300m²，周围有回廊环绕，共同形成一组巨大的组合式建筑（图 8-3）。经考古发现，在麟德殿遗址中出土了大量黑色筒瓦，还有少量的琉璃瓦片；台基周围出土了很多螭首石刻和石望柱残块以及莲花方砖，上面绘有红、蓝、绿色等丰富的色彩。这说明唐代的麟德殿不仅造型优美别致，而且建筑色彩也十分绚丽丰富。

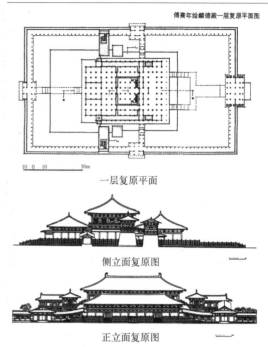

傅熹年绘麟德殿一层复原平面图

一层复原平面

侧立面复原图

正立面复原图

图 8-2　傅熹年绘大明宫麟德殿的平面、立面图

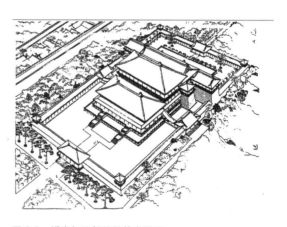

图 8-3　傅熹年绘麟德殿的鸟瞰图

　　唐朝的统治者崇尚道教，认老子为祖先，因此在大明宫内也有三清殿、大角观、玄元皇帝庙等道教建筑。其中，三清殿位于宫城的西北隅，是一座高台建筑。从考古发现看，高台系板筑夯土，殿基面积达 4000m²，周围砌 1.26m 厚的砖壁，表面皆顺砌磨砖对缝的清水砖面，其底铺磨制工整的基石两层。基石及砖壁向上均呈内收 11°角的斜面，从出土的大量朱绘白灰墙皮，可知上面有殿堂或楼阁建筑。从已经出土的石槽残件可推测，三清殿有良好的排水和散水设施。另外，在三清殿遗址中还出土了大量绿琉璃和黄、绿、蓝三彩瓦，青灰色陶瓦为数也较多；还有铜构件及镶嵌在木构件上的鎏金铜饰残片等。

　　这些都足以印证，作为皇家所在地，大明宫内的建筑不管是在基本造型和用材上，还是在色彩和工艺上，都达到了当时的最高水平，是唐代建筑多样化美学风格的集中体现。

三、气象天成

我们经常听到"盛唐气象"这个词语。可"盛唐气象"究竟包括什么样的内容，历史上的"盛唐气象"又是如何体现的？由于没有具体所指而语焉不详。在我们看来，能形成"气象"的有自然界冷热空气造成的风霜雨雪、雾霭霜露，也有社会环境中由人创造出来的不同物体空间、人群动作。前者给人以生理上的感觉，后者给人以心灵上的感觉。唐大明宫所拥有的"气象"显然应该属于后者，是唐文化乃至中国传统文化的典型代表。

那么，历史上的大明宫的空间环境又会形成怎样的文化气象呢？

首先，建筑中体现出的人伦关系与礼教等级。与西方建筑追求宗教精神比较，中国传统建筑更加看重人世间的人伦关系。不管是平民百姓的宅院，还是皇宫贵族的宫殿，按等级选择朝向，按辈分设计大小，按宗族关系罗列布局几乎是共同遵守的规矩，无人敢越雷池一步。反之，从建筑所处的朝向、开间大小、规模布局上，我们完全可以看出所代表的等级高低、辈分和宗族情况。大明宫也是如此，虽然地形开阔，气势恢弘，但是其中的人伦礼教仍然是营造的基本遵循。比如说，这座建筑群落本身就是儿子孝顺父亲的产物，包含着为孝道证明的意思。因而，在选址、规模、工艺以及建造速度上都不同凡响。在一定程度上说，大明宫原本就是唐太宗李世民为自己父亲修建的一座避暑的夏宫。正如官员马周在奏文中写道："务从高显，以称万方之望，则大孝昭乎天下矣。"在儒家的伦理规范中，"百善孝为先"，这座建筑自然也就成为了"以孝治天下"的产物了。后来，高祖李治在原有基础上重修大明宫，一方面是因为身体健康的需要，另一方面，是因为国家实力日益强大，需要更具气势的宫殿作为帝国实力的象征。当然，这种修缮仍然有所遵循，在先王已故的形势下，李治将修建的原则由"孝"改为了"礼"，让新宫严格遵照"前朝后寝"的礼制格局讲究建造，以体现大明宫中的正统文化气息。同时，新宫更加体现轴线的作用，三大殿都位于中轴线上，宫室为主体，次要建筑位于两侧，左右对称，外朝、中朝、内朝的分布在规整中递进，形成庄严的气氛。宫内的其他各类辅助性建筑也不会乱搭乱建，在体量、造型、装饰等方面主次分明，功能区分明确，仍然体现出严格的皇家风范。一切都有所遵循，一切都按部就班。因此，在这处庞大的建筑群落中，中国儒家的礼教思想，无不通过建筑的布局、体量、材质和工艺体现了出来，成为血缘宗亲与政治权力的立体展现。

其次，建筑中体现出来的天地思想。"如日之升，则曰大明。"古人们对建筑不仅有物质方面的需求，希望能够遮风避雨，避免暴晒；更是给予了精神上的寄托，期望能够实现"天道"、"地道"、"人道"在建筑主体上的契合。在这一方面，中国古代的宫殿表现得更加突出。大明宫的设计就充分体现了这一特点。整个建筑群落建在高大的龙首塬上，高处修殿，低处挖池，布局上充分利用天然的地势情况，大有随遇而安之象。例如：含元殿就是利用天然土皋作为台基；后宫太液池正好处在龙首塬的北部边缘，是一块天然的洼地。太液池中的水采用龙首渠的天然活水，循环之后又由暗渠放归自然。另外，在大明宫中各宫门及宫殿的命名上，也体现了这一特点。大明宫的南大门名为丹凤门，北大门为玄武门，丹凤（即为朱雀）、玄武都是中国古代的四方神像，分别掌管着天上的南方和北方。大明宫的东大门名为左银台门，西大门为右银台门，银台即为天上的银河，是将宫内的建筑比作天上的星辰；而这些星辰的最中心位置就是天帝居住的地方，被称作"紫微中垣"，于是大明宫的"内朝"就被称作"紫宸殿"。可见，历史上的大明宫无处不承载着古人"天人合一"的美好理想，不仅做到了建筑与自然平衡，与周边环境和谐，还在这里实现了与天地之间的契合。

最后，建筑中体现出来的和谐与包容。和谐包容可以用来形容人的性格，指人的心胸与出世方法；也可以用来形容环境的整体效果，指所有要素之间的有机统一。对于人造空间来说，这样的效果显然会打上人的烙印，体现出时代的烙印。中华文化所以能够源远流长、生生不息，一个很重要的原因就在于自身所具有的包容性，能够接纳各种异质文化，并将其融会贯通，为我所用。"初唐时期，李唐王朝的统治者们首先体现出来的就是一种兼容并包的宏大气派。在文化政策上，唐太宗李世民和以魏徵为首的儒生官僚集团不仅在政治上实行'开明专制'，而且在文艺创作上鼓励多样性。在吸收外域文化方面，唐王朝的统治者更是展现出博大的胸襟。"[1] 这种情况不仅体现在芙蓉园那样的皇家园林里，也体现在西市那样的集市建设上。像大明宫这样的皇家办公居住的场所，当然也会体现出开阔包容、兼收并蓄的特征。例如：含元殿是举行盛大朝会和召见外国使节的地方，地位最尊贵，建筑体量也最高大，单是殿下的台基就足有 15m 多高，可是它并没有因为高大而给人威压的感觉。设计者所采取的"一体两翼"造型，犹如张开的双臂，将建筑的力量进行了分解，形成包容的美学意向。还有，太液池畔的麟德殿堪称中国建筑史上最复杂的大型组合式单体建筑，三殿并聚的造型空前绝后，极有可能是采纳了西域连体式建筑的设计思路。三清殿遗址出土的文物中发现了大量彩色琉璃瓦，甚至还有三彩瓦，许多建筑构件都涂着艳丽的色彩，这些都暗示着大明宫所有建筑绝不是单色调的，而是多种色彩交相辉映，共同构成了绚丽与辉煌的效果。可以说，大明宫建筑群不仅是一处皇家院落，还是中华文化以空间形式的展现，更将唐王朝"和谐包容"的性格特征展示得淋漓尽致。

这样看来，所谓"盛唐气象"实际上就是华夏文化的继承与发展，其中既有对祖先礼教思想的遵循，也有敬天敬地的本能，更有包容万象的宽容。更重要的是，有容乃大方成气势，盛唐时期所以充满自信和活力，一个很重要的原因还在于能够把这些文化因素融会贯通，浑然一体，所以才能自成一番气象。当然，我们之所以用"盛唐"而不用"大唐"，一个很重要的原因是对历史的尊重。因为，历史上的唐王朝也有过毁佛灭佛的狭隘，有藩镇割据的混乱，有"从此君王不早朝"的昏庸，并不是所有时间都充满活力。也就是说，在领悟大明宫的文化精神时，我们决不能只靠望文生义，捕风捉影，而是应该以严谨的态度，客观地解释其中的蕴涵。这样才可能将一个真实的大明宫呈献给国人与世界。

第二节　边走边看

恩斯特·卡希尔将"创造符号"作为人与动物的根本区别。的确，与动物按照生存

---

[1]　张岱年，方可立. 中国文化概论 [M]. 北京：北京师范大学出版社，2004。

欲望行动的情况比较，人的行为更加带有"理想的色彩"和按照自己的意愿去行动的特点。[1] 于是乎，在所有由人创造的产品中都不可能完全是以物质价值赢人，其中还必然地打上人以及人所处时代的烙印，展示出另一番价值。卡希尔将其称之为"文化价值"。这便决定了，当我们在观看各种由人创造出来的产品时，就不能只停留表面的物质形式上，更应当透过形式去深究其中的文化意义。通过实施大遗址工程来带动当地经济，是21世纪以来西安开展"皇城复兴计划"的根本目的，而大明宫遗址工程则是这一计划中最重要的组成部分。从形式上看，这一工程的规模确实复杂而浩大，动用的人力和物力也很让人触目惊心，为了赢得更大的反响，引起世人的关注，在招商引资、方案设计等酝酿阶段主办方就把目光转向了世界，以建筑设计竞赛的形式将这项原本带有民族性的工程蒙上了一层国际色彩，尤其是美国、意大利、日本、澳大利亚、挪威、以色列等国家的建筑事务所方案的获选，使这项工程的西方文化色彩更加鲜明。不过，和当下的其他房地产工程一样，不管什么水平的设计，最终还是由农民工为主体的施工队来完成，所使用的材料也几乎全部由当地解决。于是，大明宫遗址工程自然也会带上鲜明的中国烙印。

2010年10月1日，大明宫遗址公园正式对游人开放。由于有"世界一流城市中心公园"，"具有世界意义的文物保护示范工程"的宣传，被吊起胃口的人们一直高度关注，开园当天就出现了人满为患的局面，接踵而来的是人们的各种评判：从空间上看，公园很大，与人口密集的城市环境形成反差；从建筑上看，公园很空，没有主体的夯土台就根本形不成气势；从内容上看，占地3.2km²的土地上表现出来历史信息，远不如只有几千平方米的遗址公园博物馆里的丰富。建博物馆只需几百万，而遗址公园的总投资却高达120亿元。要解释清楚这里面的问题恐怕需要综合学科的研究，我们只能从建筑文化的角度走进大明宫遗址公园，去解开庞大谜团中的冰山一角。

第一站 丹凤门

遗址公园周边没有连贯的围墙，正南面的丹凤门就成为了标志性的建筑，也是唯一一座在原址上进行营造的新建筑，其地位和影响力也可想而知。历史上的丹凤门是皇室出入大明宫的主要通道，犹如紫禁城的天安门。不过，丹凤门主体（包括护基和散水）东西长74.5m，南北宽33m，建筑体量比天安门还要大，被考古界誉为"盛唐第一门"。作为大明宫国家遗址公园的重点工程，丹凤门建设投资1.3亿元，历时9个多月完成。据大明宫的总规划师介绍，丹凤门的整体结构由钢架焊接而成，外面搭挂钢板，整体放在夯土遗址上（图8-4）。正面的五个双扇大门上尽管有门镀、门钉，但是当中焊死，只是个形式。从工艺上讲，不考虑使用的情况下，钢架结构加整体焊接无疑是最简单的。作为古遗址上的地标性建筑，这样的处理不知出于怎样的考虑。

为了使新建的丹凤门不那么孤单，两侧分别有同等材料焊接起来的墙体，连绵有213m长，城门南北宽39.4m，建筑总高33.44m，工程占地面积5800m²，总建筑面积

---

[1] 恩斯特·卡希尔.人论[M].上海：上海译文出版社，1995。

11474m²。[1] 由门道、墩台和城墙三部分组成。主楼设有五个门道，只有东侧城门可开启，其他均为装饰作用；门道宽8.5m，进深33m，厚度2.9m；墩台呈梯形，在墩台两边的宫城内侧各筑有一条宽3.5m，长54m的登城马道。丹凤门上建有丹凤楼，面阔11间，单檐庑殿顶，额枋之间有唐代建筑中常见的人字补间铺作。斗栱、屋面瓦及栏杆均采用铝镁锰合

图 8-4　大明宫遗址公园新修建的丹凤门

金制作，墩台与城墙部分外壁采用再造石轻型混凝土装饰挂板。从外观色彩来看，丹凤门从上到下全部为淡棕黄色，据设计师介绍，这种颜色介于黄土和原木的色彩，象征着中国传统建筑的土木结构。其中，墩台部分板材的外表为城砖肌理，城墙部分板材的外表则为夯土墙的纹路，象征着唐代丹凤门的形制与基本材料。此外，丹凤门和墙体内部的空间则建成了遗址博物馆（图8-5），对原址保护的同时，还可供人们参观和考古研究。同时所有室内空间的装修都不作仿古处理，而是用现代材料与现代手法营造出现代风格。这样的处理，丹凤门整体上就成了"外古"而"内洋"的效果。设计师称，这样做的目的是为了既体现唐代皇宫正门的形制、尺度、建筑特色和宏伟端庄的风格，又赋予这座展示性建筑以现代感。

图 8-5　丹凤门不过是一个钢板焊接出的巨大空壳，内部是一个大型遗址博物馆

[1] 彭明祥，丁亮进，王宏旭.大明宫国家遗址公园丹凤门工程设计与施工[J].施工技术，2010（8）。

　　不过，关于建筑风格的认定，除了建筑师的表白，目前建筑界通行的做法还有通过造型、材料和外观效果来判断。只是这种判断具有一定的专业性，不是普通百姓而能为的。于是，在一些特殊场合，设计师的表白就带有了唯一性。避开设计师的表白，我们更在意这座建筑上大面积出现的现代材料，几乎没有细部的造型，与唐代关系不大的文化元素，将这些情况进行整合，我们可以毫不犹豫地将现在的丹凤门定性为一座后现代风格的建筑。根据最早提出后现代建筑概念的美国建筑家罗伯特·文丘里（Robert Venturi）的看法，后现代建筑就是将历史因素和当下的通俗文化、新技术、新材料相结合，赋予建筑以审美性和娱乐性。[1] 这种以拼接杂糅为特点的设计，不是为了遵循传统，而是在传统与现代的拼接中产生更加具有突破性效果，实质上是在反传统。看来丹凤门的设计在不知不觉中遵循了这一原则，将唐代一座代表性的遗址性建筑作了大胆突破。这样的建筑倘若出现在现代化的广场上，作为一道带有古典味道的景观或许还说得过去，用来覆盖古遗址，不仅没有考虑这块遗址的历史真实性，对传统文化无所忌惮的态度也令人咋舌。1964 年在威尼斯通过的《国际古迹保护与修复宪章》（又称《威尼斯宪章》）中，第九条就明确规定："修复过程是一个高度专业性的工作，其目的旨在保存和展示古迹的美学与历史价值，并以尊重原始材料和确凿文献为依据。一旦出现臆测，必须立即予以停止。"[2]

　　在唐代大明宫的诸门中，丹凤门的规格最高，是唐朝皇帝举行登基、宣布大赦和改元等外朝大典的重要场所，因而，历史上的丹凤门是大明宫的门面，具有彰显皇室威仪的非凡意义。据考古队发现，在丹凤门遗址西南部转角与城墙衔接处，唐代留下的地面保存较好，局部残存有包壁砌砖（图 8-6）。由此可知，唐代丹凤门主体基台外壁应是以长方砖包砌而成的，改用大面积的金属板材来焊接，除了可以降低成本，缩短建造工期，

图 8-6　丹凤门遗址博物馆内景

实在找不出其他理由了。从原址出土的建筑构件来看，以长方形砖、板瓦、筒瓦和莲花纹瓦当居多，还有少量的绿釉琉璃瓦和鸱尾，一些残损的铁泡钉、石构件，尽管已经锈迹斑斑、缺损严重，但是也线条明朗、雕琢精美。这些史料说明，历史上的丹凤门绝不是一座单色调的摆设，而是金木水火土集合，通体上下有着诸多装饰，色彩上十分艳丽的建筑，集中了古人的多种营造智慧。古遗址因为承载着历史信息而显得珍贵，因而，中外科学家都将保护遗址的真实性作为头等重要的大事。在建筑界更有梁思成为代表的一代知识分子为之身体力行，奔走呼号。然而，新建的丹凤门色彩单一，材料单一，造

[1]　罗伯特·文丘里.建筑的复杂性与矛盾性 [M]. 北京：中国水利水电出版社，2006。

[2]　张松.城市文化遗产保护国际宪章与国内法规选编 [M]. 上海：同济大学出版社，2007。

型单一，工艺单一，不要说为今人传递真实的历史信息，反而会让人产生唐代建筑单调无趣的深刻印象。

至于此门对遗址的保护作用也不是空口说出来的，而是要实际地来考察。新建的丹凤门体量庞大，主体为门式钢架结构，工字钢加钢扣板，总用钢量约 1700t，应该是土木结构建筑重量的几十倍。尽管新建筑起到了"保护罩"的作用，防止了夯土遗址遭受风吹日晒雨淋，可自身的重量也直接施加给了古遗址，为遗址增添了巨大压力。每逢旅游旺季，登上丹凤楼参观的游客众多，更给地基增加了重量。可以说，设计者仅仅考虑到了防雨水冲刷的问题，而没有考虑到载重过大会对遗址可能产生的影响，更没有考虑到这样的建筑造型对遗址上的文化信息造成的破坏。

丹凤门以里有一块开阔的广场，长约 500m，宽约 200m，应当是皇宫里常有的御道。不过这里的御道由染成棕黄色的小石子铺成，偌大的一

8-7　整体呈现黄色的丹凤门及御道广场

片广场只是在两侧零散地种着几棵树（图 8-7）。从远处看，黄色的广场尽头是黄色的丹凤门，一派黄色，到也浑然一体，放眼望去大有荒漠之上连接边陲古国的效果。西安处于西北，濒临黄土高坡，春季多风沙。当然经过多方的治理，近些年出现沙尘暴的几率已经大大减少。不过，出人预料的是，在曾经是唐时皇家重地的遗址上，今人营造出的不是华丽，不是端庄，更不是紫禁城那样的威仪，而是一派荒漠的景象。如果连京城长安的皇家重地都变成了苍黄一片，唐王朝的景象如何也就可想而知了。从眼下的情况看，盛夏时节，烈日当空，数千平方米的广场上没有任何遮阳之物，再加上黄色石子铺地营造出的苍黄肌理，很容易让人想到沙漠或者戈壁滩，绝不会是"城市中心公园"，更与盛唐记忆无关。

第二站　古建遗址

如果说丹凤门是大明宫遗址公园的第一眼，那么，园内的宫殿遗址区则是重心所在。这里重点修复了含元殿、含耀门、紫宸殿等宫殿区的遗址地面，并将此处包围起来，作为收费区域。这里应该是唐文化气息最集中、最浓厚的所在，也应该是整个修复工程中最能出彩的所在，当然也应该是重金打造的所在。令人匪夷所思的是，这里的古遗址所采用的修护方式却是五花八门，修复之后的美学效果也各不相同，有的古朴，有的现代，当然，还有的竟然让人看不出头绪。

丹凤门以北约 600m 就是唐代含元殿遗址。历史上的含元殿曾经是长安城最宏伟的建筑，是专门用来举行国家仪式和重大庆典的场所。可惜在唐僖宗光启二年（886 年），

含元殿毁于战火，华美的殿堂只剩下了厚厚的夯土台基。20世纪60年代，由中国、日本及联合国的专家组曾对含元殿遗址进行共同勘测，并且制订了保护方案，因此，含元殿遗址基本符合国际古遗址保护的相关规定。

以前的含元殿遗址基本上就是一处黄土台，一派杂草丛生。修复工程仅将残存的夯土台基进行了修补平整，外部进行了包砖处理，以防止夯土层被风化和雨水侵蚀（图8-8）。夯土遗址的平面呈"凹"字形，共有三层，东西长75.9m，南北宽41.3m，高出地面15m。台基前方的龙尾道部分，用石块恢复成阶梯状，阶梯一旁的坡面有莲花方砖装饰。由于所有砖石材料都没有做旧处理，因而，遗址上一派崭新，很像一处在建工程的基础。在含元殿遗址土台以南130m处，有一条东西走向的渠道，长度约为400余米，应该是当年的风水渠。从部分考古试掘区看，渠道在唐代南北宽约4m，深约1.6m，渠道两壁较直，有保护堤岸的砌砖。在渠道遗址上，考古人员还清理出三座唐代木桥遗存，其中最中间的御桥正好与含元殿中心相对，给人视觉上的平衡感。从桥桩柱洞的遗迹可知，桥东西长约17m，南北宽约4.3m。目前，这三座木桥已经进行了恢复，不过，既没有复杂的造型，也没有贵重的装饰，与城镇乡里供百姓行走的木桥并无二致，由于所用的材质不好，一些地方已经脱漆、开裂（图8-9）。

8-8　含元殿遗址

图8-9　含元殿前的三座木拱桥，尽管才建成一年，但已经明显脱漆开裂

含元殿的右后方是含耀门遗址。如果说含元殿的修复工作还算是修旧如旧，那么含耀门遗址的修复工作可称得上是"脱胎换骨"。在含耀门的原遗址上，矗立着一座体量巨大的深灰色钢结构建筑（图8-10）。远远望去里面的钢架结构完全暴露出来。看来设计者丝毫没有考虑到古遗址的问题，而是毫无顾忌地展现工业社会的现代元素。钢架建筑的中央模仿出含耀门的双门洞造型，不过细部则无法探究，

图8-10　新修建的含耀门遗址建筑，钢架结构和抽象的造型，展现出一派后现代气息

因为线条僵硬的钢材只能勾勒出含耀门的大致轮廓，根本没有作细部处理。面对这样的现代化钢结构建筑，人们或许会想到巴黎的铁塔，或许会想到北京的鸟巢，但无论如何也不会将它和唐代宫殿中的内宫门联系起来。含耀门两侧是有夯土城墙的，不然无法体现出门的作用。设计者仍然没有离开钢结构的思路，假想出来的夯土墙也是由带有夯土肌理的棕黄色钢板材所替代，完全失去了古老城墙的厚重感。钢材替代了传统的土、木、石材，形式是模仿出来了，但是没有真实感，更没有古建筑的神采。在古人眼里，建筑是环境的一部分，与周边的土地、植被有着天然的联系。钢结构的设计者显然不懂得这一点，而是将建筑与周边自然生态环境割裂开来。于是，如果没有专门的标示，人们恐怕很难辨认出这里是含耀门遗址。

宫殿区的最北端就是紫宸殿遗址，这里的保护措施更有创意——遗址恢复所用的材料不仅有不少钢材，连设计创意所依据的格式塔心理学也是现代的。

从形式上看，巨大的宫殿台基上，用水泥及钢材模仿出殿堂中的柱阵、梁架、斗栱，以及屋顶的脊线和螭尾。同时，在这些造型的空隙之处又种植了许多高大的树木。设计者是想通过对树冠的修剪来构成宫殿的大致轮廓，让人们在心理上对紫宸殿的大小和结构有所感知，通过联想过程把灰泥和砖块粘合起来，

图8-11　新修建的紫宸殿遗址工程，利用格式塔心理学让人们将水泥、钢材、树木勾勒出宫殿的造型

借以形成大殿的意向，达到格式塔心理学所说的在脑海中形成整体形象的目的（图8-11）。紫宸殿遗址上的空间造型显然是想营造这样一种效果。可是，设计者忘了一点，只有和遗址身份以及所在环境一致的造型，才可能唤起人们的相关想象，如果

所用的材料，所假设的空间与遗址的身份和环境风马牛不相及，比如：建筑构件采用水泥和钢材等现代材料，人们恐怕很难将这些东西和古代联系起来，更难想象出古代建筑的大致样子。

从色彩和线条上看，钢构件被漆成青灰色，树木是绿色；钢构件冷硬呆板，直插天空，树木却枝杈四射，呈放射之状。这样的混搭没有学建筑的游客看不出个所以然，学过建筑的人一眼便知是后现代设计思路的集中体现，与唐代正统的皇家建筑风格无毫厘关系。

另外，建筑构件的造型也有很大问题，有的柱子顶部恢复了斗栱，有的柱子与梁架、椽子、桁条、额枋之间居然直接相连，至于更细致一些的建筑构件如雀替等，则干脆省略。中国传统建筑以木材作为基本框架，彼此之间通过卯榫来咬合，充分利用了木头的柔韧性，斗栱的运用实现了小木作对建筑应力的拆分与组合，是中国建筑的精华。可是所恢复的紫宸殿构件，线条僵硬，单体之间缺乏彼此呼应与相互联系，从根本上歪曲了中国传统建筑的一些特质与美感。这些，对今人了解紫宸殿当年的形貌情况，领悟唐代建筑所具有的美学特征，完全起着误导的作用。

当然，最严重的还是这种修复方式对古遗址本身的破坏。在大殿的遗址上种树，犹如在花盆里种树一样，不仅树长不好，下面的基址也会受到威胁。原因很简单，古人修建房屋是要打地基的。为了百年大计，地基不仅要深，还要加上诸如石块、三合土等材料压实，形成高密度的底基层。经过千百年的时间，地上的建筑可以损坏，地下的基础却牢固依然。在这上面种树只能有两种可能：要么根系穿透地基，获取生长资源；要么根系被地基阻挡，弄个胎死腹中（图8-12）。前者毁了古遗址，后者毁了树木。

图8-12　这些大量被移植在古遗址上的树木，存活状况令人堪忧

看来，此处遗址恢复方案的设计者，不但没有古建方面的知识，也不具备长远眼光，不过是想通过标新立异做点容易出效果的东西罢了。这样的东西，应付一下完工时的剪彩，宣传时的照相是没有问题的。但是，要对古遗址起到保护作用，想体现唐代皇家建筑的建造水平，甚至传达出华夏民族的建筑文化精神，恐怕就有些勉为其难了。

第三站　缩微景观

　　因为年代久远，大明宫遗址所残存的仅是一些高大的夯土台基，曾经的琼楼玉宇早已灰飞烟灭。为了让今人对大明宫的历史原貌有一个整体性的认知，在遗址公园宫殿区的东侧专门开辟出一块地方，按照150：1的比例对大明宫原貌进行了想象性复原，成为一处缩微景观展示区，以方便人们形成对唐代皇家建筑的直观感知。因此，这里应该是一处比较真实地再现大明宫历史风貌的地方。对大多数游客而言，这里也应该是遗址公园中最具有吸引力的地方。当然，要达到这样的效果，同样考验着设计者的历史态度和知识，也考验着制作者的工艺水平。

　　进入缩微景观展示区，放眼望去，屋舍俨然，十分整齐，在数百平方米内，将当年大明宫从丹凤门到太液池的全部景观一一再现（图8-13）。乍一看，建筑的尺度、形制以及间隔的距离都严格按照比例进行缩小，形成殿堂林立、屋宇俨然的景象。可仔细看时，会发现明显的机械加工痕迹。众多的宫殿模型，除了大小有所不同，色彩竟然出奇的一致，统一的红柱、白墙、黑色筒瓦、青色地面。由于建筑模型都被统一缩小，因此从高处鸟瞰全局，宫殿的屋顶竟是黑压压的一片，螭尾、筒瓦、屋脊等全部都被涂成黑色，与目前的考古发现大相径庭。从考古发掘情况看，大明宫遗址的大部分宫殿遗址上都发现了彩色琉璃瓦，在三清殿甚至发现了三彩瓦，就连大明宫的正殿含元殿遗址中也发现了一

图8-13　大明宫的微缩景观，色彩、形制达到了高度统一

些绿色琉璃瓦。在麟德殿发现的雕花石材构件，也都染着红、绿等鲜艳的色彩……种种迹象表明，历史上的大明宫建筑色彩一定十分绚丽，绝不会像平常百姓的家院那样朴素单一。

再看建筑的细节部分。中国古代建筑一直有大木作和细木作之分，前者体现在房屋梁架整体的制作上，后者体现在房屋门窗家居的制作上，两者结合，构成了中国传统建筑的精美工艺。[1] 因而，如何传承木作工艺，不仅关乎着传统建筑的修复质量，也关乎着传统建筑的美学效果是否能够得到充分表现。大明宫微缩景观中的建筑细部也惊人的一致。房顶只有大小之不同，造型的角度，材料的布排，所用的颜色几乎完全一样；体量、造型完全不同的宫殿，采用的斗拱造型居然完全相同，而且几乎每一座宫殿两根柱子到额枋之间都统一加上了人字补间铺作；所有的建筑模型都只是大而没有细节，像柱与柱之间的雀替、房檐上的瓦当、院门前的影壁、院落中的铺地等等体现传统建筑细部的内容统统被省略了。再有，螭尾在中国古代是体现建筑等级的重要标志，正殿的大，偏殿的小，一般建筑则不准使用，微缩景观中的宫殿虽然基本遵循了这样的原则，但是，所安装的螭尾无论造型和色彩都完全一样，难以反映古代社会森严的等级制度。

环顾缩微景观区的四周，作为现代城市标志的高层建筑和广告牌，鳞次栉比，近在咫尺，对缩微景观造成极强的负面冲击。在这些高大型建筑的对比下，微缩景观中模型更加渺小；对比大型广告牌的绚丽色彩，原本用色就很单调的建筑模型更加黯然。在如此的环境中，大明宫缩微景观不但成不了气势，反而成了地地道道的小媳妇（图8-14）。

图8-14 在四周现代化高层的映衬下，微缩景观显得更加微不足道

缩微景观是对大明宫历史原貌的再现，建筑体量可以缩小，但是，建筑中所蕴涵的历史信息必须要延续下来，这样才可能为游客们营造一个容易引发联想的地方。如果仅仅是轮廓上的缩小，没有细节的刻画，没有氛围的营造，那么，这样的缩微景观无法再现大明宫当年的神秘气象，自然也就没有了感染力。

第四站 太液池

太液池位于大明宫的最北端，属于当年皇家的"后寝"部分，帝王们生活起居场所就围绕周边而建。太液池是这里最主要的景点——利用天然地形营造出来的人工湖。池的水源来自于龙首渠，并修有暗渠作为出水口，保证池内的水能够流动更新。池水边曾

---

[1] 李浈.中国传统建筑形制与工艺[M].上海:同济大学出版社，2010。

经修建有大量的亭台楼阁、水榭长廊，随地势而起伏，因树木而高低，彼此呼应，相映成趣。据记载，唐王朝在太液池周围还栽植了大量观赏性植物，不同区域内种植的种类也各不相同，以实现植物与建筑的巧妙搭配。紫宸殿、凝香殿之间有梅园和桃园，蓬莱殿东边有梨园，西边有紫竹院，太液池东岸有牡丹园和柿树园，东北岸有桃园、杏园，正北岸有玫瑰园、菊花园等。如此讲究的植物配置，保障了宫院环境的优美，也充分体现了皇家生活的档次。有学者根据这些对太液池当年的景象作了这样的描绘："水布荷叶飘香，芦苇成阵；岸边芳草萋萋，绿树葱葱。不时有天鹅穿飞其间，野雁戏水出没。从紫宸殿北望太液池的湖光云影，真乃人间仙境"。[1]

　　与历史上的太液池相对比，遗址工程上的只能是"人间之境"。遗址仅仅恢复了湖面和湖心岛景观，占据了大明宫后院的很大空间。这里，既没有亭台楼阁、轩榭廊馆等园林建筑，也没有史书上记载的各色珍贵花木。大片的空地上覆盖的是草坪，几株柳树与雪松点缀其间，显得这里更加空旷（图 8-15）。由于没有建筑景观，道路自然也就成了景观。在绿色草坪中蜿蜒的同样是黄色道路，不过不再是沙石，而是由木状的板材组成。与偌大的草坪比较，板材铺就的小径显得窄了，在旅游高峰期显然不能满足疏散的需求。更令人费解的是，大面积蓄水的地方肯定会有下渗的问题，使水池周边地面的含水量上升，增加地面的含水量。在这样的地方铺设木制的地面，犹如在卫生间里铺木地板，固然十分阔气，但是极容易受潮变形，当然也很难长久使用。

图 8-15　新修复的太液池及蓬莱岛，池水周边土地松软，存在明显的工程渗水问题

---

[1]　杨玉贵．大明宫 [M]．西安：陕西人民出版社，2002。

再从美学效果上看，整个太液池遗址区显得空旷而又单调，全然没有皇家御苑的神采，更达不到"人间仙境"的水平。历史上的太液池是园林，遗址上的太液池不过是一个仿古工程，建设的重点在"硬件"方面，而缺乏文化方面的考虑。比如说，作为工程，重点考虑的是施工的进度和成本情况，保证按期给甲方交工；作为园林，重点考虑的是意境之美，将传统园林风格传承下来。定位不同，产生的效果也不会一样。工程的衡量标准是物理性的，只要符合图纸，能够使用便可以验收合格；园林的衡量标准是审美性的，符合图纸仅仅是一个方面，更重要的是通过建筑、花木、曲径、流水等要素的搭配，营造出可以观其形、赏其色、闻其香、听其声的意境，使人身临其境便可以畅然神游，放松身心。这是中国传统园林的大境界，仅靠金钱和现代化的机械设备是很难营造出来的。

另外，传统园林还十分讲究周边环境的和谐，讲究主景与副景、内景与外景、大景与小景之间的相得益彰。古人将这种做法叫作"借景"，有"园林之最要者也"[1]的说法，大凡著名的古典园林都是按照这种思路营造成形的。比如，"玉泉山的塔，好像是颐和园的一部分，这是'借景'。苏州留园的冠云楼可以远借虎丘山景。拙政园在靠墙处堆一假山，上建'两宜亭'，把隔墙的景色尽收眼底，突破围墙的局限，也是'借景'"[2]。太液池工程的设计者显然不了解这方面的知识。主景在哪？副景在哪？主景与副景之间是什么关系；内景是什么？外景是什么？内景与外景之间又是什么关系；大景有多大？小景有多小？两者之间应该是怎样的关系……凡此种种，是构成太液池整体景观效果的决定性要素，设计者是否都作了考虑呢？实际效果是，本应是主景的湖心岛，远没有身后的高层建筑有气势（图 8-16）；本应是内景的园林绿地，远没有远处绚烂的广告牌来得漂亮；本应是大景的亭台楼阁，由于缺位而使得这里无依无靠、空旷寥寥，丝毫体现不出皇家御苑的古典气息与文化氛围。置身在这样的环境中，太液池遗址保护的口号显得那样空洞与无力！

图 8-16　从紫宸殿的位置看新修复的太液池及蓬莱岛，远没有背后的现代化高层有气势

[1]　陈植.园冶注释 [M].北京：中国建筑工业出版社，2009。

[2]　宗白华.美学散步 [M].上海：上海人民出版社，1981。

尾　声

大明宫遗址公园完工并正式揭下面纱接受社会的检验是 2010 年国庆期间。由于前期的热炒，人们大多是依照"世界一流"、"国内著名"、"示范工程"的标准前来一睹为快的。短短的七天之内，据说前来参观的游客多达数十万人之众。开园的当天，媒体就插播了不少游客随地乱丢垃圾，攀爬景观塑像，损坏公共设施，踩踏草坪花木，随地大小便的镜头，并归结为游客素质有待提高。其实，在我们看来，对早已解决了温饱问题，并且有实力走南闯北甚至游走世界的国人来说，到遗址公园绝不会是第一次，在公共场所应该怎样遵守公德也绝不会是空白。出现上述种种情况的根本原因并不全在游客素质，而是人们并没有把这里看成是祖先留下的宝贝，只是当成了一处绿地，一汪水池，一个公共场所，与其他游览玩耍的地方没有什么两样。不过，与那些成熟一些的游览玩耍地方比较，这里还存在着公厕甚为稀缺，导游指示牌不明，游园遭遇"断头路"，可供休息的座椅很少，游客服务设施很欠缺，缩微景观管理漏洞百出等等问题，既煞风景，也坏心情。面对公众的责难，大明宫遗址保护办公室的发言人立即做出反应，给出了就事论事的答复：一些不足之处是由于时间仓促、缺乏经验和准备工作不足而造成的[1]，至于深层的原因却只字未提。如何建设遗址公园，在世界上已有先例，在国内也有规定，并不是件新鲜事，《关于建设考古遗址公园的良渚共识》就指出："考古遗址公园建设应准确把握定位，以保护展示遗址本体及其内涵价值为根本目的，根据不同遗址各自的特点，紧扣其内涵和价值，采取有针对性的保护展示方式，形成独特的风格和魅力。"[2] 如果大明宫遗址公园真是按照这样的精神来恢复的，整体设计上可能会更加注意对历史的尊重，景观布局上可能会更加在意内涵的挖掘，氛围营造上可能会更加看重传统，施工过程中可能也不会只把进度放在第一位。如果真的是这样，展现在遗址上的大明宫可能就会有些端庄，有些神圣，自然也就有了尊严，让身临其境的人们多少会产生些回到历史的感觉，以敬重之心来面对这里的一切。

大明宫遗址公园是一个由现代人完成的文化符号，如果完成者的"理想色彩"中缺乏对传统文化的理解和尊重，或者不具备按照传统技艺进行施工的本领，那么，完全可能用现代取代传统，用今人强加古人，给社会和后人留下一个不伦不类的异化符号。

第三节　"气"文化的异化

"气"在中国成为一种文化现象由来已久。老子最早提出的"万物负阴而抱阳，充气而为和"，就将"气"作为了阴阳之和的根本，具有了宇宙本体论的意义。魏晋时期，画家谢赫在总结自己的创作经验时提出了"气韵生动"的思想，将哲学意义上的"气"用来指导艺术实际，使其具有了美学意义。时人钟嵘在《诗品序》中又提出"气之动物，

---

[1]　周冰. 致公众的一封信 [N]. 西安晚报，2010-10-11。

[2]　张关心. 大遗址保护与考古遗址公园建设初探——以大明宫遗址保护为例 [J]. 遗址保护理论，2010（12）。

物之感人，故摇荡性情，形诸舞咏"的思想，认为"气"给万物以生命，万物才具有了感动人心的魅力。所以，艺术创作不能仅完成物象的描绘，更要赋予物象以生气。明确指出，美离不开"气"。唐代的艺术家提出了优秀的艺术品须具备"同自然之妙有"、"度物象而取其真"的品质，把"气"作了进一步升华，认为，只有表现了"气"的艺术品才可能具有"自然之妙"，"物象之真"，与后来司空图提出的"意象欲出，造化已奇"之说已经十分接近。[1] 同时，理论上的推进也直接影响着人们的建筑实践。以园林建造为例，先秦时期追求的"象天法地"，汉代追求的"壮丽为美"，唐代追求的"诗情画意"，明清时期设计师通过"借景"、"分景"、"隔景"所追求的"意生于象外"，[2] 无不是"虚"与"实"，"动"与"静"，"近"与"远"等矛盾因素的统一体，而构成这种统一的决定性因素正是"气"。也就是说，在中国文化的语境中，建筑也是一个生命体，同样拥有着自己的精、气、神。

　　翻开厚厚的《全唐诗》，会看到许多对大明宫的赞美之词。"如日之升，则曰大明。"在诗人眼中，大明宫犹如一轮冉冉上升的红日。20 世纪 50 年代，当考古工作者第一次在西安城墙的东北角发现它的时候，整齐的宫殿基址、巧妙的功能布局、华丽的装饰色彩所呈现的历史魅力，仍然使人震撼，令人折服。比较起来，随着遗址上面及其周边环境大量异质文化元素的出现，大明宫的原有之"气"也变成了异化之"气"，使我们对这里原有的文化气象充满了怀念。

一、"气"从何来

　　今天，人们在形容唐代建筑美学特征的时候，使用频率最高的一个词语就是"大气"。语言的朦胧性给人们的理解留出了广阔空间，知识背景情况成了人们得出不同解释的基本根据：理工科背景的人注意的是"大气"的物质属性，喜欢从空间上来界定，认为"大气"就是空间上的开阔；艺术学科背景的人更加注意"大气"的外在构成，关注线条是否粗犷，色彩是否夸张，造型是否无拘无束；人文学科背景的人更加看重"大气"的精神内涵，关注其中是否具有历史、人伦，甚至是哲学的意义，产生"内容大于形式"的效果。目前，建筑领域一统天下的是前两种情况，导致了几乎所有的仿唐建筑工程把重点都放在了空间形式上，在望文生义中将美学上的"大气"局限为体量上的巨大，直接导致了我们身边出现的仿唐建筑几乎个个都有着宽广的占地面积、庞大的体量造型、粗犷的轮廓线条、强烈的色彩对比，而很少在内涵上下工夫。作为遗址的大明宫，表面上看确实有大的一面，在圈地、引资、造势等方面都有很大的手笔。但是，经过实际考察和对游客的调查，人们在这里更多感受到的是空旷，而不是历史的凝重，是只能浮光掠影地走马看花，而不是阅读历史时的回肠荡气，显然没能将盛唐时期的文化特质表现出来。那么，大明宫的"大气"究竟应当怎样理解才更加符合历史实际？为了解决这个问题，探究一下古人有可能从哪些方面来营造大明宫的不凡之"气"，无疑是个很有意义的问题。

　　首先，借助上天之气。大明宫修建完成于唐代高宗龙朔年间，经过贞观之治的积累，加之一系列对外战争取得了重大胜利，唐帝国不仅保证了疆域上的安定，还维护了丝绸

[1]　叶朗. 中国美学史大纲 [M]. 上海：上海人民出版社，1985。

[2]　储兆文. 中国园林史 [M]. 上海：东方出版中心，2008。

之路的畅通无阻，为国家的经济繁荣奠定基础，国泰民安。自信与富足，使得统治者在新宫的修建上满怀象天法地的大气概。

在皇权为上的年代，只有皇帝可以与天相提并论，称为"天子"。故而，大明宫的布局就有不少地方带有模仿上天的意象。在中国古代，人们认为天界的四个方向都有神兽守卫，被誉为"四方神像"，分别是东方青龙，西方白虎，南方朱雀，北方玄武。这四方之神最早被运用于军队列阵，《礼记·曲礼上》中就有："行。前朱鸟（雀）而后玄武，左青龙而右白虎，招摇在上。"[1]后人的解释是："行，军旅之出也。朱雀、玄武、青龙、白虎，四方宿名也。"经过这样布阵，军容猎猎，严整威武，无往不胜。后来"四方神像"思想与阴阳五行结合，用于指代方位、颜色、季节，等于囊括了天下四时。大明宫是天子的居所，设计者当然也会按照天下四方的理念来布局，将"四方神像"安排在城池之中。

可以说，大明宫的城中布局就是"四方神像"的再现：正南门取名为"丹凤门"（丹为红色，五行中南为红色），北门取名为"玄武门"（玄为黑色，五行中北为黑色），东门取名为"左银台门"（暗合"左青龙"），西门取名为"右银台门"（暗合"右白虎"），同时也象征着天上的"银河"星际。这些都体现了大明宫在整体布局上对天的模仿。当然，在古人眼里，天也是有方位的，并且可以分为东西南北中五宫，中宫位于中央。中宫还可以分为三垣，分别是上垣太殿、中垣紫微、下垣天市。由于"紫微"居中，在古人看来是宇宙中心的位置。于是，在营造大明宫时，内朝的"紫宸殿"就是天子居住的地方，也处于大明宫的中心位置。

除了按照天象来安排城池的布局，与"天"同在的"仙"也在当时的大明宫里很有影响。在大明宫的西北角有一座三清殿，是一处皇家道教寺观。因为李唐王朝以老子的后人自诩，所以视道教为"国教"。道教认为人们通过修炼，最终可以得道成仙，因此可推想，唐时的大明宫中充满了"仙气"。尽管香烟缭绕之气已消散在历史的长河中，但是，一些遗存上仍然可以反映出当时的仙风道骨。比如，大明宫西侧的北门就取名为"九仙门"，与此临近的北侧西门取名为"青霄门"。"青霄"在道教文化中被视为祥云，而道教神仙们的出现大多是祥云笼罩，腾云驾雾。在大明宫中，和"九仙门"处于对角线上的南侧东门取名为"望仙门"，其义一语双关，因为"望仙门"同时也是臣子们每日上朝的入口。

其次，借助大地之气。大明宫的规划营造，在充分利用地形地势方面堪称中国建筑史上的典范。唐时的长安城已经是百万人口的大都市，许多城市问题也日益凸显，比如集市周边人口密集处的治安问题，城市的交通问题，城市在雨季的排水问题等。如果不顾这些问题的存在继续在城内营造宫殿，不仅会破坏城市原有的格局，还会给已有的问题雪上加霜，也会直接影响宫室的居住水平。于是，唐王朝决定在长安城的东北角上另行选址。如《长安志》记载，这里有高大而开阔的龙首塬，"北据高原，南望爽垲，每天气晴朗，望终南如指掌，京城坊市街陌，俯视如在槛内"。远望终南秀色，近看城内街市。这是站在含元殿上可以看见的远近景象。能达到这样的视域效果，足以显示出总设计师在选址时对周边环境的缜密考察，在宫殿建造时对地形地势的巧妙运用。

在大明宫的规划建造方面，也体现出古人利用地形的智慧。南部宫殿区的建造就充

---

[1]　张文修.礼记[M].北京：北京燕山出版社，1995。

分利用了龙首塬的地形地貌。例如，正殿含元殿的台基高达 15m。依据现在勘测出来的遗址面积计算，需要动用 6 万多立方米的土方量才能垫起来。在没有大型机械的年代，这无疑是一件浩大的工程。但是古人巧妙地利用龙首塬上的天然地势，将原有的土皋作为宫殿的基址，既减少了土方量，也达到了坚实地基的目的，可谓一举两得。大明宫北部处在龙首塬结束的位置上，地势低洼且起伏不平。于是，古人便利用这里建造园林区，在低洼的地方开挖太液池，挖出的土堆积池中，建池中的蓬莱之岛。为了达到风水上所说"流速平缓，蜿蜒屈曲"的吉祥寓意，太液池中的水也利用地势形成流动的活水——来源于地势较高的龙首渠，再沿着地势较低的地方由暗渠排出。太液池的四周有起伏的地势，当然可以采取种草栽花的办法来填充布置，既节省又见效快。但是，这样的做法显然不是皇家的做派。古人采取的是依地势起伏建造亭台楼阁，再用回廊将其进行连接，形成以太液池为中心，沿地势婉转起伏的景观带。如此巧妙的因地势布局，宫殿区高大整齐，园林区随意自然，整个宫廷区形成了随地势起伏的自然分布。另外，大明宫中的各式树木花草也不是随意栽种的，而是根据不同的功能区分来进行搭配。据学者考证，丹凤门至含元殿间以槐树和柳树为主；宫殿区以竹子和松柏为主；后宫御苑区的植物种类更加丰富，除了柿树、石榴、梨、桃、杏等，还有樱桃、橘、葡萄等外来的果木。另外，文献和诗歌中还提到有竹、柳、玉树、石楠、荷、紫荠（芦苇）、雕葫（菰米）等植物。[1]可以说，当年大明宫中蕴含着的气势，绝不是某些建筑造成的，而是古人巧妙地利用地形地貌，因地制宜，在构建人与自然和谐关系过程中产生的整体效果。

其三，借助人和之气。相传为黄帝所著的《黄帝宅经》中将建筑与人的关系作了这样的解释："故宅者人之本，人以宅为家。若安，即家代吉昌；若不吉，即门族衰微。"[2]从文字风格上就可以断定，这样的文字不可能出自黄帝时代，但是其中对宅人关系的理解却在中国历史上源远流长。借黄帝之口说出来，不过是"拉大旗作虎皮"，是历来的文人常用手法。的确，在中国历史上，大到城池，小到宅院，宅与人的关系至关重要，备受历朝历代建筑师的重视。所谓"人和之气"不是单指居住者之间的关系要融洽，而且还包括与祖上的建筑思想，与当地住民的关系等方面的和谐。由于大明宫是帝国的权力中心，也是彰显皇权尊严的地方，所以，营造时处理好这些关系，体现人和之气就显得尤其重要。

在对祖上建筑思想的遵循上，大明宫里的建筑一改曹魏以来横向一字式的布局，而是严格遵守《周礼》的"三朝制"，前朝后寝，建筑统一坐北朝南，纵向排开。南部宫殿区的主要建筑都设在中轴线上，其他建筑也严格按照左右对称来布局，对主要建筑起到烘托与陪衬的作用。沿袭旧制，采取合院的布局模式，前朝设三大殿，丰富了建筑空间的层次，同时也使各殿的功能区分更加明确。三大殿之间的距离也经过了精心设计，与龙首塬上的地势相吻合，大殿之间的距离逐渐缩短，层层逼近，推向高潮，体现出中国传统建筑所追求的韵律感。这种合院式的宫殿布局模式一直被后世延用，今天，在明清皇家建筑故宫里我们仍然可以看到痕迹。

[1]　王璐艳，丁超，刘克成.诗考唐代大明宫的园林植物 [J].中国农学通报 2011(8): 252。
[2]　于希贤.中国风水的理论与实践 [M].北京：光明日报出版社，2005。

　　大明宫虽然建在长安城外，但和长安城的联系却十分紧密。从空间上说，大明宫的南部实际上与长安城只有一墙之隔，相互往来十分方便。从心理上说，皇帝与百姓之间并没有遥不可及的距离感。站在大明宫的含元殿上，长安城街市的景色尽收眼底。"普天之下，莫非王土；率土之滨，莫非王臣"的帝王理念会得到现实的体现，让帝王们获得与民同乐的满足感。在含元殿向南方远眺，还可以看见城南巍巍耸立的大雁塔和小雁塔。这种大跨度、远距离的"借景"，也为大明宫增添了丰富的人文气息。

　　通过以上的探讨我们不难看出，宫殿的高大和占地面积的辽阔仅仅是大明宫的外在表象，其中的宏大气势更直接来自那些由空间构筑起来的文化场效应，而构筑出这种场效应的直接根源，在于设计师立足于天地人和的崇高立意，更在于建造者一丝不苟的精心施工。这样一来，这座宫殿不仅在外观上布局严整、富丽堂皇，给人以视觉上的吸引，更将华夏建筑文明通过选址、布局、造型等等环节形象地体现出来，给人们以心灵上的震撼。当然，要达到这样的建造水平，绝不是等闲之辈所能为。据纪录片《大明宫》的导演金铁木介绍，大明宫的总设计师极有可能就是唐人阎立本，一位以善画帝王而著名的画家。这种猜测起码透露出一种历史可能：只有能够画出像《步辇图》那样名画的人，才可能担当起为帝王设计宫室的重任。因为只有这样的人，才可能具备画工纯熟和精通帝王文化的双重本领。

二、"气"的消解

　　对人工景观而言，营造出"大气"的效果并不是一件容易的事，需要一定的形式，更需要内容上的跟进。于是，不管是《雅典宪章》、《威尼斯宪章》那样的世界性章程，还是国内围绕《文物保护法》而制定的有关历史名城、古村落、古遗址的各种文件，都明确地将文物古迹的美学和历史价值列为重点保护内容。历史上的大明宫所以能够产生"九天阊阖开宫阙"的魅力，形成让人为之倾倒的气场，与其中所蕴含着的美学和历史价值有直接关系。可是，变成遗址公园的大明宫外在不可谓之不大，花费不可谓之不多，然而却与公众的期待相去甚远，屡遭质疑和非议。那么，究竟是什么原因造成了这处重造的遗址在空间上"大"而无"气"了呢？

　　其一，顾此失彼，忽视遗址环境。如果不算拆迁，大明宫遗址工程从开工到迎客，前后也就一年时间。尽管调动了全套的现代化施工设备，但是这种速度型的施工难免顾此失彼，留下遗憾。作为遗址，许多建筑场所史书中都有所记载，现场有迹可循，共同积淀成了这里的历史内涵。今天的公园里看不到曾经的琼楼玉宇是可以理解的，但是如果连遗

图 8-17　在大明宫遗址公园中，大面积的草坪和周边森林一般的现代化高层给每一位参观者都留下深刻印象

址上的历史感都没有了则是无论如何也说不过去的。然而，问题恰恰就出在了这里。遗址区不仅没有恢复一座完整的古建筑，四下的环境更是一片空旷（图8-17）。历史上的大明宫最初是作为皇室避暑的夏宫，后来作为高宗避免风痹病痛的新居，这就意味着，大明宫的建造立意并不只是为了办公和居住，还带有颐养天年的意思，其居住环境应该是非常讲究的。可以推想，大明宫当年的人居环境应当几近完美，不仅体现在营造上，比如地势开阔、水源洁净、殿堂错落、曲径通幽等等，还可以体现在环境上，比如花样繁多的植物、精心构造的景观、花丛水中的小动物和昆虫物等等。建造的空间与周边的环境相呼应，自然会使居住者获得心理上的安适与满足。

如果说在遗址上再造宫殿群有一定破坏性，那么，通过种植花木、营造景观、构筑辅助性建筑来恢复当年的环境却是可以做到的，而且通过环境的恢复也可以给这些宫殿遗址提供气氛，起到再现历史的效果。遗憾的是，大明宫遗址公园中，只有几处用砖石垒砌围合加固的基址显示着古迹的身份，而周边的环境却并没有作相应的处理，仅仅是种植了大片的草坪而已，移植来的树木都被修剪了树冠，只剩下光秃秃的树干，既不能满足游客乘凉与遮阳的需求，也没有起到美化环境的作用。后宫本是园林区，尤其是太液池周边的山水，给园林设计者营造古典园林提供了多种可能，起码也应该是花草树木最繁盛的所在，可是这里仍然只栽种了几十株柳树和雪松，地面仍然以草坪覆盖为主，数量和品种都很有限，远远达不到美化环境的效果，自然也就无法再现大明宫中皇家御苑的气派了。

其二，少而无当，新建筑外形单一。后现代建筑设计以"少就是多"为旨归，喜欢以简单的造型和材料完成建筑，实现功能，像21世纪初期出现在北京的奥运场馆，上海的世博建筑，不少都是这种设计思想的结晶，与中国传统以"物相杂故曰文"的传统审美习惯大相径庭。以建筑为例，历史上，越是高贵的建筑，在造型式样、装饰色彩和所用材料上就越会显得复杂多样，反之，平民百姓的建筑才会尽量简单，不能僭越。以开放著称于世的唐代社会，审美风尚更是趋于多元化。这一点不仅表现在诗歌创造风格的多元化，服饰装扮的丰富多样，更表现在建筑领域，出现了以大明宫为代表的宫殿群。

瓦当

连当筒瓦

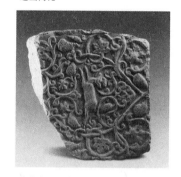

葡萄鹿纹方砖

鎏金铜铺首

螭首

图8-18 大明宫遗址出土的部分建筑构件

大明宫中的麟德殿就因为其造型复杂、做工精致而著名，被誉为中国古代建筑史的杰作。三清殿遗址中发现的绿色琉璃瓦、蓝色琉璃瓦、三彩瓦和染色石雕，更证明了大明宫建筑的瑰丽色彩。另外，从大明宫博物馆里展示的出土铺地方砖就有菱格草纹、九格草叶花、葡萄瑞兽、莲花纹、团花纹等等图案，足见当年这里建筑的讲究程度（图8-18）。可是，作为遗址公园的大明宫，这些讲究已经难寻踪迹，整体效果上也换成了另一番景象——通体棕黄色的丹凤门，门内数千平方米的黄色御道连接各个景点的黄色地板……且不说黄色本身就和丹凤门的方位色彩相冲突，因为风水文化中将南方比喻为"红"；也不说大面积的黄色会使人们联想到沙漠景象，因为两者之间确实存在着某种契合，从科学性和历史性上看也有说不过去的地方——从科学角度来讲，大面积的单色调会给人的视觉造成疲惫，出现厌倦；从历史角度来讲，皇家建筑当然会有所忌讳，而黄色在唐代恰恰属于平民色。看来，"少就是多"的设计思路，使设计者在自觉或不自觉中回归了现有的设计习惯，将自己的意志强加了古人，不仅改变了大明宫的外观效果，也使这处皇家遗址与中国传统文化之间出现了天壤之别。

　　微缩景观的出现可能改变这种情况，因为这里的工作量到底要小得多，也更有条件走精细化的路子，以画龙点睛的方式把大明宫多元化的美学特征比较符合历史地展示出来。可是，这里的模型统一加工，如出一辙，效果同样是单调的：所有的建筑模型都被漆成白墙黑瓦，所有院落的地面都是青砖铺路，加之黄色的地面，鸟瞰的效果是黑、白、黄三色一体。如果细看时会发现，造型完全不同的两个建筑模型，屋檐下采用的斗栱数量和样式却是一样的，完全没有考虑到建筑体量与斗栱之间的关系。更有意思的是，微缩景观的最南端也有丹凤门，不过，与实际矗立在景区门口的比较，在颜色、造型上却并不统一。

　　遗址公园的基本功能是将古代社会的美学风格和历史风貌再现出来，给人们提供一个瞻仰学习、抚今追昔的场所。看来，大明宫遗址公园的设计规划者确实仓促了，在没有搞明白中国社会尤其是唐代社会审美文化特征的情况下，就按照已有的习惯构思设计大明宫中的大小景观了，最终的结果不是在少中取胜，而是因为脱离了中国文化背景而事倍功半，在少而无当中削弱了遗址公园的文化感染力。

　　其三，细节缺失，粗犷中见粗糙。尽管我们已经无法知道历史上大明宫的"庐山真面目"，但是，皇家所在地的特殊身份，决定了这里的所有建筑现象都会是当时技术与艺术最高水平的体现，绝不可能是粗制滥造的结果。细节体现功夫，细节决定效果，这是艺术创作的基本规律，也是这座皇家宫殿拥有无穷魅力的关键。时至今日，我们仍然能从遗址中发现的砖雕、石雕、鎏金兽首、三彩筒瓦中体会到大明宫昔日的建造水平与艺术风采。毕竟，这里是王朝的中心，只有精工细作才可能体现技术水平，获得艺术效果，耐人寻味，令人敬畏。更何况唐王朝不仅有这方面的经济实力，也有这方面的智慧和经验。变成遗址公园的大明宫中却很难体现这样的技术和工艺水平。因为，3.2km^{2}的土地上，除了一些大面积的工程造型，很难找到一些出彩的细节。例如：大明宫遗址公园中的含耀门，就完全是用钢架勾勒出了一个双门洞造型，建筑的细节根本无从谈起。紫宸殿、宣政殿等遗址上，也只是造了一些柱子、斗栱、梁架、额枋，勾勒出了大殿的部分轮廓，空缺的部分则通过种树和修剪树冠来进行填充，充其量只是个大概轮廓。含元殿遗址是一座青砖包裹的土堆，有高大的体量，却无细节可言。这样一来，整个景区一览无余，难分主次，更谈不上景观设计上的跌宕起伏，形成韵律。从历史文化的角度看，普通民宅以使用为主要目的，通常不会在建筑的细节上花费太多心思；而大明宫是皇权的象征，具有特殊的象征意义，不仅要满足使用功能，更要体现皇权至上的思想，显示身份地位的特殊性。因而，不仅这里的建筑在造型和工艺上会不同凡响，园林景观的营造上也会煞费苦心，在奇思妙想中出奇制胜。而要达到这样的效果，细节是无论如何也不能少的。

可以说，到访大明宫遗址公园的人所以会感到空旷无味，一个很重要的原因是因为这里没有细节。在艺术创作中，细节可以显示艺术家的功力和造诣，也可以为作品增加精彩。在一定程度上说，遗址公园也是一种创作，一种更有规模的创作，如果没有细节，不仅会影响景区的美学效果，也会影响景区的历史真实性，无论投入多少人力、物力，都只会事倍而功半。

三、传承与异化

建筑是有精神的。这种精神看似无形，却可以以一种无所不在的方式呈现出来，打动人心。1797 年，当拿破仑以占领者的身份来到威尼斯，身临圣马可广场时，面对广场上的建筑，这位所向披靡的将军竟然深深地弯下了腰。在学者眼里，这是因为圣马可广场上的建筑以"灿烂的文化成就征服了百战百胜的将军"[1]。的确，优秀的建筑是具有征服力的，西方将其称之为"场"，中国将其称之为"气"。随着时间的推移，建筑的外形会发生变化，人们在维护时也会采取一些新技术和新材料，打上新的时代烙印，但是，负责任的修复会千方百计地研究这些建筑的基本精神，使其得到尽可能真实的保存，做到形神兼备。像罗马的斗兽场、北京圆明园的大水法都仅剩下一些残垣断壁，但是从那些依然排列的拱圈上，雕刻精美的石柱上，我们仍然能够感受到这些遗址上曾经的华丽与神采（图8-19）。也就是说，这些地方尽管已经成了废墟，但是当年的时代精神并没有消失。一般而言，越是优秀的建筑，就越可能集中所处时代的基本精神，形成文化焦点，而且随着这个时代的一去不返而显得越发珍贵。只要这种文化信息得以保存，即使建筑

图 8-19　圆明园的大水法遗址，尽管已是残垣断壁，但雕刻精美的石柱却仍旧可以透露出这里曾经的辉煌

---

[1]　陈志华.外国建筑二十讲[M].北京：生活·读书·新知三联书店，2004。

的外形残破受损，依旧可以神气不灭。可能正是出于这样的认识，当年的建筑学者才提出了"修旧如旧"的思想。

众所周知，中国传统建筑以土木石为材料，不仅可以就地取材，易于加工，而且可以使建筑材料取之于自然，回归于自然，形成生态循环。材料的周而复始，如同生命的新陈代谢，使建筑具有了生命属性，成为追求生生不息的中国传统文化的重要组成部分，也凝聚为中国传统建筑独有的"气场"。在对古遗址的维护过程中，当然允许使用现代科技和现代材料，但是要以不改变古遗址的独有"气场"为原则。纵观大明宫遗址公园，几乎全部都是使用现代材料加工制作的，不仅掩盖了所恢复工程的历史信息，也与遗址上的遗存物之间形成了反差，如同硬生生地"安装"在了古遗址上。比如在大明宫遗址修复工程中被大量使用的轻型混凝土装饰挂板，尽管外表被处理成平行线式的夯土肌理，可带给人的视觉感受却是生硬的，和土地的自然肌理完全不同。新修建的丹凤门上，斗栱、屋面瓦及栏杆构件全部采用铝镁锰合金制作，替代了传统的木头，加之周身刷的是同颜色的油漆，不要说木材的质感没有了，传统木作的层次感也没有了。合金材料、新型板材以及混凝土的大量运用，古遗址原有的"气场"必然会受到冲击，成为异质文化的牺牲品。

1972 年 11 月，联合国教科文组织大会第十七届会议专门提出了《关于国家一级保护文化和自然遗产的建议》，其中第二十三条就明文规定："对文化遗产所进行的任何工程都应旨在保护其传统外观，并保护它免遭可能破坏其与周围环境之间总体或色彩关系的重建或改建。"我国新修订的《文物保护法》中也将"保护文物的安全"作为原则提出。[1] 不客气地讲，大明宫遗址工程中的许多项目都超越了这些精神。比如，通体铆焊起来的丹凤门更像是一尊大体量的钢制作品，而不是历史上的古建筑；含耀门的遗址修复工程，就是一个现代化的钢结构的双拱门造型；简单的草坪覆盖，更将皇家遗址变成了开阔的空地……凡此种种，对原来遗址上的历史信息不是加强，而是消解，与中国传统的建筑文化几乎没有任何血缘关系了。

"如日之升，则曰大明。"唐人在苦心营造大明宫的时候，也给予了这座宫殿美好的祝愿，希望这座宫殿犹如一轮上升的太阳，将唐文化的光辉传播四方，直至万代。因此，这座宫殿在布局规划、建筑设计、景观装饰、植物配置等等方面都精益求精，力图实现与天地并存的崇高立意。随着时代的演进，留在土地上的建筑可以土崩瓦解，但是，留在心灵中的历史记忆却不能土崩瓦解。这是我们这个民族所以能够生生不息、绵延不绝的根本原因。古遗址是华夏文化的凝聚地，尽管破败衰朽，但却是华夏文化气场最浓的地方。在恢复古遗址的过程中，"气"存，则形损而神不灭；"气"散，则形神俱损；而"气"一旦被异化，那么，遗址也会脱离传统文化的轨道，打上异质文化的烙印，具有了让人哭笑不得的性质。所以，将大明宫的精气神传承下来并不是一件容易的事情，不仅有工程设计问题，更有历史传承问题，考验着我们的设计水平，也考验着我们是否具有担当历史的责任意识。

---

[1]　张松.城市文化遗产保护国际宪章与国内法规选编 [M].上海：同济大学出版社，2007。

作为一种文化符号，地球上再没有什么东西可以像古遗址那样充分地承载一个民族的智慧和力量，表现出一个民族的固有属性。这一点在中西方文化的比较中表现得尤其明显。从存留数量和质量上看，西方的古遗址主要集中在宗教方面，以教堂神庙为代表；中国的古遗址主要集中在权贵方面，以宫殿陵寝为代表。表面看来，教堂神庙的材质、造型、工艺以及装饰效果都与宫殿陵寝迥然有别，表现出鲜明的宗教文化特色。从深层次上看，建造教堂神庙与建造宫殿陵寝也会承载不同的社会心理，形成不同的建造意识——前者是在为神而建造，心理上自有一番神圣；后者是在为权贵而建造，心理上自有一种卑微。神所具有的永恒和至高无上性，使人们几乎是无条件地产生遵从意识，不会对其产生丝毫的怀疑与猜忌；权贵则不具有永恒性，人们对权贵的尊重和敬仰会随着权力的转移而转移，带有很强的不确定性。于是，与西方日月阳光、山川河流等永恒性的东西均由神造不同，中国的皇权统治则带有"江山代有才人出，各领风骚数百年"的不确定性。对于永恒性的东西人们是敬畏的，即使是在彼此仇杀的战争中，像教堂神庙这样的地方也是不敢轻易下手的；对于少数权贵享受的东西人们从骨子里是仇恨的，只要有起义或变乱，烧殿毁陵的事件便时有发生。

这样的文化背景尽管已经十分遥远，但是也会像基因一样遗传不休，影响到后来的人们如何对待古遗址。具体来说，在城市化进程中如何对待古遗址是一个世界性问题，国际社会也制定了应对措施来减少城市化对古遗址的威胁，并形成了比较成熟的文本的和实际的经验。我国的遗址保护措施也基本上依照国际惯例设置。但是，法规的约束与传统习惯之间到底不是一回事。通过实地勘察不难发现，有着古都之称的西安在唐遗址工程上显然没有按照国际惯例行事，而是在另辟蹊径。和国际惯例比较，西安在古遗址上的做法存在着哪些症结呢？

城市品评

——以西安为例看异化的城市记忆

第九章 症结探究

平心而论，不管是"世界文化遗产"概念的提出，还是围绕保护这些遗产的公约、条例的制定，都是在人类共同财富的层面上来认定文化遗产的，意在突出遗产的永恒性；与此比较，我国对文物古迹的认定却有所不同，不管是 20 世纪 30 年代提出的《古物保护法》，还是 21 世纪新修订的《文物保护法》，我国都将文物视为"国家共有物"[1]，而很少涉及文物的人类学意义，突出的是遗产的地域性。不同的定位自然有其不同的理由以及政治、经济和信仰方面的依据，于是，所产生的结果也势必不同——将文物视为人类的共同财产，犹如给文物增添了宗教色彩，当然也增加了几分神圣；将文物视为当地的一种所有物，文物自然也就成了当地的一种资源。面对神灵与面对财富，人们也肯定会采取截然不同的两种态度，直至表现在具体的保护行动上。与国际上通行的古遗址保护公约和条例比较，西安不仅没有将唐遗址的价值提升到人类共同财富的高度来认定，在目标设定、方案设计、施工过程和质检验收中都存在着以下几方面的问题。

第一节 标准的缺失

联合国教科文组织第十七届会议通过的《保护世界文化与自然遗产公约》中明确地将"历史、艺术和科学"作为文化遗产的三大属性，明确了保护文化遗产是有明确目标和标准的。也就是说，所谓保护，就是使遗产本身所拥有的历史性、艺术性和科学性得以留存。这是保护遗产的目标。同时，衡量遗产保护的水平如何，也要视遗产原有的历史性、艺术性和科学性保存的程度而定。依照这样的标准，凡是以保护为目的的行为，最终结果都应当以经过保护后的遗产是否存留下了更多的历史记忆、更好的艺术表现力、更有说服力的科学信息为旨归，使遗产上所承载的各种文化符号得到较为完好的体现。正是出于这样的定位，20 世纪末，日本人在修复奈良唐招提寺中的"金堂"过程中才那样小心谨慎，一根根木料、一块块砖瓦地去精心处理，唯恐因为某个细节上的闪失而损害了这座建筑的历史信息，尽力给子孙后代一个真实的交代。为了达到这样的目的，一座建筑的修复从论证勘测到资料翻阅，从方案的制订到反复修改，从材料的选用到工艺的确定，从局部施工的严格要求到整体建成后的全面检验，前后整整耗用了 10 年的时间，最终达到了增强整座建筑"历史感和精密度"[2] 的效果，为世界上完好保存唐代建筑文化提供了一个典范性的工程。

西安唐遗址上的一个个工程肯定也会有从论证立项到方案制订，从材料选择到施工

---

[1] 苏勇 . 论民国政府时期的文物法令与文物保护 [J]. 文博，1991（2）。

[2] 中央电视台新闻调查，2010 年 10 月。

验收等等环节，但是，比较起来，论证立项中是以社会效益为主还是以经济效益为主，设计方案制订时是以时尚为主还是以历史为主，材料选择上是以现代为主还是以传统为主，验收检查中是以功能为主还以文化为主……尽管我们没有看到这些方面的第一手资料，但是，从已经完成的一个个实际工程中，不管是处于专业眼光还是出于冷眼旁观，答案都是不难得出的。

仔细浏览五个唐遗址工程的网站，我们会发现一些规律性的东西。首先，每个网站除了安排了大量文字对遗址本身历史价值进行介绍外，同时也都会谈到投资情况。21 世纪初年的大雁塔北广场工程是 5 个亿，最近建成的大明宫遗址公园是 120 个亿，投资额越来越大。其次，随着资金量的增大，遗址周边的土地征用面积也越来越大，从最初大雁塔北广场的总占地近 1000 亩，到后来大明宫遗址公园的 3.2km^2（近 5000 亩），如果再加上所征用土地周边卖给开发商的部分，实际占用的土地面积则远远超过遗址本身的几十甚至于几百倍，"以遗址换土地"的格局十分明显。再次，大量的资金最终不是落实到遗址维护上，而是落实到了遗址周边环境的改造和扩建上。结果是，遗址本身"江山依旧"，而遗址的周边环境却"旧貌换新颜"。遗址在成为招财进宝的招牌之后，很快便与周边的环境之间形成了鲜明对比。由于遗址自身在规模和外观上都无法与环境抗衡，反倒成了陪衬，显得不合时宜了。这样看来，西安的遗址工程带有明显的资本运作的性质，有招商引资，有广告炒作，有土地交易，有从中渔利。所不同的是，其他的资本运作靠的是资本持有者自己的经济实力，而这里的运作则是围绕古遗址展开的，带有明显的国有性质。更值得注意的是，这样的模式，不仅利用了古遗址的国有性质，而且从根本上改变了古遗址的发展路径，使其不再是按照历史的轨迹运行，而是按照市场的需要经营，社会效益自然也只能给经济效益让位了。

在金钱至上的社会环境中，这样的运作方案往往与一个城市的 GDP 相联系，当然是具有诱惑力的，很少会受到质疑或阻拦。按照现行的法律程序，凡是围绕古遗址展开的工程都需要报上一级政府批准，这本来仅仅是一个工作程序问题，充其量是增加了该项目建设的合法性。但是，深谙中国目前市场经济运作规则的经营者们，经过各种方式使古遗址工程成为重点工程，带上官方色彩。这样一来，当然可以为遗址工程的顺利进行大开绿灯，征地、搬迁、设计、施工和验收都具有一般工程不具有的便利条件。如何征地搬迁的事情我们不熟悉，也没有发言权，仅从现场看到的基本状况反映出设计和施工中的粗糙，就足以发现这种运作模式中的种种漏洞。从空间环境上看，围绕古遗址展开的设计几乎都缺乏有力的历史依据，有些甚至还出现了张冠李戴、捕风捉影、主观臆断的问题，反映出设计人员在设计之前并没有对历史材料作深入的研究，更谈不上认真消化吸收，仅靠一些笼而统之的历史记忆就敢于大刀阔斧地挥洒开来。从工艺和选材上看，五大遗址工程上所使用的工艺和材料不要说遵循传统，可以说连这方面的意识都没有。用钢筋水泥浇筑建筑主体，用合金材料铆焊景观造型，用铝合金玻璃做门窗、用切割石材铺设地面，用大面积的草坪铺盖空地等等做法无处不在，已成常态，根本无法区分古遗址上的工程与一般的建筑工程施工到底有哪些不同。脱离了历史性、艺术性和科学性，古遗址上的设计施工也就等于没有了标准。由于是重点工程，肯定会引起社会各界的关注。当视察的领导为日新月异的进度而欣慰，新闻媒体被迅速拓展的工程而兴奋，普通百姓为这种"深圳速度"兴高采烈的时候，业内的人士一眼便可以看出，如此做法，无非是为了省时省料和便于加工，做到在最短的时间内，以最小的代价完工。

马克思当年在研究市场经济的基本规律时说过："一旦有适当的利润，资本就大胆起来。"[1] 如果说马克思是问题的发现者，那么法律工作者则是问题的解决者。随着市场经济的普及，世界各国都逐步建立起来了法律监控机制，对各种经济活动进行指标监控，以保障产品质量的过硬和市场运行的公正，在制约中规范人们的经营行为。尽管如此，与活跃的市场经济比较，法律建设仍然是滞后的，尤其是按照法律行事的意识养成。20、21 世纪之交前后是我国法律法规建设最快的时期。尽管如此，法律建设与市场经济之间仍然存在着较大的距离。这一点在文物保护方面表现得尤其明显。比如说，重文物硬件方面的保护，轻文物软件方面的保护；重文物本身的保护，轻文物环境方面的保护；重馆藏文物的保护，轻开放性文物的保护。这种一手硬、一手软的情况在古遗址保护和利用方面表现得尤其明显。遗址的文物性质是毋庸置疑的，谁也不敢轻举妄动。但是，如果遗址周边的气氛和环境被彻底改变了，那么处于开放状态下的遗址本身也就失去了原有的依托，所承载的历史性、艺术性和科学性也会大打折扣。在一定程度上说，即使遗址本身没有被破坏，仍然会有"皮之不存，毛将焉附"之虞。在世界范围内，不少国家制定了对遗址周边环境进行保护的明确法条，从整体上保护遗址的文化属性不被破坏。我国在这方面也有一些地方性法规出台，如西安市继昆明、福州和广州之后，于 2002 年也出台了《西安历史文化名城保护条例》，明确提出"按照历史文化名城保护的要求，严格控制建筑的高度、体量、色彩和风格"，[2] 试图在空间环境上保护古城固有的历史气息。尽管从实际情况看并不尽如人意，超高型、大体量、杂色彩的建筑只能说得到了一些遏制，并没有根本性的改变，起码也能表示出决策者对古遗址周边环境的保护态度。五大遗址工程的情况则截然不同，这里不但在周边环境上不设防，对遗址本身所呈现的历史信息的真实性也带有很大的随意性，基本上处于没有衡量标准的状态。于是，遗址成为了景观，景观带动着地产，遗址应有的文化性质也质变成了经济性质，本应受保护的遗址也成了为当地经济提供服务的一种生产力。

从社会学的角度看，一种行为被强化到一定程度的时候，本身就带有了行为规范的意义，而不再受其他因素甚至是法律法规的制约。这是一种近乎于"特权"的状态。的确，经过近十年的经营，五大遗址工程不仅改变了遗址所在地的环境，改变了遗址本身的文化属性，最重要的是也改变了人们对古遗址的评价标准和实际态度——如何从祖先那里获得利益，并根据获利大小来评价遗址的价值。在这样的评价指标中，人们对遗址的态度也从无条件变成了有条件，从恭敬变成了利用，那些不会利用遗址搞开发盈利的行为反而变得不合时宜了。

第二节　文化实力的不足

如何对待祖先的遗产，考验着后人的经济水平，更反映着后人对祖先的态度，从总体

---

[1] 卡尔·马克思.资本论 [M].南京：江苏人民出版社，2011。

[2] 张松.城市文化遗产保护国际宪章与国内法规选编 [M].上海：同济大学出版社，2007。

上反映的是后人的文明程度，是一种文化实力的综合体现。这种情况，对一个家庭而言可以用"孝"与"逆"来形容，对一个地区而言可以用"文"与"野"来形容。因而，文明程度越高，人们就会越发地重视保护祖先的遗存，并从这种保护中升华出民族情感，凝聚成自尊意识，派生出民族的向心力，同时也获得世人的尊重。英国人确实喊出过"宁可不要英伦三岛，也不能没有莎士比亚"的口号，犹太人面临亡国灭种大灾难的时候，一句"主与我们同在"竟能产生重生的力量。尽管谁也不会相信这些带有想象成分的情况真的会发生，但是有谁能够否定，英国人的绅士风度，教职人员身上的神圣气质，与他们以祖先为骄傲之间有着某种关系呢？中国历史上也不乏有着崇高信仰的仁人志士，在建筑界最典型的例子莫过于以梁思成为代表的老一代知识分子。1941 年梁思成在《为什么研究中国建筑》一文中就指出："近年来，中国生活在急剧的变化中趋于西化，社会对于中国固有的建筑及其附艺多加以普遍的摧残。虽然对于新输入之西方工艺的鉴别还没有标准，对于本国的旧工艺，已怀鄙弃厌恶心理。……中国建筑既是延续了两千余年的工程技术，本身已经造成一个艺术系统，除非我们不知尊重这古国灿烂的文化。如果有复兴国家民族的决心，对我国历代文物加以整理及保护时，我们便不能忽略中国建筑的研究。"[1] 显然，在梁思成心目中，古建遗址是与"古国灿烂的文化"联系在一起的，足以鼓舞起人们"复兴国家民族的决心，"因而其中的价值也是不可估量的，带有几分神圣。

基于对古迹遗址的如此认定，梁思成当年面对那些"努力对某些老式的建筑进行所谓的'现代化'，原先的杰作随之毁于愚妄"的事件才那样痛心疾首，发出了"搜集实物，考证过往……在传统的血液中另求新的发展"的呼喊。比较老一辈建筑学者的赤诚之心，今人的生活丰富了，心思也更复杂了。即使是早已衣食无忧的设计专家们，面对古遗址工程，尤其是面对工程后面所承载的种种诱惑，仿佛也很难进入平心静气的状态，踏踏实实地专心于"搜集实物，考证过往"，努力在自己的设计或规划方案中灌注更多"传统的血液"。这样的评判绝不是空穴来风，而是出自对五大遗址工程的问题发现，出自于这些工程设计者自我告白中流露出来的学识偏颇。下面以芙蓉园遗址公园的设计为例来说明这个问题。

一开始就打出"国人震撼，世界惊奇"广告语的芙蓉园，确实提出了"以唐代文化为内涵，以皇家园林格局为载体"的设计立意。立意来自于美好的愿望，但要把美好的愿望转化成现实则需要实力，仅有想象是不行的。对遗址公园的设计者而言，最需要的实力莫过于对所设计遗址历史背景的了解，以及这种历史背景所孕育出来的文化内涵的认定了。那么，在芙蓉园设计者心目中，唐代社会最基本也是最重要的文化精神到底是什么呢？设计者说，开始设计前，他们确实花了大量时间看了有关芙蓉园的"唐诗、地方志、已考证的历史文献等文字资料"，并且真的从中获得了设计的"灵感和依据"。有唐诗，有地方志，有文献资料，前期准备不可谓不充分，使人急于想知道，设计师从这些材料中到底提炼出了哪些最有代表性的唐文化内涵，以至于可能成为直接启迪灵感，完成设计方案的动力。设计者如是说："在这些文献资料中，我们从巍峨雄伟的南山（浮北阙以光定，写南山而翠横。唐·王勃），蜿蜒潺潺的山中溪流（泉声遍野入方洲，拥沫

---

[1]　梁思成. 梁思成谈建筑 [M]. 北京：当代世界出版社，2006。

吹花草上流。唐·卢纶），曲径通幽的竹林，十里连天的荷花州（露荷迎曙发，卓卓复田田。唐·姚合）等唐代文人所表达的优雅文化意境中去发掘设计构思的立足点。大唐芙蓉园就应该是体现这种盛唐文化渊源和精神意境的场所。"[1] 从这段文字中不难看出，巍峨雄伟的南山，蜿蜒潺潺的山中溪流，曲径通幽的竹林，十里连天的荷花州，就是设计者心目中的"盛唐文化渊源和精神意境"！众所周知，不管是自然山水，还是竹林荷花，绝不是唐代的独有，而是历朝历代直至今天的共有景物，这些自然天成的东西，怎么就成为了唐文化的渊源了呢？尽管在什么是文化的问题上众说纷纭，有两百来种答案，但是比较一致的观点是，文化是人创造出来的，只有被人加工，打上人的烙印的东西才有可能具有文化属性，那些纯然存在、与人无干的东西显然成不了文化，就好像水被加工成酒以后便出现了酒文化，而人们从来不把酒的原材料水视为文化一样。自然状态下的山水、竹林、花草只能是些客观存在的东西，具有物理属性，由于没有人为的因素进入，无论如何也不可能转化出文化价值来，更不可能成为一个时代的文化渊源和内涵。另外，有唐一代近三百年的历史中，有政治上的许多精彩，有经济上的繁荣振兴，有军事上的开疆拓土，也有"朱门酒肉臭，路有冻死骨"那样的社会矛盾，可以说件件都具有重要的文化价值，并载入了史册。但是，人文学者们还只是将这些当成中国古代社会中的常见现象，并没有把其中的任何一点拿出来视为唐代文化的代表。代表性的东西应该是独一无二的。依照这样的逻辑，最能代表唐代社会文化精神，并取得空前成就的，应当说非"诗"莫属。如果真像芙蓉园设计者所说，唐文化的内涵就是些自然山水和竹林荷花，那么，唐代达到巅峰的诗文化又应该放在什么位置呢？

看来，芙蓉园的设计者并没有真正把握到唐代文化精神的内核，仅靠一些粗浅的诗句阅读和一鳞半爪的见闻，就盲人摸象般地对唐代文化进行总结了。比较起来，梁思成在 20 世纪 30 年代完成中国古建遗址考察时则是另一种工作状态。1932 ～ 1937 年的 6 年间，梁思成一行的足迹遍布河北、山西、陕西、河南、山东、辽宁、江苏、湖南、浙江，测绘了这些地区 200 余处的古建遗址。为了做到精准无误，每次考察不仅要留下影像资料，还要测量建筑物的构件尺寸，绘出草图，最后绘制成精美的建筑图稿，现在清华大学档案管里还保存着 1898 张珍贵的图样。这些图样不仅清晰地勾画出了古建筑的外观轮廓、建筑主干和门窗柱式，还把梁架斗栱、出檐形式和屋内的主要摆件都一一作了描绘。从这些图稿上不仅可以看出绘制者对第一手材料掌握的丰富精准，还可以反映出获取这些资料过程中一丝不苟的工作作风。值得注意的是，如此投入的工作还让他们领会到了中国传统建筑所以千年不倒的技术奥妙，所以美轮美奂的真正原因，从深层次上加深了对古人营造智慧的理解，并在理论上提出了"建筑意"的思想，认为传统建筑之美不只在其形，更在于神，是一种"意境"的综合体。这样的认识，出于第一手材料，又不局限于第一手材料，极大地拓展了古建遗址考察的意义和价值。更重要的是，在身临其境和认真感悟中，老一辈的建筑学人在认识到了祖先聪明才智的同时，还萌生了由衷的崇敬之情。时至今日，我们还可以从梁思成《记五台山佛光寺的建筑》等文章中，从他看到应县木塔后给夫人林徽因的信件中，看到当时他们从古建筑上得到的心灵震撼："这是伟

---

[1] 历史名城视角下的建筑创作 [J]. 中国名城，2011（1）。

大的发现，不但是我们勘察所得唯一唐代木构殿宇，不但是国内古建筑之第一瑰宝，也是我国封建文化遗产中最可珍贵的一件东西。""这个塔真是个独一无二的伟大作品，不见此塔，就不知道木构的可能性到了什么程度，我佩服极了，佩服建造这座塔的时代，那个时代里不知名的大建筑师，不知名的工匠。"[1] 由建筑物到建造建筑物的人，由建筑物到孕育建筑物的时代，这种由表及里、由事及理的认知过程，必然会导致设计者由理智到心灵，由感性到理性的转化，派生出对传统文化赤子般的情感。

一般来说，建筑师都不是为了眼前设计的，而是要接受未来的评价，只要是所设计的建筑空间存在，来自社会的评价就不会终结。这种情况可以使建筑设计者获得好评如潮，也可以使建筑设计者被责备不断。前者给设计者力量，后者使设计者畏惧。因而，越是成熟的设计者，就越会在设计中有所顾忌，认真地面对每一次设计活动。应当承认，在学科壁垒严密，并将建筑设计归结为理工学科的社会背景下，让理工学科知识背景的设计师涉足传统建筑领域确实是一件极具挑战性的事情。传统文化培养出来的梁思成采取的是一种"知之为知之，不知为不知"的态度，投身现场，身临其境地去探查，一丝不苟地去学习，历尽千辛万苦，才给后人留下了经得起推敲的文字和图稿。当下的设计者处在完全不同的社会背景下，吃不了那样的苦，也没有了那种踏实，既不会沉下心去研究，也不会虚心地去求教，而是凭着已有的身份和经验，在望文生义中主观臆造。于是，这样的设计，由于文化实力方面的不足，所设计的建筑在体量、朝向、色彩，更包括材料、工艺等方面违背中国建筑的传统，在历史文化信息承载方面出现错误也就在所难免了。

第三节　文化难以承受之重

在中国历史上，"文化"一词由来已久。目前学界发现最早、使用最多的解释是《周易》上"观乎天文，以察时变；观乎人文，以化成天下"[2]的文字，其中的意思是：所谓文化关系到"天文"和"人文"两大部分，显然有大而无形，无所不在的意思。但是，这些存在于天地之间的东西又看得见、摸得着，就存在于我们的身边，完全可以以具体的事件表现出来，使人通过观看获得具体的感受。这样看来，被称之为"文化"的东西也并不神秘，不过是人们在生产和生活过程中留下的一些符号而已，小到个人的生活习惯、穿衣戴帽、举手投足，大到一个民族的宗教信仰、生活传统、历史演变。可以说，日常生活中，我们就是通过生活习惯、穿衣戴帽、举手投足来判断一个人的文化修养情况，通过宗教信仰、生活传统、历史演变来判断一个民族的文化属性，这是从表象上看文化。对现实的情况进行归纳总结，便形成了有关文化的科学。从科学的层面来研究文化，必然会涉及文化的定性、分类、价值和历史演变等等问题，形成文化学。以古遗址为例，从现实的层面看，这里承载着一个民族的宗教信仰、生活传统和历史演变情况，其重要性几乎尽人皆知，无人怀疑。但是，从学科的层面看，问题就复杂了——被称之为文化的现象所承载的信息有优劣之不同，有先进文化，也有落后的文化，这是从性质上看。

---

[1]　梁思成、林徽因八集电视纪录片。

[2]　袁立. 易经 [M]. 武汉: 武汉大学出版社，2011。

从构成上看，被称之为文化的现象由不同要素组成，形成不同的层面和分类。比如，反映一个时代的生产水平情况，构成物质文化层；反映社会组织情况的，构成制度文化层；反映生活习俗情况的，构成行为文化层；反映观念情况的，构成心态文化层。从发展上看，被称之为文化的现象所承载的信息是随着时代演进变化的，有一脉相承之处，也带有鲜明的时代属性。于是，每个历史时期会因为物质生产水平、管理制度建设、人们的行为习俗和社会审美心态等方面的不同，形成独有的文化特质。

这样看来，着眼点不同，对文化的解读也不会一样。从表象上看问题，文化就是生活，是不同时期、不同人物留下来的行为符号，由于年代久远，这些符号带有了新奇性，其价值不过是供人观赏把玩罢了；从科学上看问题，文化有先进和落后之分，也有丰富的内涵构成，更能反映出一个人、一个民族或一个时代的精神情况。面对古遗址这种文化现象，是大而化之地一概而论，还是当作一个严肃的事情来对待，抱有不同目的的人们会得出不同的答案，作出不同的选择。现在的问题是，在如火如荼的城市化进程中，遗址保护往往被注入了更多人为的东西，与政绩、经济甚至是民生联系了起来，于是就显得更加严峻，也更加复杂。

首先是与政绩相联系。政绩是用来衡量政府或者权力机构在任期内作为情况的一个指标。政绩如何往往会影响到从政者的前途，于是，力争在任期内有所作为，是每一个有事业心的从政者或权力部门的共同愿望，实在是一个再正常不过的事情了。不过，在目前的社会条件下，权力对技术的绝对领导地位往往会左右技术，直接影响到工程的各个环节甚至是整个走向。比如说，某个级别的重点工程，往往会比其他普通工程在土地审批、资金投入、开工时间甚至工程验收方面得到更多的优惠政策。这种情况在给一些工程带来实惠的同时，也实际地带上了官方色彩。在实际操作中，这种工程在进度、工期以至规模上显然要考虑官方的需要。

其次是与经济相联系。遗址工程之所以比其他工程更容易受到重视，其中一个重要的原因是与带动当地经济发展紧密联系。在发展才是硬道理的社会阶段，有所投入并有所回报，无疑是一种非常理想的状态，是任何投资人都急于想达到的理想状态。尤其是像建设遗址公园这样的工程，遗址本身所具有的社会影响力，一次投入长期回收的稳定收益，文化工程所具有的良好口碑，都是其他工程所不具备的，为商家的广告宣传，吸引资金，树立企业形象等方面提供了极好的机会。因此，五大遗址工程所进行的招商工作每次都进行得十分顺利。当然，这种带有明显商业开发性质的遗址工程，理所当然地也会将商业运作模式引入其中，在设计理念、施工过程、材料选择，甚至于工程周期上不得不按照利益最大化来进行，使遗址工程从上马的那天起，就不得不考虑投入产出、资金周转、效益多少等问题，要更多地考虑市场的需要。

再次是与民生相结合。对于西安这样一个有着千年建都史的城市来说，任何一个土木工程都可能涉及古遗址，当然，任何一个古遗址周边也都会涉及现代用房问题。这种情况可以说一直困扰着古城的建设与规划，是现代建筑给古遗址让位，还是古遗址给现代建筑让位，两者之间的博弈关系一直存在。自西安成为中国历史文化名城之后，根据《文物保护法》、《历史文化名城保护规划规范》，西安也制定了相应的保护性的法律法规，对城墙内建筑在高度、体量和色彩上有所约束，对城墙内古遗址的周边环境进行了一定规范，尽量使古城的风貌得以保存。但是，城墙以外的古遗址则是另一种情况。五大遗址中不乏国家级文物保护单位，但是，周边的地产项目几乎都在无节制地建设，形成高层建筑包围古遗址的局面。造成这种情况的一个重要原因就是改变古遗址周边的居住条件，使当地的老百姓收益。这种充满民生气息的理由确实很有力，极大地改善了古遗址周边的居住环境，拓展了西安市区的面积。

经过这样的梳理不难发现，五大遗址工程中附加了太多的人为因素，"保护"仅仅是众多因素中的一个。如果再作进一步的比较我们还会发现，在上面所列出的几个因素中，政绩可以给一届政府带来光彩，经济效益恰恰是开发商所追求的，改善住房条件更会使当地的百姓欢欣鼓舞，唯独遗址保护基本上带不来立竿见影的效果，是个不着四六的因素。在这样的运作过程中，怎么保护和如何保护已经不是一个简单的文化问题，而成为了一个附带着政治、经济和民生的混杂体，不堪重负。在这样的氛围中，设计师无心沉下心来研究历史，准确表现所设计项目的文化精神是有其必然性的；施工方在材料和工艺选择上不顾传统，而是选择轻车熟路，能够获取更大利润空间的种种做法也是可以理解的；当然，既落得了古遗址保护的名分，也在一定程度上改善了民生，更是一件两全其美的事情。殊不知，正是在这样一种四不像的异化状态中，原本应该承载一个时代历史、艺术和科学发展水平的古遗址，变成了各种人从中牟利的场所。而且，由于年代久远和一个个的"无从可考"，围绕着古遗址展开的各种工程，在设计、施工和环境上都只能随现代人的理解进行，使本来有着明确文化定位的古遗址，展现的不再是历史、艺术和科学，而是异化成了现代人展示政绩、赚取利润和获得居住空间的地方。

当代著名美学家叶朗在谈到西方文化与建筑关系时说："古希腊文化'基本意象'的代表作是神庙和神的大理石雕像，体现了'优美'这一属于希腊文化的大风格；基督教世界的西方文化，承续希伯来的宗教，用哥特式建筑的人为空间、光和声音代表了希伯来人在迦南的旷野里，从自然的空间、光和声音中所体会到的上帝的崇高力量。"[1] 的确，每个时代有每个时代的文化精神，而建筑是承载这种文化精神的最好空间形式。一处优秀的古建遗址，往往成为一个时代文化精神的形象体现。西方的情况是这样，中国的情况也应如此。所不同的是，西方留下的古建遗址多与宗教有关，固有的神圣气质使后人自有一番崇拜与敬重，不管是对遗址本身还是对遗址的周边环境都不敢有丝毫的怠慢。以园林和宫殿为主体的西安五大遗址显然没有这么神圣，因而，所受到的保护也远没有那么纯粹，那么周到，甚至还被附加上了许多与遗址保护背道而驰的东西。于是，像帕提农神庙理所当然地可以成为人们追忆希腊文明的地方，像巴黎圣母院、佛罗伦萨大教堂等建筑，也可以成为人们领会中世纪文明的场所。理由很简单，这些建筑遗址上所承载的历史信息，所达到的艺术水准，所拥有的科学价值基本上是真实的，足以成为后人追忆历史、怀想当年的依据。由此推想，如果当下的人们要想看到能够充分体现唐王朝时期的建筑情况，领略唐代社会的历史贡献、艺术创作和科学发展的实际水平，不知道是应该去曾是唐代都城的西安，看这里新建设起来的五大遗址工程，还是去太平洋中的岛国日本，看那里曾经仿照唐长安建造起来的城市和依旧古色古香的寺庙建筑。

[1]　叶朗. 现代美学体系 [M]. 北京: 北京大学出版社，1989。

第十章　回归之路

"让我看看你的城市，我就知道你的人民在追求什么。"这是美国著名城市规划和建筑专家伊利尔·沙里宁说过的一句名言。如果参照这句话来审视中国当下的城市，尤其是那些历史名城，我们将得出怎样的结论呢？以西安为例，如果不是站在钟鼓楼下、大雁塔旁或者是城墙跟前，你很难从整体上感受到这座城市的历史色彩。和其他城市一样，这里也有成群簇拥的高层建筑群，有越变越宽的街道，有无处不在的"肯德基"、"麦当劳"和巨幅广告标牌。即使是置身于文物古迹旁，那些历史特点并不明确的仿古建筑，近在咫尺的高楼大厦，也将应有的历史气象置换成了现代景象。这座城市追赶现代化的脚步，同样急切，同样匆忙，一副"而今迈步从头越"的样子。也就是说，其他城市在快速发展中不顾历史文脉和地域特色，面貌上越来越千篇一律，建筑寿命越来越短的问题在这里仍然十分突出。

城市缺乏特色，建筑寿命过短，在西安这样的古城出现应当说是极不正常的。历史上，84km^2 的规模，棋盘形的城市格局，井然有序的功能划分，多种花木构成的园林效果，共同构成了这座城市的鲜明特色。土木结构的耐久性确实远远比不过钢筋混凝土，但是，史料上明明记载着，唐末长安城内的建筑不是被战火焚毁，而是被成片拆掉，各种建筑材料从渭河而下，强行搬走，异地再用。不难看出，当年长安城里的不少建筑至少存在了近三百年！由此看来，对历史性城市来说，整体特色消失和建筑寿命过短，绝不仅仅是规划设计和建造水平的问题，更重要的是建设决策过程中对传统文化采取怎样的态度问题。

第一节　从态度说起

城市的出现是生产力发展的结果，更是民族意志日益明确的表现。前者是说，城市发展离不开相应的物质基础来支撑；后者是说，城市发展也离不开一定的精神因素来主导。在现有的有关城市理论著述中，不管是谈城市的历史演变，还是谈城市的规划建设，都比较注重经济发展对城市建设的影响，尤其是雏形时期的城市建设对后来城市建设的影响方面，主要集中在生产力水平对建筑材料、制作工艺、工程效果的影响上，而不太注重精神因素在城市建设中的作用和意义。这种研究思路尽管很客观，也确实描绘出了不同生产力水平对城市发展的大致影响，勾画出了从新石器时代到工业革命不同时期城市的基本样态。但是，这种研究也忽略了一个事实，由于人口高度密集，城市还是精神活动最集中也最活跃的地方。在建造的过程中，城市设计者必然会将人们的生活追求，对未来的向往以及心灵中视为神圣的东西，通过规划、建造和布局等技术手段表现出来，凝聚为城市的基本精神。于是，城市往往也是一个时代或一个地区社会精神的载体。

现实生活中，从事工程技术的人士更加看重技术发展和物质生产对城市的影响，新技术和新材料往往是城市规划和建筑设计领域最关心的；而从事理论研究的人士则更加喜欢从历史的角度解读城市，从空间上发现一座城市的精神魅力。

18世纪德国艺术史学家温克尔曼曾经将希腊艺术的普遍优点归结为"高贵的单纯和静穆的伟大"[1]，所针对的正是希腊雅典市中心的卫城。雅典城的历史可以追溯到3000多年前，城市的名字也与奥林匹斯山上的雅典娜之神有关。卫城选在雅典城中心地带一座150余米高的小山上，给人以仰视的神圣感。这里建有充满力量感的神庙，还有大量根据奥林匹斯山上众神的故事雕琢出来的塑像，记载着雅典祖先与特洛伊人，与亚马逊人，与巨人，与羊身人头怪兽之间的征战场面，尽显祖先的辉煌业绩。但是，在规划和建造中除了表现神的存在，设计建造者还在集中体现人的魅力。大量使用的多立克和爱奥尼两种柱式，表现了男性的雄健庄严，女性的柔和华贵，使这里的建筑也充满了人性之美。人神同型同性，和谐共处，奠定了卫城的美学格调，也显示了古希腊时期的艺术气质。尽管后来这里成了废墟，但是，浓浓的历史气息和艺术印记仍然依稀可见，唤起人们在遥想当年中对这座城市产生敬意。诗人拜伦身临这里时就曾经发出了"你消失了，然而不朽，倾圮了，然而伟大"的呼喊。[2]

这样的建筑现象在有着五千年文明的中国也不乏其例。美国建筑学家贝肯在《城市建设》中曾经给北京城这样的赞许："在地球表面上，人类最伟大的单项工程可能就是北京城了。这座中国城市是作为封建帝王的住所而设计的，企图表示这里乃是宇宙的中心。整个城市深深沉浸在礼仪规范和宗教仪式中……"值得注意的是，作为建筑师，贝肯并没有着眼于北京城规模大小、人口多少、绿化情况等等形式上的东西，也没有太在意北京城的交通布局、给水排水情况等使用功能方面的事情，甚至没有对这里建筑的数量和质量情况多说什么，而是对这座城市体现出来的历史气息，尤其是其中的"礼仪规范和宗教仪式"产生了深深的触动。在我们看来，贝肯是深刻的，抓住了老北京这座城市在悠久历史中积淀下来的基本文化精神——尊重礼仪和重视教化。从城市整体规划看，老北京城严格地遵循着古老的建筑传统。北京城建于13世纪末期的元朝，此时距离以制定各种礼仪规范著名的周朝已有两千余年，但是，设计者并没有因为年代久远而忘记祖先，也没有因为宗族以及信仰不同而产生偏见，更没有为了眼前利益而不顾长远，而是在城市的整体规划布局和工程建设上尊重历史，严格按照传统来设计建造。比如说，城市的整体布局为长方形，以此来印证《周礼·考工记》中所说"匠人营国，方九里"的思想；初建的北京城东西南各开有三座门，北面两座门，与《周礼·考工记》中所说"方九里，旁三门"暗合；城里的主干道与每座城门相通，彼此成十字交叉之势，既确定了城中交通主干线的整齐布局，也给城市的中轴线留下了余地，与《周礼·考工记》中所说的"国中九经九纬"相一致；老北京城的皇城东南和西南两处各建有太庙和社稷坛，与《周礼·考工记》中所说的"左祖右社"相契合；皇城的后面是什刹海，正是运河漕运的终点，形成了城中的商业重地，恰好也迎合了《周礼·考工记》中所说"面朝后市"的布局理念……[3]

[1] 温克尔曼.论古代艺术[M].北京：中国人民大学出版社，1989。
[2] 陈志华.外国建筑二十讲[M].北京：生活·读书·新知三联书店，2004。
[3] 楼庆西.中国建筑二十讲[M].北京：生活·读书·新知三联书店，2004。

除了整体布局，老北京城在城市色彩选择、天际线设置和建筑材料选用等等方面也绝不放任自流，同样有着种种讲究。比如红墙黄瓦高亮度的色彩，只能是皇家所在地的专用，其他地方的建筑色彩亮度一律要低于这里；比如三层基座、十一开间、双层歇山屋顶等等大体量、超高度的建筑只能出现在皇城里，唯独这里才可以构成城市的制高点；比如屋顶上是用琉璃瓦还是用青瓦，梁柱使用紫檀木还是杂木，护栏是使用大理石还是青石，铺地是使用石材还是砖材等等，也要按照主人的品级和房屋的大小来决定；比如院子面积大小、进深几何、所朝方向等等也必须有所遵循。凡此种种，确实烦琐，但是，可能正是因为有了如此严格的遵循，老北京城才以空间的形式将中国传统文化中重礼仪规范的传统表现得那样充分，使置身这里的人们不只是在书本中、学堂上感受到"礼"的精神，在俯首上下的空间里同样可以看到"礼"的存在，切身感到"道德仁义，非礼不成。教训正俗，非礼不备。纷争辩讼，非礼不决。君臣上下，父子兄弟，非礼不定"[1]的实际力量。可能正是由于有着如此丰富的内涵，当年的北京城才成为了中国传统文化的重地。最早的意大利商人马可·波罗称这里的建筑"达到了登峰造极的程度"。美国建筑学家贝肯干脆将老北京城的设计规划称之为"杰作"，能够"为今天的城市建设提供丰富的思想宝库"[2]。

不管是拜伦盛赞雅典卫城的"伟大"，还是贝肯称老北京城是一部"杰作"，都不是因为他们听到了什么"宣传"，看到了什么"广告"，而是出于眼见为实，出于对一个礼仪之邦的敬重。的确，当一个民族在进行营造的时候，能够自觉地将自己心目中占有崇高地位的东西表现出来，以此来抒发内心的敬意和遵从，犹如也在进行着一种具有崇高性的活动，对自身的境界也会带有一定的提升作用。可以说，这样的营造者内心世界是有所信仰、有所畏惧的，因此才可能在营造过程中小心翼翼，唯恐亵渎了心目中的神灵或者祖先。同样，这种有所承担的城市或者建筑，既可以因为承载了历史而显得厚重，也可以因为营造者的精心制造而充满艺术气息，更可以因为体现着当时的科技水平而催人遐想，升华出历史名城所独有的文化气质，受到世人的敬重。

住房和城乡建设部副部长仇保兴曾对我国历史文化名城的现状发出了的这样的忧虑："急功近利的旧城改造方式，使历史街区遭受灭顶之灾，片面地求变、求洋、求大的心态，使一些历史名城风貌荡然无存……"[3]这种情况对历史文化名城的改变不只是形式上的，更是文化上的。在一定程度上说，历史文化名城正在经受一场新的"文革"。这其中，"文化搭台，经济唱戏"所形成的力量是巨大的，足以将历史文化遗产拉下了圣坛，推向了市场，沦为了赚钱的工具。以西安五大遗址工程为例，按照市场需要设计规划出来的一个个公园、广场尽管漂亮，有时候也很热闹，但是，人们却不大可能将其称之为"杰作"，因为，遗址的原有信息已经被铺天盖地的新东西所覆盖；也不大可能对其产生"伟大"之感，因为，以享乐为主的设计已经很难使人平心静气，在回首当年中对民族文化进行深层次的体验，从中获得具有崇高意味的美感。

[1]　张文修.礼记[M].北京：北京燕山出版社，2009。
[2]　倪邦文.城市化与受伤的城市文化[J].读书，2009（5）。
[3]　倪邦文.城市化与受伤的城市文化[J].读书，2009（5）。

第二节　传统营造的分量

在英美有一个民间盛传的笑话，说美国人从英国引种草坪。没想到，在英国能正常生长的草坪到了美国却一蹶不振，日渐枯萎。一向自大的美国人不得不向英国人讨教。英国人的回答很简单："浇水。"美国人回答："浇了。"英国人继续说："施肥。"美国人回答："施了。"英国人补充道："必须坚持两百年以上。"美国人傻眼了。因为他们知道，自己尽管十分强大，但是历史却无论如何也赶不过英国。一向在美国人面前感到憋屈的英国人，终于在文化上找到了自信和荣耀。

这个纯属杜撰的笑话也多少说出了当下的一种趋势：科技盛行，生活趋同，传统文化在日渐稀缺中正在成为一种力量和财富。其实，这种情况在工业革命的初期已经初露端倪。由手工艺生产到机械化大生产，最大的变化是由个体性转型为批量化，生产的效率获得了极大提高。社会财富在得到快速积累的同时，产品的地域特点也在日渐模糊，功能逐渐地取代着文化。建筑的"积木化"就是这种情况在当时的集中反映。在以计算机和互联网为特征的信息时代，这种情况不仅没有得到缓解，反而变本加厉——计算机与大机械相结合，强大的设计能力很快便被加工，转化成了产品，使与人们相关的所有产品都打上了计算机的烙印，成为另一种形式的"工业"，同样没有摆脱"大批量、复制化、标准化"的窠臼。[1] 生产影响生活，生活影响观念，当以复制、批量和标准化成为时尚的时候，像遗址恢复这样原本应该遵循传统的工程也受到了影响，同样重蹈了注重形式、缺失特色、无视环境的覆辙。在我们看来，在现代技术无所不能的今天，改变这种情况，使我们的遗址保护在城市化过程中不至于成为大工业的复制品，根本上不取决于设计水平和施工技术，而是取决于设计和施工人员对传统文化的价值认定，对传统营造工艺是否有所了解，有所掌握。

《保护世界文化和自然遗产公约》中将文化遗产划分为三大类：文物、建筑和遗址。尽管三类遗产的存在方式和质地情况有所不同，但是，拥有明确的历史特征是共有的基本属性，在此前提下才是艺术性和科学性。于是，千方百计地将遗产所具有的历史性、艺术性和科学性承接过来，流传下去，就是对文化遗产的最大保护。为了达到这一目的，行业内普遍采取的措施是，对外形比较完好的文物和古建筑采取复原性保护，在修旧如旧中尽量使其光彩如初，像日本奈良唐招提寺中金殿的修复，北京紫禁城中的三大殿修复，福州市"三坊七巷"的修复都采取这种办法。对已经废弃的遗址如何保护虽然没有作具体的规定，但是，使遗址上所承载的"历史、审美、人种学或人类学"印记不被破坏依然是保护的基本准则。本着这种精神，国际上通行的办法是采取划定遗址区，除了对遗存的痕迹进行原样加固修复外，对遗址周边的地貌风景也加以限定，使遗址上存留的历史气息得到整体保存。像罗马的斗兽场、希腊的卫城、北京的圆明园都采用了这种办法。西安的五大唐遗址中不乏"国家重点文物保护单位"，如果采取国际上通行的办法来保护，遗址上的历史气息可能会更真实，所承载的传统文化品质可能也会更加厚重。尤其难得的是，五大遗址在一座城市中相互呼应、有机统一，真有可能成为国内最有规

---

[1]　潘知常. 反美学 [M]. 上海：学林出版社，1995。

模地展示唐代建筑文化的地方，为世人提供一处展示唐代在宫殿、园林、集市和寺庙建设方面真实水平的博物馆，让人们在古今对比中，领悟祖先在传统技艺中的营造智慧，体会华夏建筑文化所以源远流长的精妙之处。

比如说，与当下"摊大饼"式的城市规划思路比较，传统的城市营造理念追求的是适度发展。唐代留下的建筑遗址是在没有土地危机的社会环境中建设的，加之多为皇家所用，在征地建设方面肯定有着更多的优势。但是，从实际情况看，营造者并没有因此而忘乎所以，置传统的营造理念于不顾。以大明宫为例，当时长安城的总面积是 84km²，皇家聚居区大明宫是 3.2km²，而且是集日常办公、国事活动和生活起居为一体，只占到城市总面积的 3.8%。即使是供皇家专用的园林芙蓉园，也不过是长安城东南角的"一坊余地"[1]，并没有大规模地侵占良田。这个看似偶然的现象却体现着古人在营造过程中适度发展的朴实思想。在传统的营造理念中，"山林虽近，草木虽美，宫室必有度"（《管子·八观》）。这里所说的"度"，是指建设过程中要充分考虑自身的承载能力，不能任其发展。在古人看来，任何事物都有一定的承载范围，超过了承载范围就会出现"过犹不及"、"适得其反"的后果。因此，从先秦时期出现城市开始，古人就十分注重保持城市与环境之间的适度关系，讲究适度建造。出现于汉代的四合院落以及与此相配合的里坊制度[2]，就为城市中控制人口的密度起到过很好的作用。以家为单位的四合院受里坊的限制不能随意扩大，以四合院为单位的里坊受城墙的限制也要有一定的制约。于是，在层层制约中形成了城市布局上的规整而有层次。为了不同的生活需要，城市中还会设置一定面积的园林和市场，在增加景观的同时也方便着人们的日常生活。当然，这样做的根本还在于通过控制面积来达到控制人口的目的，保持城市发展与环境承载之间的"度"。历史上也出现过超大城市，如秦代的咸阳宫、阿房宫和唐代的长安城。如果说因为统治时期太短，秦代超大型城市的弊端并没有得到充分体现，那么，唐长安城的庞大版图给这座城市带来的后果绝非全是正面的。在以往的研究中，人们往往将百万人口作为盛唐的标志来颂扬，殊不知，这座巨大的城池也因此付出了相应的代价：过量的人口造成的粮食和治安危机，过大的版图造成的排水不畅等等，每年都在威胁着人们的生活。在《旧唐书·高宗纪》、《唐会要·街巷》等古书中就记载着不少因为排水不畅而造成"京城垣屋颓坏殆尽，物价暴涨，人多乏食"，甚至还出现过"京师人相食"的事情。由于管理上的鞭长莫及，光天化日之下欺行霸市，造成"名为宫市，而实夺之"，甚至是杀人夺命的记载也频频出现在史书上。可能正是汲取了长安城的教训，后来的王朝不乏盛世，但是在京城的规模大小、人口容量方面一直都很慎重，再也没有出现过像长安那样的超大规模。

讲究适度发展的城市应当是精致而有序的。作为都城，理应是一个国家的形象，是国家物质生产水平和精神文明程度的完美结合。依照这样的标准来推想唐长安城，无论如何也不会是一个外表粗犷，内涵空虚，靠天天歌舞、夜夜升平来哗众取宠的地方。反之，从遗留下来的建筑遗址的地基情况看，当年的长安城中所有平民建筑都不会高于城墙，城中标志性的制高点北有大明宫中的含元殿，南有慈恩寺里的大雁塔，青瓦起伏之中突

---

[1]　辛德勇.隋唐两京丛考 [M].西安:三秦出版社，2006。

[2]　里坊是中国古代城市用地的一种规划方式，由城市中纵横交错的道路划分而成。由墙合围而成称之'坊'，临街有门，坊内有院落，院落内有民居。

兀其间的是皇家建筑与宗教建筑，形成了整座城市的制高点，也形成了城市文化的主旋律。从城市整体格局看，长安城呈棋盘形分布，大大小小的方形里坊整齐划一，里坊之间的道路条条相通，与东西南北城门的道路连接，形成四通八达的交通网络。当然，这些道路的宽窄也是有讲究的，绝不能宽过与皇城相衔接且贯穿南北的中轴线——朱雀大街。从城市的整体色彩看，大明宫遗址出土的彩色琉璃瓦，芙蓉园里"紫云楼"、"彩霞亭"等建筑以色彩来命名，说明这两处皇家重地是长安城中建筑用色最丰富的地方，以致出现了杜甫诗句中所说的"碧瓦朱甍照城郭"的绚烂效果。这样看来，长安城的整体规划是有主题的，皇权至上与宗教神圣成为营造者始终遵循的基本宗旨。其次，长安城的规划也是有规矩的，建筑的高低、街道的宽窄、里坊的大小、色彩的轻重都要有所遵循，在方便实用中绝不会忘记了传统。应当说，这样的营造不仅给长安城带来了帝都的气质，也形成了这座城市独有的美学风格。这样的城市不仅有规模，更重要的是也凝聚了一定的文化精神和品位。

其次，与当下"水泥化"的城市建造思路比较，传统的营造理念追求的是生命相通。《周易·系辞》中有这样的一句："古者包牺氏之王天下，仰则观象于天，俯则观法于地，观鸟兽之文与地之宜，近取诸身，远取诸物……以通神明之德，以类万物之情。"[1] 这段文字反映了华夏祖先的思维习惯，对天地万物的认识观察是"以通神明之德，以类万物之情"的前提，天地人三位一体的思想十分明显。这方面最经典的总结是"天地与我并生，万物与我为一"，暗示出古人已经发现了无机物衍生出有机物，有机物衍生出人类生命的自然规律。而这种认识恰恰就是生态学关于生命互相依赖，形成有机统一生态圈的观点。人类虽然有自己的生存方式，创造出了各式各样的人文世界，但是，同样属于生态圈中的一分子，与其他的生命现象密切相连，而大自然实质上就是老子所说的"天下母"。

作为国都，唐长安城的设计建造当然也会遵循这样的理念来进行——在选址的时候同样采取"象天法地"的办法，最终选定了"川原秀丽，卉物滋阜"，有八水环绕的关中地区，寻找人与环境能够共生共荣的风水宝地。这样的选址给长安城的建造提供了许多便利条件。在选材用料上，南邻秦岭，北依黄土高原的地理位置，给工程提供了丰富的木石材料，现在存留下来长安城时期的木石材料，都可以在这些地方找到源头；厚实的黄土层为就地取土、挖窑烧砖提供了便利，仅大明宫遗址上就发掘出了23座唐时的砖瓦窑；在建筑的造型上，不仅注重房屋礼仪方面的讲究，还在方位上尽量向阳避风，以获取更多的自然庇护，在与大自然的亲和中增加房屋的舒适度；在环境营造方面，除了主要街道上的植树绿化，还在城中的不少地方营造园林，出现了皇家园林、寺庙园林、私家园林和以曲江为代表的公共园林，使得偌大长安城绝不是一座由建筑堆积起来的地方，而是一处人工与天然和谐相处的空间。总之，与西方古遗址上的神庙建筑不同，唐长安城体现的不是神的意志，而是与大自然亲和的主题。在一定程度上说，整座长安城，就是华夏祖先"天人合一"思想的集中体现，"相其阴阳之和，尝其水泉之味，审其土地之宜，观其草木之饶，然后营邑立城，制里割宅，正阡陌之界"[2]，是古人营造城池的

[1]　黄寿祺、张善文.周易译注 [M].上海：上海古籍出版社，2001。

[2]　班固.汉书 [M].北京：中华书局，1962。

一贯做法，也是唐人的根本追求。

　　遗憾的是，今天的五大遗址工程更加具有产品特性。建筑材料的批量生产，决定了施工工艺的高度统一，并且直接导致了建筑形体的千篇一律，人居环境也越来越像产品环境，阻隔了人与自然交融的可能。建筑材料的高度合成化，使其中的非自然成分越来越多，已经很难再像传统材料那样对人体产生呵护作用，更无法体现居住者的个体意愿。利益的驱动，使得投资人更加倾向于根据市场的需要进行立意、设计和施工，追求工程带来的当下效果，而不再考虑传统建筑在朝向、造型、布局上所追求的生命意义。总之，与传统建筑的自然特质，贴近生命的价值取向比较，五大遗址工程所追求的则是市场效果，其质量高低也与其他产品一样，以获利情况和时间长短来核算，而与古遗址原有的文化属性渐去渐远。

　　再次，与当下远离自然的城市比较，传统的营造理念追求人工与自然之间的循环关系。谈到"自然循环"人们会很自然地想到当代美国环境生态学者巴里·康芒纳（Barry Commoner）。这位生物学家、生态学家和教育家，被《时代周刊》称为是拥有千百万学生的教授，是20世纪60～70年代在维护人类环境问题上最有见识、最有说服力的代言人。其著作《封闭的循环》中，康芒纳分析了大工业生产带来的环境和能源危机问题，指出了问题的严重性，并从人类生态学的角度提出将人类的行为纳入自然生物圈的观点。根据这种观点，康芒纳提出了"循环生态学"的概念及其四大法则。[1] 康芒纳的理论是具有启示性的，后人在此基础上推出了"循环经济"、"可持续发展"等等更加具有时代特点的思想。其实，古老的中华文化中贯穿着的恰恰正是这种思想，并在传统人居环境的营造中表现得淋漓尽致。

　　早期的哲学著作《周易》中就有"夫大人者，与天地合其德，与日月合其明，与四时合其序，与鬼神合其吉凶。先天而天弗违，后天而奉天时"[2] 的思想，将人与天地视为相互统一的整体。在这个整体中，人不过是其中的一分子，其行为都要符合自然的秩序，考虑到自身的行为对其他相关事物的影响。"先天而天弗违，后天而奉天时"明确地指出了人的任何行为都应该遵奉自然，顺应规律。在这种思想指导下，后人还提出了"因天材，就地利"（《管子·乘马》）的营造主张。所谓"因天材"，就是在营造时要充分考虑当地的自然条件，以就地取材；所谓"就地利"，是说要根据环境的承载能力来设计人居。前者是说，使用当地所产的材料营造出来的居所，才可能最大限度地适应当地的自然环境，适合当地人的居住习惯；后者是说，环境的容量是有限的，要根据土地承载力来决定人口数量，绝不能无限扩张。更重要的是，"因天材，就地利"营造出来的建筑，与自然界中其他事物之间存在着某种内在的联系——来于自然，归于自然，从建造到毁灭的每一次循环，既不会给环境造成危害，也不会给后人留下麻烦。

　　这样的循环思想在长安城的营造中也有着很好的体现。由最初的大兴城到后来的长安城，这座古都城存在的时间超过了三百年。从专业角度看，如果没有营造技术上的保障，这座容纳过百万人口的都市很难走过如此漫长的历史。与现在的城市一样，当年的

[1]　巴里·康芒纳.封闭的循环[M].侯文惠译.长春：吉林人民出版社，1997。

[2]　李学勤.周易正义[M].北京：北京大学出版社，1999。

古城也会遇到饮用水源流、垃圾排放和交通疏导等问题。由于关乎日常生活，这些问题处理不好，不要说几百年的时间，十几年的时间就可能出现城市断水，垃圾围城和交通拥堵的困境，影响城市的正常生活。历史上不乏因为这些问题积重难返而只好弃城重建的事例。从考古发现看，唐时的长安城除了使用星罗棋布于城中的井水，还有"龙首渠"从东面引来浐河水，有南山引水的黄渠，有从橘河、交河引水的清明渠和长安渠。四条渠水既形成了地上的水景景观，美化着城市环境，借助渠水下渗，也可以给城中大大小小水井起到补水的作用。这座有 84km² 版图的城市从建设的那天开始就会产生大量垃圾，从最初的建筑垃圾，到后来的生活垃圾，以及每遇天灾人祸后重修殿宇房屋所产生的垃圾，可以说连绵不断，整整持续了三百年，无疑是这座城市一个非常巨大的负担，直接威胁着城市环境。这其中最难降解的是建筑垃圾，在西市和大明宫两处以建筑为主的遗址中，考古工作者也确实发现了不少没有被降解的砖瓦石料。不过这些垃圾并不是胡乱堆积填埋，而是相互挤压在一起，很有可能是被夯实后作为房屋或者广场地基材料用的，反映出唐人循环利用的智慧。在交通建设方面唐人也表现出了自然循环思想。据考证，长安城中的一般道路的宽窄相当，大体可以分为行车和行人两种。车辆往往需要载重，路面用石子拌黄土夯实，以增加路面的承重量；行人之路需要防滑，所以用沙子和黄土搅拌夯实。值得注意的是，不管是石子路还是沙土路，都具有很好的透水性，雨天不会造成积水，而且还可以利用沙石的下渗功能补充地下水，形成水体循环。在绿化美化上，长安城的规划者也体现出"四时交替"的思想。现存的唐诗有不少就是描写城中种植情况的："夹道夭桃满，连沟御柳新"是说有的道路两旁种满了桃树和柳树；"漠漠尘中槐，两两夹康庄"是说有的道路被槐树环绕；"再窥松柏路，还见五云飞"是说有的道路旁栽种的是松柏……如此看来，长安城中的绿化十分讲究，有美化方面的考虑，更有按照季节变化，栽种不同植被，达到城内景色随四时变化的效果，使人工环境随着自然环境的变化而变化，也形成一种循环。

　　总之，在长安城的建设中我们不难体会到这样的建设思路：从建城的那一刻起，人与自然环境之间就仿佛形成了一种默契。于是，不管是城市的规模划定还是建造过程，每一个活动都要考虑对周边环境可能产生的影响；在此基础上，有建造就有毁灭，有毁灭就有重生，循环往复。于是，人在进行建造的时候就得考虑对后人的影响，给自己建造的产品寻找到合适的归宿，任何无法进入这种循环的东西都是多余的，可能对城市环境成污染。于是，对建造活动而言，所形成的一切除了满足实用需要，还要满足自然的需要，那些在失去功能后被自然化解掉的产品才是最好的。这是唐长安城的基本建设思想，也是中华民族遵循自然规律思想的集中体现。这样看来，长安城所以能够延续三百年的历史，既是人工，也是天和，更是人的建造行为迎合了自然循环法则的结果。

第三节　历史建筑工程呼唤文化质检

　　根据《国际古迹保护与修复宪章》（也称《威尼斯宪章》），参照我国《中国文物古迹保护准则》，我们提出"历史性建筑"的概念。所谓"历史性建筑"是指那些历史上遗留下来的古建遗址及其所在地的周边环境，包括"地面与地下的古文化遗址、古墓葬、古建筑、石窟寺、石刻、近现代史迹及纪念建筑、由国家公布应予保护的历史文化街区（村镇），以及其中原有的附属物"。[1] 古建遗址是历史性建筑的主体，周边环境是历史性建筑的外围，两者共同构成历史性建筑的空间存在形式。历史性、艺术性以及科学性是历史性建筑的根本文化品质。

这样的性质，决定了历史性建筑的价值不只是物质性，更在于精神性。于是，任何围绕历史性建筑展开的保护行为，根本目的是真实、全面地保存并延续历史信息及全部价值，使其所具有的文化属性不变。这样看来，对于所有以保护历史性建筑展开的工程而言，文化质量与工程质量有着同等重要的意义。但是，从实际情况看，不管是设计还是施工单位，工程质量方面的工作由来已久，已经有规章制度可循，有具体部门负责，进入到了完善阶段，并趋于规范化。近年来，随着市场经济进入文化领域，如何处理历史性建筑的严肃性与市场运作的灵活性之间的关系日渐突出。由于没有相应的评价标准，为了市场而牺牲历史性建筑的事情时有发生。以历史文化名城为例，城市化确实加快了这些城市的现代化步伐，同时也让这些城市环境的古味不再。从 20 世纪 80 年代，我国开始以国家的名义对那些文物特别丰富的城市进行命名，并先后公布了 117 座城市为历史文化名城。但是，截至 2010 年，以城市规模进入《世界遗产名录》的只有丽江和平遥两座小城市，不足总数的 2％！以古建遗址为例，各种以"保护"为名的旅游开发，确实给当地带来了一定的经济效益，但是，过量的旅游接待性建筑对古建遗址的覆盖，同样也是一种灾难。前几年，国内围绕丽江这座进入"世界文化遗产名录"的城市，是否遭到联合国教科文组织"黄牌"警告的事情掀起波澜。国家文物局、丽江市政府一再作出解释，强调联合国教科文组织只是"关注"，不是"警告"。但是，文化人都清楚，一切正常的事情引不起人们的关注，局部的问题只会引起局部地区，顶多是国家的关注，只有问题严重到一定程度的时候，才可能引起国际社会的"关注"——尽管离"警告"只差一步之遥。由此我们还联想到了这样两个直接针对中国的重要文件：一个是 2005 年由国际古遗址理事会通过的《西安宣言》，其中明确地将"生活方式、发展、旅游"等活动对历史城市面貌的改变，与"天灾人祸"相提并论，显然有着明确的所指。一个是由国际古遗址理事会于 2000 年通过的《中国文物古迹保护准则》，其中也将"保护现存遗址不受损伤，重建应有证据，不允许违背原形式和原格局的主观设计"作为对历史性建筑"重建"的基本标准。我们吃不准这里所说的"天灾人祸"和"违背原形式和原格局的主观设计"针对的是哪座城市，哪个被重建的古建遗址，但有一点是清楚的：城市化进程与经济开发对中国古建遗址的威胁甚至是破坏，已经引起了国际社会的"关注"。可以说，对历史性建筑保护情况进行文化质量方面的检查，关系到古建遗址在保护过程中是否受到了尊重，所承载的历史信息是否得以留存，是否能够将传统的营造智慧真实地传递给子孙后代的大问题，与工程质量一样，同样关系到这些工程的成与败。

盈利多少显然不能作为古建遗址工程得以立项或评价成功与否的标准，因为这种做法本身就没有将古建遗址作为历史遗存，而是作为市场来对待的。历史遗存承载着一个民族的文化精神，是需要尊重的；市场是金钱交易的地方，需要的是交易。因此，越是

---

[1] 张松.城市文化遗产保护国际宪章与国内法规选编[M].上海：同济大学出版社，2007。

发达的国家或地区，就越不允许将古建遗址市场化——不但不会将利用古建遗址招揽了多少游客，获得了多少收入作为目标，拿来炫耀，反而还会对这些地区的游客量进行限制，对一些与古建遗址不搭调的工程给以禁止。在一定程度上反映了这些国家或地区对历史的态度，对民族文化的态度。

　　讲究质量，是人类活动告别野蛮进入文明的重要标志。同样，我们身边的古建遗址也经历过战争年代用来躲避枪林弹雨，1958年"大跃进"大炼钢铁时期用来进行生产活动，"十年动乱"时期被砸被毁，资本积累初期被大肆开发的过程。可以说，能够存留到今天的古建遗址都有着万劫不灭的经历，所具有的历史价值怎么估价也不会过分。在很大程度上说，这些历史痕迹只会随着时间的推移而越发珍贵，自有一种"杨柳不言下自成蹊"的影响力。在没有文化质量约束的今天，各种以获取当下利益为目的的开发，只能将这些历史痕迹歪曲或淡化，既是对历史的不负责任，也是对子孙后代的不负责任。随着社会的进步，人们的质量意识也会从物质产品扩大到精神产品，从饮食起居扩大到历史和未来，对那些历史性建筑的保护情况，同样也容不得半点假冒伪劣。因为，历史性建筑的特殊性，决定了在质量品质上除了一些常规性的指标外，历史赋予的一些文化指标也同样重要，比如大雁塔的佛文化，大明宫的皇家文化，西市的商业文化，芙蓉园的园林文化，既决定着这些古建遗址的外形，也影响着这些古建遗址的精神，带着一个历史阶段的烙印，理应成为后人在维护乃至扩建过程中给以遵循和保护。从历史文化的角度看，这些遗址之所以有名，被国家定性为"文物保护单位"，正是由于所承载着的历史信息。然而，在大跃进般的商业开发中，这些遗址周边出现的大批仿制品，形成新的景观，也形成了新的文化气象。孤立地看，这些景观在体量、造型和材质上都很有优势。但是，从专业的角度看，这些景观的文化质量如何将对古迹遗址所承载的历史信息产生根本性的影响。面对天灾人祸，城市以及城市中的古建遗址都不可能一成不变，确实需要不同时代的人们对其进行修缮和改造。关键是看修建者的目的是什么。欧洲曾经是二战时期的主战场，不少国家的古建遗址都遭受到毁灭性破坏。战后这些国家也曾经进行过大规模的重建，不仅重新恢复了城市的历史原貌，还精心地修复了像德国的科隆大教堂，意大利的佛罗伦萨历史中心，俄国的克里姆林宫等大批被毁古迹。由于这些修复工作不仅在工程质量上过硬，在文化质量同样无懈可击，所以得到了世界的认可，同样成为了"世界文化遗产"。完成这些工程的国家在表现出高超的设计和建造水平的同时，也展示了对本民族传统文化的无限崇尚，等于以空间的形式在世界面前重新塑造了自己的国家形象。与这些国家比较，我们在遗址上修建的公园、文化广场以及冠以汉唐的一个个工程，几乎全是以拉动当地经济为目的，从立项到建设再到开门迎客，市场运作才是遵循的真正原则。至于这些工程是否真实地再现了历史，体现了华夏民族在建造活动中曾经取得的艺术和科学成就，则因为没有评价依据而被忽略不计；尤其是这些耗资巨大的工程对古建遗址是增色还是破坏，对古建遗址的氛围起到了怎样的作用等等根本性的问题，也因为没有评价依据而至今没有人去研究和评判。当然，这些没有经过文化质检的工程，在没有文化质量意识的地区是可以存在的，在没有文化质量意识的社会阶段也可能大行其道。不过，处于这样地区和社会阶段的工程主持者心里也清楚自己的问题出在哪里。所以，几乎在所有的宣传中，对这些工程都只是停留在自我欣赏的水平上，无论如何不敢将这些工程拿到国际舞台上去作比较，更不敢去接受《世界遗产名录》的检验。

没有文化质量方面的检查不能不说是造成这种情况的直接原因。与没有技术质检会出现豆腐渣工程一样，没有文化质检的工程同样会漏洞百出。在边走边看中，我们确实见到了将正规的殿堂式建筑与亭子相混淆，将皇家的主体建筑正脸设计到了阴面，同一时代的建筑在体量、色彩、造型上各自为政，相互矛盾；尤其是不顾历史地大量使用现代材料和工艺等等粗制滥造现象，以及这些现象背后反映出来，设计和施工者因为没有文化质量意识所导致的无知与无畏。凡此种种，不但不可能真实地再现祖先的营造智慧和水平，还容易让人们对传统文化产生各种误解。随着社会的进步，国人对文化价值的理解也会从外表转向内涵，质量意识也从衣食住行扩大到了生活的方方面面，在抵制三氯氰胺、苏丹红、地沟油、塑化剂的同时，同样会抵制那些在望文生义中设计出来的假古董。面对这种情况，如果我们对古迹遗址周边的各种恢复工程的检测还只停留在物理层面上，而对工程的文化属性情况不置可否，显然是对社会的不负责任。

对历史性建筑工程的文化质量情况进行检查，制定出相应的标准和规范，对一些没有历史依据的设计项目实施一票否决，既是社会进步的需要，更是对古迹遗址的尊重。国际社会早已经在如何根据古迹遗址的身份进行保护，凸显历史性、艺术性和科学性方面积累了大量成功经验，并很好地修复了像德国的科隆大教堂、意大利的佛罗伦萨历史中心、俄国的克里姆林宫等等大批被毁的文物古迹，并同样达到了很高的文化质量水平，成为了世界文化遗产。事实证明，文化质检在这些工程中起到过重要作用。如果国内那些同样花费了大量人力物力的遗址公园、文化广场以及冠以某个朝代的一个个人造景观，在设计和建设中同样严格地尊重历史，使恢复出来的遗址工程既有其形，也有其神，突出这些工程的文化品质，那么，才可能使其成为中华传统文化的一部分，得到世界的公认。

"归去来兮，田园将芜，胡不归！"这是 1600 多年前的诗人陶渊明在归隐田园后发出的感慨。此时的诗人已经远离官场，回归故里，在"木欣欣以向荣，泉涓涓而始流"的旷野乡间，修建了"方宅十余亩，草屋八九间"，开始了"开荒南野际，守拙归田园"的生活。我们并不是赞赏这样的生活处境，而是对诗人的心态颇感兴趣。历史上辞官归隐的例子举不胜举，但大多是人生衰落的结果，凄苦中带着哀伤。陶渊明却不是这样，归隐后的勤奋创作，不仅使他获得了田园诗开山祖的美誉，也成就了一种将村落视为桃花源，将苦难艺术化的生活方式。在一定程度上说，归隐后的陶渊明才成为了真正意义上的文化人，结出了累累硕果，获得了世人的敬重。陶渊明的经历告诉我们，搞文化是需要一些超脱的。尤其是对那些搞唐代文化的人士来说，抵御功名利禄还属于一般性的超脱，拥有一定的诗情才是根本。因为，到底唐代是一个诗的社会，只有达到这样的境界，才可能具备与唐人对话的资格，领悟出唐代社会之大美。在我们看来，这也是一种回归，一种心灵上的回归：远离喧嚣和诱惑，沉下心来去研究和发现古人，升华出与古人相当的心态和境界——将寂寞艺术化，将工作神圣化。这是当今投身于古建遗址保护的人们，面对"田园将芜"现状的应有心态，也是我国在古建遗址保护方面创作出前继古人，后启来者作品的根本保障。

参考文献

【1】温克尔曼.论古代艺术 [M].北京：中国人民大学出版社，1989.

【2】陈志华.外国建筑二十讲 [M].北京：生活·读书·新知三联书店，2004.

【3】楼庆西.中国建筑二十讲 [M].北京：生活·读书·新知三联书店，2004.

【4】张文修.礼记 [M].北京：北京燕山出版社，2009.

【5】吴庆洲.建筑哲理、意匠与文化 [M].北京：中国建筑工业出版社，2005.

【6】冯骥才.思想者独行 [M].石家庄：花山文艺出版社，2005.

【7】锁言涛.西安曲江模式：一座城市的文化穿越 [M].北京：中共中央党校出版社，2011.

【8】祁述裕，窦维平.文化建设案例集（第二辑）[M].北京：中国社会科学出版社，2010.

【9】曾培炎.西部大开发决策回顾 [M].北京：中共党史出版社，2010.

【10】田雪原.中国民族人口 [M].北京：中国人口出版社，2005.

【11】邓小平.邓小平文选（第三卷）[M].北京：人民出版社，1993.

【12】陈寅恪.隋唐制度渊源略论稿 [M].北京：生活·读书·新知三联书店，1954.

【13】李好文.长安志 [M]// 四库全书（影印文渊阁本）.台北：台湾商务印书馆，1986.

【14】礼记·经解 [M]// 十三经注疏.北京：中华书局，1980.

【15】吴枫.中华思想宝库 [M].长春：吉林人民出版社，1999.

【16】宋涛.世界文化与自然遗产 [M].沈阳：辽海出版社，2009.

【17】王博.北京：一座失去建筑哲学的城市 [M].沈阳：辽宁科学技术出版社，2009.

【18】全唐诗 [M].上海：上海古籍出版社，1986.

【19】李渔.闲情偶记 [M].北京：中信出版社，2008.

【20】袁枚.随园诗话 [M].南京：凤凰出版社，2009.

【21】秦榆.才子的散文 [M].北京：京华出版社，2006.

【22】公羊高 撰.顾馨，徐明 校点.春秋公羊传 [M].沈阳：辽宁教育出版社，1997.

【23】徐德嘉.园林植物景观配置 [M].北京：中国建筑工业出版社，2010.

【24】徐跃东.图解中国建筑史 [M].北京：中国电力出版社，2008.

【25】马得志，马宏路.唐代长安宫廷史话 [M].北京：新华出版社，1994.

【26】王斌.历史上的大唐西市 [M].西安：陕西人民出版社，2009.

【27】韦政通.中国文化概论 [M].长沙：岳麓书院，2003.

【28】孙隆基.中国文化的深层结构 [M].桂林：广西师范大学出版社，2004.

【29】刘敦桢.中国古代建筑史 [M].第 2 版.北京：中国建筑工业出版社，1984.

【30】鲁迅.看镜有感 [M]// 鲁迅全集（第 1 卷）.北京：人民文学出版社，2005.

【31】吴兢.贞观政要（卷四）.[M].长沙：岳麓书院，2000.

【32】刘昫.旧唐书 [M].北京：中华书局，1975.

【33】闻一多.闻一多论古典文学 [M].重庆：重庆出版社，1984.

【34】马克思恩科斯选集（第四卷）[M].北京：人民出版社，1972.

【35】霍然.唐代美学思潮 [M].长春：长春出版社，1990.

【36】 宋敏求 . 唐大诏令集 [M]. 北京：中华书局，1959.

【37】 阎琦校注 . 韩昌黎文集注释 [M]. 西安：三秦出版社，2004.

【38】 李延寿 . 北史 [M]. 北京：中华书局，1974.

【39】 张彦远 . 历代名画记 [M]. 北京：人民美术出版社，2005 .

【40】 顾伟康 . 拈花微笑——禅宗的机锋 [M]. 北京：中华书局，1993.

【41】 道宣，范祥雍 . 大慈恩寺三藏法师传释迦方志 [M]. 北京：中华书局 2008.

【42】 赵延端 . 陕西通志（九十九）[M]. 西安：三秦出版社，2008.

【43】 玄奘著 . 季羡林点校 . 大唐西域记 [M]. 长春：时代文艺出版社，2008.

【44】 钱钟书 . 谈艺录 [M]. 北京：生活·读书·新知三联书店，2008.

【45】 张涵，史鸿文 . 中华美学史 [M]. 北京：西苑出版社，1995.

【46】 全唐文 [M]. 上海：上海古籍出版社，1990.

【47】 李昉等 . 太平御览 [M]. 上海：上海古籍出版社，2008.

【48】 宋敏求 . 长安志 [M]. 北京：中华书局，1991.

【49】 罗哲文 . 中国古代建筑 [M]. 上海：上海古籍出版社，1990.

【50】 顾馨，徐明 . 春秋谷梁传 [M]. 沈阳：辽宁教育出版社，1997.

【51】 御制避暑山庄诗 [M]. 天津：天津古籍出版社，1987.

【52】 胡伟希 . 中国哲学概论 [M]. 北京：北京大学出版社，2005.

【53】 费尔巴哈 . 基督教的本质 [M]. 北京：商务印书馆，1984.

【54】 祁嘉华 . 醉眼看建筑 [M]. 上海：同济大学出版社，2010.

【55】 计成著，园冶 [M]. 胡天寿译注 . 重庆：重庆出版社，2009.

【56】 王文楚 . 太平寰宇记 [M]. 北京：中华书局，2007.

【57】 刘安 . 淮南子 [M]. 南京：凤凰出版传媒集团，凤凰出版社，2009.

【58】 康骈 . 剧谈录 [M]. 上海：古典文学出版社，1958.

【59】 徐松 . 唐两京城坊考 [M]. 北京：中华书局，1985.

【60】 王仁裕 . 开元天宝遗事 [M]. 北京：中华书局 2006.

【61】 赵晔，陈选集 . 风俗通义 [M]. 北京：中华书局，2011.

【62】 王其亨 . 风水理论研究 [M]. 天津：天津大学出版社，2005.

【63】 曹林娣 . 中国园林文化 [M]. 北京：中国建筑工业出版社，2005.

【64】 西安市文物局 . 大明宫 [M]. 西安：陕西人民出版社，2002.

【65】 欧阳修，宋祁 . 新唐书 [M]. 北京：中华书局，1955.

【66】 唐律（据北京图书馆藏宋刻本影音）[M]. 上海：上海古籍出版社，1984.

【67】 李昉 . 太平广记 [M] 北京：中华书局，1961.

【68】 韦述 . 西京记 [M]. 西安：三秦出版社，2006.

【69】 李隆基撰 . 大唐六典 [M]. 李林甫注 . 西安：三秦出版社，1991.

【70】 李双元 . 世贸组织 (WTO) 的法律制度——兼论中国"入世"后的应对措施 [M]. 北京：中国方正出版社，2003.

【71】 长安县地方志编纂委员会 . 长安县志 [M]. 西安：陕西人民教育出版社，1999.

【72】 司马光编著 . 资治通鉴 [M]. 胡三省音注 . 上海：上海古籍出版社，2001.

【73】 董诰 . 全唐文 [M]. 西安：陕西教育出版社，2002.

【74】 王溥 . 唐会要 [M]. 北京：中华书局，1955.

【75】 潘谷西 . 中国建筑史 [M]. 第 5 版 . 北京：中国建筑工业出版社，2004.

【76】张岱年，方可立.中国文化概论 [M].北京：北京师范大学出版社，2004.

【77】吕友仁.周礼注释 [M].郑州：中州古籍出版社，2004.

【78】许慎.说文解字 [M].上海：上海古籍出版社，1988.

【79】韩愈等.唐宋八大家散文鉴赏 [M].北京：线装书局，2009.

【80】罗伯特·文丘里.建筑的复杂性与矛盾性 [M].北京：中国水利水电出版社，2006.

【81】李浈.中国传统建筑形制与工艺 [M].上海：同济大学出版社，2010.

【82】杨玉贵.大明宫 [M].西安：陕西人民出版社，2002.

【83】陈植.园冶注释 [M].北京：中国建筑工业出版社，2009.

【84】宗白华.美学散步 [M].上海：上海人民出版社，1981.

【85】袁立.易经 [M].武汉：武汉大学出版社，2011.

【86】叶朗.现代美学体系 [M].北京：北京大学出版社，1989.

【87】叶朗.中国美学史大纲 [M].上海：上海人民出版社，1985.

【88】刘成纪.物象美学 [M].郑州：郑州大学出版社，2002.

【89】梁一儒.中国人审美心理研究 [M].济南：山东人民出版社，2002.

【90】储兆文.中国园林史 [M].上海：东方出版中心，2008.

【91】于希贤.中国风水的理论与实践 [M].北京：光明日报出版社，2005.

【92】恩斯特·卡希尔.人论 [M].上海：上海译文出版社，1995.

【93】卡尔·马克思.资本论 [M].南京：江苏人民出版社，2011.

【94】梁思成.梁思成谈建筑 [M].北京：当代世界出版社，2006.

【95】吴良镛.人居环境科学导论 [M] 北京：中国建筑工业出版社，2003.

【96】潘知常.反美学 [M].上海：学林出版社，1995.

【97】辛德勇.隋唐两京丛考 [M].西安：三秦出版社，2006.

【98】黄寿旗，张善文.周易译注 [M].上海：上海古籍出版社，2001.

【99】闻人军.考工记 [M].北京：中国国际广播出版社，2011.

【100】班固.汉书 [M].北京：中华书局 1962.

【101】巴里·康芒纳.封闭的循环 [M].候文蕙译.长春：吉林人民出版社，1997.

【102】李学勤.周易正义 [M].北京：北京大学出版社，1999.

[103] Barry Naughton. The Chinese Economy: Transitions And Growth[M]. Cambridge：The MIT Press, 2007.

【104】王璐艳，丁超，刘克成.诗考唐代大明宫的园林植物 [J].中国农学通报 2011(8).

【105】倪邦文.城市化与受伤的城市文化 [J].读书，2009（5）.

【106】苏勇.论民国政府时期的文物法令与文物保护 [J].文博，1991（2）.

【107】历史名城视角下的建筑创作 [J].中国名城，2011（1）.

【108】彭明祥，丁亮进，王宏旭.大明宫国家遗址公园丹凤门工程设计与施工 [J].施工技术，2010（8）.

【109】张关心.大遗址保护与考古遗址公园建设初探——以大明宫遗址保护为例 [J].遗址保护理论，
2010（12）.

【110】唐磊.大明宫遗址公园：不让遗址成为累赘 [J].中国新闻周刊，2010（5）.

【111】赵喜惠，杨希义.唐大明宫兴建原因初探 [J].兰州学刊，2010（5）.

【112】茹雷.长安余晖：刘克成设计的西安大唐西市及丝绸之路博物馆 [J].时代建筑，2010（5）.

【113】宿白.隋唐长安城和洛阳城 [J].考古，1978（6）.

【114】衣学慧，李朋飞，郝颖.西安曲江池遗址公园园景命名艺术赏析 [J].西北林学院学报 2009,24(6): 167.

【115】王学理.文化遗产上的"没文化"之举——仅通过西安大雁塔北广场"书法地景"这一窗口看城

市造景之谬误 [J]. 现代城市研究 , 2005(10).

【116】徐华，（日）山根格 . 历史文脉和现代城市广场的结合——西安大雁塔北广场概念方案设计 [J]. 建筑学报 , 2005(7).

【117】梁爽，祁嘉华 . 后现代建筑在中国——以鸟巢、水立方、新央视大楼为例 [J]. 华中建筑, 2010（7）.

【118】李帆 . 唐三彩对唐代审美独特性的开掘 [J]. 中国陶瓷，2009（7）.

【119】奂平清 . 中国传统乡村集市转型迟滞的原因分析 [J]. 经济史，2006（6）.

【120】中国科学院考古研究所西安唐城发掘队 . 唐长安考古纪略 [J]. 考古，1963（11）.

【121】杨剑龙 . 论中国城市化进程中的文化遗产保护 [J]. 中国名城，2010（10）.

【122】马玥 . 阮仪三：保护平遥 留存历史 [J]. 中国建设信息，2008（11）.

【123】尔晒 . 罗马古城在现代化规划中是如何得到保护的——访罗马市政府规划局局长 [J]. 全球科技经济瞭望，1998（6）.

【124】何加宜，吴伟 . 超越时空熠熠生辉的京都景观建设 [J]. 城市管理与科技，2010（2）.

【125】翟烜 . 中国城市化速度超世界两倍 [N]. 京华时报，2008-10-31.

【126】探秘"中国最早的城市" [N]. 三秦都市报，2009-6-12.

【127】周冰 . 致公众的一封信 [N]. 西安晚报，2010-10-11.

【128】张松 . 城市文化遗产保护国际宪章与国内法规选编 [M]. 上海：同济大学出版社，2007.

后 记

人们常用这样一些美好的词汇来赞美我们的城市，例如舒适、精致、宜居、活力、伟大、典雅、诗意、宁静等，说明不同的城市往往具有不同的魅力。可是有这样一个词语，为众多的魅力城市所共享，甚至可以跨越国别、地域、民族、宗教的界限。这个词语就是"记忆"，专享这个词语的城市都有一个共同的名字——历史文化名城。

"记忆"在我们的生活中究竟有多么重要？医学上将失去记忆的人称之为植物人，美学上将失去记忆的艺术称之为"机械复制"，建筑学则把失去记忆的城市称为没有历史感。在建筑文化的语境中，建筑拥有四维空间——除了物质所具备的三维空间外，还有一个时间维度。前者是客观存在的，后者是主观延伸的。以这样的眼光去审视，记忆人们活动的可以是文字，也可以是建筑。中国历来有通过文字记录历史的传统，一部《史记》被公认为"史家之绝唱，无韵之离骚"。相比之下，对以空间形式记载的历史则显得比较冷漠。不要说历史上改朝换代往往与烧毁城池相伴随，今天城市的发展也是以大拆大建为前提的。于是，无论山城、泉城、海滨城，无论文化古都、科技新城、经济特区，面貌都日益趋同，"千城一面"。几乎每个人都能隐隐地感觉到我们的城市出了问题，可是问题出在哪里，却很难从根源上找出回答。

记得才上研究生的时候，一次读书报告会上，导师祁嘉华教授小结后谈到了在唐遗址上大兴土木的问题，并鼓励大家将所学的知识用于现实，有所建树。当时只是想从建筑文化角度写一篇分析性的文章，在和导师几次交流之后，对问题的理解也由浅入深，文章也扩展成了专著。随着商议内容、草拟提纲、确定题目等工作的展开，最初的兴奋也变成了冷静，使我对这次写作的认识也有了重大转变。首先，感到了将要展开工作的范围和分量，绝不是研究生培养计划上规定的那些内容所能囊括的。其次，感到了这次研究工作的意义非同小可，对如此庞大的历史性工程进行文化解读，在国内建筑界还是一个空白。比较自己当时的所学，惶恐挑战着自信，好在导师给予了及时而又具体的帮助。一次次地调整写作计划，一次次地修改提纲，即使到了动笔的时候，我们还在一起商量着将原来的题目《诗意不在，诗城何求》改为了《城市品评——以西安为例看异化的城市记忆》。原因是，唐代长安城的魅力在于"诗意"，而五大唐遗址工程中不但看不到诗意，举目四望，反而是四处弥漫的商业气息！

要对历史性的建筑工程有所言说，涉及的知识是多方面的。首先要研究唐代的社会和建筑情况，像研读《唐会要》、《唐六典》、《旧唐书》、《新唐书》、《资治通鉴》等史学著作，进行源头性的史学积淀是必要的；同时要钻研《营造法式》、《园冶》中的古人营造智慧，将史学知识与传统营造相结合，为分析唐人的建造活动做好准备。其次要了解当下学者的新动态，像阅读《隋唐制度渊源略论稿》、《隋唐两京丛考》、《唐两京城坊考》、《开元天宝遗事》、《中国传统建筑形制与工艺》、《建筑哲理、意匠与文化》、《中国建筑图解词典》等著作，使我们知道了当今学者在唐史研究和传统营造技艺方面的新成果，为分析遗址工程的历史真实性做好了准备。再有就是有关理论的跟进也很重要，像《中国文化概论》、《中国文化的深层结构》、《生态与民族》、《中国人的审美心理研究》、《物象美学》这样的著作，对于了解国人基本的心理活动规律、价值取向特点、生活习惯和信仰产生的来龙去脉都具有重要意义。当然，为了使研究具有国际背景和时代特点，像《城市文化遗产保护国际宪章与国内法规选编》、《科学发展观与历史文化名城建设》、《增长的极限》、《生态智慧论》、《文化资本论》、《人伦》等著作也是写作过程中的案头读物……几十部著作，百十篇论文，还有来自电台、电视台和网络上的大量适时性信息，帮助我们进入到了中国建筑文化的纵深地带。再加上一次次的探讨甚至是争论，使写作过程成为了一次地地道道的学术研究。

要对历史性建筑工程言说的具有针对性，现场考察也十分重要。为了掌握第一手材料，书中涉及的五处遗址工程，我们都逐一进行过实地调研。从走访、测量、拍照得来数据和图像，到实际验证一些材料的质感，用手去触摸，用身体去感受；从几百亩到几千亩土地上的徒步丈量，在各种建筑物的跑上跑下，到特殊天气情况下，在现场实际验证一些设计上的缺陷可能会给游人造成的威胁，我们经受了一次次的烈日暴晒，还有风雨交加。印象最深的是写大明宫遗址公园一章，我一个人去现场考察，去的时候天就阴得可怕，到达之后就赶上了一场暴雨。博物馆和考古中心大门紧锁，3.2km^{2}的遗址公园竟然没有一处可以躲雨的地方！除了几个穿着雨衣的环卫工人，大雨滂沱中只有我一人在雨中徘徊。盛夏时节的暴雨总少不了狂风伴随。在狂风暴雨中行走，雨伞不仅发挥不了作用，反而成为了累赘。我索性丢了伞，任凭雨水从头到脚的冲刷，那感觉仿佛接受了一次"洗礼"。不过，身上的寒冷还算不了什么，更深的感触是看到的现实状况：钢架焊接、合金板外挂、胶合板铺地、水泥浇筑……加之五颜六色的彩灯装饰，使人很难想象是置身在千余年前的遗址上。最后一次去大明宫遗址公园调研已是深冬时节，空旷的园子里仍然无遮无挡，呼啸的寒风给人以刺骨之感。为了方便拍照，出发的时候没有准备手套，不一会就双手冻得通红。同行的导师看到我在瑟瑟发抖，毫不犹豫地将自己的手套让给我，看我推让再三，就佯装生气，命令我带上，终究还是没有拗过导师。接下来的几个小时，他用冻得通红的手去拍打那些钢模板，抠挖那些夯土层，按动照相机快门，丈量那些铺地石材的尺寸和已经变形的胶合板地面，贴在浸水的地面上测试土层的酥松度……

要对历史性建筑工程言说得有理有据，现场分析也是少不了的。每次到现场都逐步加深着对书本知识的理解，也逐渐摸索着将理论知识运用于现实的基本路径。记得一次在榆林地区佳县的白云山考察，面对明朝万历年间建成的建筑群，我们都显得异常兴奋，爬坡上楼，去触摸那些木构梁架，端详那些石材浮雕。我们突然发现一些歇山顶上覆盖的瓦是彩色的！可惜经过长年的雨水冲刷和阳光暴晒，加之黄土覆盖，瓦早已破旧不堪，难辨分明。于是导师利用相机的长焦镜头，让我们每个人都仔细去看，并追问：三彩琉璃制品是什么年代的代表？那个年代的皇家建筑上可能用什么样的瓦来装饰？顿时，唐代建筑在屋顶建造上可能做成的样子，可能形成的辉煌状况，不再是书本上的文字，而是得到了现实的印证。记得在大雁塔南广场考察时，各种测量活动已经结束，导师却良久地站在玄奘雕像后面十几米的地方，若有所思。我们几个同学围拢在一起，顺着导师的目光向前望去，眼前顿时呈现出玄奘和尚只身走向"不夜城"的图景。我清楚地记得，当时导师告诉大家，历史不是任人打扮的小女孩儿，这样才可能将真实的历史传承下去！

是啊，古建遗址上承载的是历史，是一个民族的记忆，在一定程度上也可以称之为祖上留下的基业。以什么样的态度来对待这份基业，完全可以反映出作为后人的文明程度。过去的岁月中视为"糟粕"的有之，视为"四旧"的有之，现如今尽管不会再出现"砸烂""破除"那样的事情，但是从南广场扩建和命名看，将历史上的西行取经改变成现在的样子，将取得真经修成正果，变成挡不住诱惑而归于"不夜城"，起码不是一种尊重的态度。这样看来，老一辈建筑学者对古建遗址提出的"修旧如旧"主张，显示出来的已经不是一般的专业水准，而是一种对民族文化承前启后的大境界。当今的中国建筑界，缺乏的恰恰是拥有这种境界的大师级人物。

早就听说古人有"读万卷书，行万里路"的经验之谈，真正付诸实践并体会到其中的深刻是在书稿写作之后。一年的写作不只是伏案工作，还有读书，有考察，更有理论与现实结合时的思考。所以最终收获的也不仅仅是学业，还有思维方法的掌握，做人做事境界的提升，以及由此而产生的自信与勇气。依稀记得从前的老师教导我们："如果不能成为参天大树，那么就选择做一丛灌木；如果不能成为灌木，那么就选择做一棵小草，无论做什么，不管怎么样，都要带来一片绿色。能力有大小，尽心尽力了就好！"我在用实际行动落实恩师的教诲，努力成才。

在写作过程中，还得到了许多人士的支持与帮助。西安建筑科技大学的王军教授给予的一次次鼓励，至今仍余音在耳；王树声教授在古城文化方面的研究成果，既是榜样也是鞭策；恒正地产的于庆先生在国家建筑政策、施工领域存在问题方面的介绍，既高屋建瓴，又贴近实际，给书稿注入了不少新鲜血液。当然，中国建筑工业出版社的吴宇江先生更是慧眼独具，从选题的时候就发现了书稿的价值，给予了极大的关注和支持，在出版过程中更是付出了大量心血。同时，父母的默默付出，朋友的支持鼓励，同门师弟师妹们给予的帮助，尤其是土木学院的王昆、邓泽星、张永高同学和我们一起在芙蓉园测量的情景，都让我心怀感激，刻骨难忘……最后，也感谢每一位关心中国城市文化建设的读者，正是大家的渴望与期待，才汇聚成本书从构思到出版的核心动力。

伏案写作后记正值龙年春节。阖家欢聚，把盏尽欢之余，少不了要对春晚的节目评头论足一番。可能是书稿写作形成的思维惯性，近四个小时的晚会唯有《荆轲刺秦》给笔者的冲击力最大。节目将荆轲慷慨赴死篡改成了刺秦成功，进而统一六国，穿越唐宋，进入明清，直抵民国，这些无稽之谈不过是为了逗乐，也确实引起了观众的笑声，但是，后面的一句"盒饭吃不好，顶多闹几天肚子，你们这玩意儿整不好，坑害的是几代人"的台词，字字铿锵，振聋发聩，久久地在我的心中萦绕，思绪难平。

但愿本书的出版能对历史文化名城留下更多真实的历史记忆作出一些微薄的贡献。

梁 爽

写于壬辰年新春